高等学校教材

画法几何及工程制图

（第二版）

北方交通大学　宋兆全　主编
西南交通大学　朱育万　主审

中国铁道出版社有限公司

2022年·北京

内 容 简 介

本书内容包括画法几何、制图基础、土木工程图几大部分。其中,在画法几何部分介绍了投影的基本知识,点、线、面、体、轴测投影、透视投影、标高投影等;在制图基础部分介绍了制图基本知识、组合体、图样画法;在土木工程图部分介绍了钢筋混凝土结构图、钢结构图、房屋施工图及桥隧工程图,水利工程图。书末附有体视图,以帮助初学者建立空间概念。

本书作为高等院校工科土木类各专业用教材。

图书在版编目(CIP)数据

画法几何及工程制图 / 宋兆全主编. —2 版. —北京:
中国铁道出版社,2003.3(2022.7重印)
ISBN 978-7-113-04927-0

Ⅰ. 画… Ⅱ. 宋… Ⅲ. ①画法几何②工程制图 Ⅳ. TB23

中国版本图书馆 CIP 数据核字(2003)第 000073 号

书　　名:画法几何及工程制图
作　　者:北方交通大学　宋兆全
出版发行:中国铁道出版社有限公司(100054,北京市西城区右安门西街8号)
责任编辑:程东海
印　　刷:三河市宏盛印务有限公司
开　　本:787mm × 1092mm　1/16　印张:19.5　插页:9　字数:482 千
版　　本:1996年5月第1版　2003年2月第2版　2022年7月第26次印刷
书　　号:ISBN 978-7-113-04927-0
定　　价:60.00 元

重印说明

　　《画法几何及工程制图(第二版)》于 2003 年 2 月在我社出版,已重印 25 次。重印过程中,随着制图标准规范的变化,本书对相应内容也做了多次修订。本次重印编者结合 2010 年《总图制图标准》(GB/T 50103—2010)、《建筑制图标准》(GB/T 50104—2010)、《建筑结构制图标准》(GB/T 50105—2010)、《给水排水制图标准》(GB/T 50106—2010)和 2017 年《房屋建筑制图统一标准》(GB/T 50001—2017)对书中涉及内容进行了核查,内容符合现行制图标准及教学要求。本次重印,对内容无修订。

中国铁道出版社有限公司

2022 年 7 月

第二版前言

本书的试用教材《画法几何及建筑制图》1989 年由中国铁道出版社出版,1995 年经过修订,改名为《画法几何及工程制图》。本书是在《画法几何及工程制图》的基础上作了进一步的修订。这次修订除了参照国家教育部门近期颁布的《画法几何及土木建筑制图课程教学基本要求》外,主要考虑了专家和读者对原教材所提出的意见和建议,并采用了新的制图标准。

这次修订的内容主要有以下 4 个方面:

一、由于近些年来随着教学改革的不断深入,"计算机绘图"部分在本课程的比重也在增加,而且在内容的选取和教学方式等方面也各有所异。因此原书中的"计算机绘图"部分,从内容和形式上已完全不能满足当前的教学需要。为了能使选用本教材的院校能更好地按自己的教学模式选择"计算机绘图"部分的内容,故这次修订删去了原书《画法几何及工程制图》中的第 18 章"计算机绘图基本知识"和第 19 章"AutoCAD 绘图软件简介"。

二、为了拓宽本书的专业使用范围,这次修订增加了一章"水利工程图"。

三、这次修订采用了国家质量监督检验检疫总局和建设部联合发布的 GB/T 50001—2001《房屋建筑制图统一标准》。该标准与 1990 年以来国家职能部门颁布实施的《技术制图》中相关的国家标准(包括 ISO/10 的相关标准)在技术内容上基本一致,为推荐性国家标准。

四、这次修订,除了对个别章节的内容有所增减之外,还对原书的文字叙述方面的错误和不妥之处进行了修改,并重新绘制了部分插图。

本书基本上保持了原书的体系和风格。在文字叙述方面,力求文理通顺,深入浅出,图文结合紧密。对于复杂的例图绘有分步图,便于理解和阅读。对于需用模型助学的空间概念和题例,本书都给出了轴测图或体视图,以帮助初学者建立空间概念,解决没有模型的困难。

本书分画法几何、制图基础、土木工程制图 3 部分。画法几何部分主要讲述了图示的基本理论和方法;制图基础部分介绍了物体的表达方法和绘图的基本技能,以及相关的国家标准;土木工程制图部分介绍了"钢筋混凝土结构图"、"钢结构图"、"房屋施工图"、"桥涵及隧道工程图"、"水利工程图"的图示特点及绘制的方法和步骤,及其相关的标准。本书可供土建类、水利类、交通运输类各相关专业使用,也可作为土木工程技术人员的参考书。

与本书配套使用的《画法几何及工程制图习题集》也作了相应的修订,并由中国铁道出版社同时出版。

本书由北方交通大学宋兆全教授主编,由西南交通大学朱育万教授主审,参加修订和编写的(按章节顺序)有北方交通大学宋兆全、李雪梅、高悦,兰州铁道学院程耀东、肖冰,中南大学肖佳、袁媛、龙丽,焦作工学院陈兴义,石家庄铁道学院唐广,华北水利水电学院刘雪梅。

欢迎专家、读者对本书的缺点和错误予以批评指正。

编　者
2002 年 12 月

═══ 第一版前言 ═══

本书是在由宋兆全主编的《画法几何及建筑制图》(中国铁道出版社1989年版)的基础上，根据国家教委近期颁布的《画法几何及土木建筑制图课程教学基本要求》，以及国家技术监督局1994年发布的《技术制图》有关要求与标准修订的。在修订过程中，充分考虑了专家和读者对原教材所提的宝贵意见和建议。

这次修订的内容主要有下列五个方面。

一、增加了《标高投影》、《桥涵及隧道工程图》、《计算机绘图基本知识》、《Auto CAD绘图软件简介》四章。

二、删去了原书中的《室内给、排水工程图》、《正投影图中的阴影》和《计算机绘图简介》三章。

三、对原书《结构施工图》一章中的钢筋混凝土结构图和钢结构图两部分内容进行补充和修改后，各单列为一章。

四、以国家技术监督局发布的《技术制图》标准中的《图纸幅面和格式》GB/T 14689-93、《比例》GB/T 14690-93、《字体》GB/T 14691-93、《投影法》GB/T 14692-93取代了《房屋建筑制图统一标准》GBJ1-86中的相关内容。

五、对原书中的文字叙述、插图等方面的错误和不妥之处，均进行了修改。

本书主要包括画法几何、制图基础、土木建筑制图、计算机绘图等四部分。

本书拓宽了原有教材的使用面。它不仅适用于工民建专业，而且也适用于铁道工程、道路工程等土建类专业，故把原书《画法几何及建筑制图》改为《画法几何及工程制图》。另外，对配套使用的习题集，也作了相应的修订，改为《画法几何及工程制图习题集》，由中国铁道出版社同时出版。

本书所增添计算机绘图部分的内容，基本上符合"课程教学基本要求"中的有关规定。各校可根据自己"软"、"硬"件环境的具体情况，进行教学安排。

本书与原教材相比，除了上述五个方面的修订外，基本上保持了原书的体系和风格。

这次修订由北方交通大学宋兆全教授主编，西南交通大学朱育万教授主审，参加编写的(按章节的顺序)有北方交通大学宋兆全、周仙芳、李雪梅，兰州铁道学院郑德福，长沙铁道学院李丰载、肖佳，上海铁道大学许福英，石家庄铁道学院文万茂。在修订过程中，帮助画图的有白雁、王成峰、邵华、王慧等，谨此致谢。

欢迎专家、读者对本书的不妥与错误之处予以批评指正。

编　者

1995年5月

━━ 目 录 ━━

画 法 几 何

制 图 基 础

土 木 工 程 图

绪　　论

一、本课程的地位、性质和任务

在土木建筑工程中,任何建筑物及其构件的形状、大小和做法,都不是用语言或文字所能表达清楚的,必须按照国家标准的统一规定或习惯画法画出它们的图样,作为施工的依据。另外,在工程界,图样也是用来表达设计构思,进行技术交流的重要工具。因此,工程图样被喻为"工程界的语言",是工程技术部门的一项重要技术文件。

本课程是土建类等专业的一门必修的技术基础课,主要研究解决空间几何问题以及绘制和阅读工程图样的理论和方法。由于生产和科学研究对计算机图形技术提出了日益迫切的多方面的要求,本课程在适应这一新形势方面成为更加重要的基础。

本课程的主要任务是:

1. 学习投影法(主要是正投影法)的基本理论及其应用。

2. 培养对三维形状与相关位置的空间逻辑思维和形象思维能力。

3. 培养空间几何问题的图解能力。

4. 培养绘制和阅读土建图样的初步能力。

此外,在教学过程中还必须有意识地培养自学能力、分析问题和解决问题的能力,以及认真负责的工作态度和严谨细致的工作作风。

二、本课程的学习方法

本课程包括画法几何、制图基础、土木工程图三部分。它们既有各自的特点,又有着紧密的联系,在学习时应注意以下问题:

1. 明确空间关系,养成空间思维习惯

对几何元素及其相对位置的投影规律和投影特性,都要从它们的空间关系去理解和记忆,切忌死背条文。在解题时,也必须首先进行空间分析,拟定解题步骤,然后再按投影规律进行作图。初学时,可参考书中所给出的立体图,或自制一些简易的示意模型,帮助理解"从空间到投影"的转化过程。

2. 从点、线、平面开始,一环扣一环地逐步深入

画法几何是从点、直线、平面开始的,如果对前面的概念理解不透,作图方法掌握不熟练,后面将会感到越学越困难。因此,在学习时,必须采用"步步为营、稳扎稳打"的学习方法。

3. 多做练习、认真作图

画法几何的问题,一般都通过作图来解决,因此,在做作业时必须作图准确,否则会给解题带来困难,乃至误入歧途。为了正确掌握所学的投影理论和作图方法,必须多做练习。

4. 养成一丝不苟的认真作风

工程图样是施工的主要依据,如有一字一线的差错,就可能给施工带来严重后果。因此,从初学制图开始,就应该养成一丝不苟的工作作风。在制图时,不但要作图正确,而且要严格遵守国家的有关标准。图面应清晰、美观,图上的一字一线都不得马虎从事。

5．必须熟练地掌握各种绘图工具的使用方法

要逐步提高绘图速度，达到又好又快的绘图要求，除了掌握投影理论，熟悉国家有关的标准外，还必须熟练地掌握各种绘图工具及其相互配合使用的方法。在绘图前，应先根据图样的特点，参照示例，拟定作图步骤，然后逐步完成。

6．从画图入手培养读图能力

工程图样所表达的对象样式繁多。在学习过程中，首先要明确所表达对象的图示内容与特点、绘图方法与步骤，然后再进行画图实践。只有通过一定数量的画图练习，才能逐步提高读图能力。

读图，就是根据物体的多面正投影图想象出它的形状和大小。阅读工程图样，一般是从全局到细部，即先对图样作概括了解，弄清各视图的作用和它们之间的关系，再分析细部构造，最后加以综合。这样反复进行，直至彻底读懂为止。

三、本课程与相关课程的联系和分工

土建类专业的学生在学习专业基础课和专业课之前，必须掌握正投影法的基本理论和制图的基本知识及技能，并具有绘制和阅读土木工程图样的基本能力，为学习专业课，乃至以后的工作打好阅读和绘制图样的基础。土木工程图样涉及的专业知识面较广，要在本课程中解决绘制和阅读的全部问题是不可能的，必须在掌握本课程内容的基础上，在通过后续课程的学习及生产实习、课程设计和毕业设计等实践教学环节的训练、继续培养和提高，才能最终具备阅读和绘制土木工程图样的能力。

画 法 几 何

一、常用符号

H——水平投影面。

V——正立投影面。

W——侧立投影面。

OX——投影轴，H 与 V 面的交线。

$OY(OY_HOY_W)$——投影轴，H 与 W 的交线。

OZ——投影轴，V 与 W 的交线。

O——原点，OX、OY、OZ 三投影轴的交点。

A、B、C…大写字母——几何元素的空间标注，如空间点 A、直线 MN、平面 P 等。

a、b、c…——空间几何元素水平投影的标注，如空间点 A、直线 MN、平面 P 的水平投影分别标注为 a、mn、p。

a'、b'、c'…——空间几何元素正面投影的标注，如空间点 A、直线 MN、平面 P 的正面投影分别标注为 a'、$m'n'$、p'。

a''、b''、c''……——空间几何元素侧面投影的标注，如空间点 A、直线 MN、平面 P 的侧面投影分别标注为 a''、$m''n''$、p''。

P_H、P_V、P_W——分别表示平面 P 与投影面 H、V、W 面的交线。

α——直线或平面与 H 面的倾角。

β——直线或平面与 V 面的倾角。

γ——直线或平面与 W 面的倾角。

$/\!/$——平行，如空间两直线 AB 与 CD 相互平行，示为 $AB/\!/CD$；两直线 AB 与 CD 的水平投影相互平行，示为 $ab/\!/cd$。

（　）——由……确定，如由水平投影 a 和正面投影 a' 确定点 A，示为 $A(a,a')$。由两相互平行两直线 AB 和 CD 确定的平面 P，示为 $P(AB/\!/CD)$。

二、常用图线（线型见教材中的表 11—5）

（一）可见轮廓线和线段的投影，用粗实线绘制。

（二）不可见轮廓线和线段的投影，用中虚线绘制。

（三）投影轴、投影的连线、作图线用细实线绘制。

（四）中心线和轴线，用细单点长画线绘制。

（五）假想的轮廓线和物体被截部分原始形状的轮廓线，用细双点长画线绘制。

三、作图要求

画法几何的习题，主要是通过作图来解决，所以在解题时，除了分析作图方法和步骤之外，还必须准确地把图作出来。因此在作习题时，一定要使用绘图工具，如画平行线和垂直线要用两块三角板或用丁字尺和三角板，画圆要用圆规等。这样，不但可使作图准确，而且可以提高作图速度。不能只用一个三角板或一把直尺作图，更不得徒手作图。

第一章　投影的基本知识

§1—1　投影的概念

如图 1—1 所示假设在空间有一点 S 和一△ABC、一平面 H,分别连接 S、A,S、B,S、C,并使 SA、SB、SC 延长与平面 H 相交于 a、b、c。在画法几何中把点 S 称为投射中心,把 SA、SB、SC 称为投射线,把平面 H 称为投影面。投射线 SA、SB、SC 与投影面 H 的交点 a、b、c,称为点 A、B、C 在 H 面上的投影。显然,在 H 面上 a、b、c 三点连成的△abc 即为空间△ABC 在投影面 H 上的投影。这种使空间物体在投影面上生成投影的方法,称为投影法。

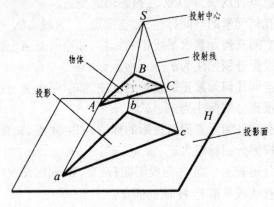

图 1—1　投影的概念

§1—2　投影的分类

根据投射线的类型(平行或汇交),投影法可分为中心投影法和平行投影法。

一、中心投影法

如图 1—1 和图 1—2 所示,当投影中心 S 距离投影面 H 为有限远时,点 S 即为所有投射线在有限远距离内的交点。用这样一组汇交于一点的投射线,使空间物体在投影面上得到投影的方法,称为中心投影法。用这种方法所得到的投影,称为中心投影。

将图 1—2 中的矩形 $ABCD$ 与其中心投影 $abcd$ 作一比较,即可看出:原来平行且相等的两边 AB、CD,其中心投影可变得 $ab>cd$,也不反映实长;原来平行且相等的两边 AD、BC,其中心投影 ad 与 bc 可既不平行也不相

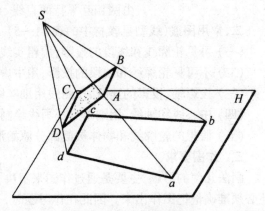

图 1—2　中心投影法

等。因此,工程图样一般不用中心投影法绘制,而只用于绘制直观性较强的透视图。

二、平行投影法

当投影中心距离投影面为无限远时,所有的投射线都相互平行。用这样一组相互平行的投射线,使空间物体在投影面上得到投影的方法,称为平行投影法。用这种方法所得到的投影,称为平行投影。

根据投射线与投影面垂直与否,平行投影法又可分为正投影法和斜投影法。

1. 正投影法

如图1—3(a)所示,投射线垂直于投影面,使空间物体在投影面上得到投影的方法,称为正投影法,用这种方法所得到的投影,称为正投影。

2. 斜投影法

如图1—3(b)所示,投射线倾斜于投影面,使空间物体在投影面上得到投影的方法,称为斜投影法,用这种方法所得到的投影,称为斜投影。

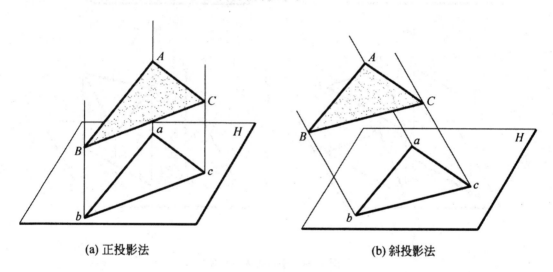

(a) 正投影法   (b) 斜投影法

图1—3 平行投影法

§1—3 平行投影的基本性质

由初等几何可知,平行投影具有下列性质。

一、平行性

在空间互相平行的直线,在同一投影面上的投影仍互相平行。如图1—4(a)所示,$AB \parallel CD$,则投影 $ab \parallel cd$。

二、定比性

空间直线段上的一点,把该线段分为两段,如果直线不与投射线平行,则两段的实际长度之比等于这两段的投影长度之比。如图1—4(b)所示,C 为直线 AB 上的一点,则 $AC : CB = ac : cb$。

三、可量性

如果空间线段和平面图形均与投影面平行,它们在该投影面上的投影反映线段的实长和平面图形的实形。如图 1—4(c)所示,线段 AB 和 $\triangle CDE$ 均平行于 H 面,则它们在 H 面上的投影 $ab = AB$,$\triangle cde = \triangle CDE$。

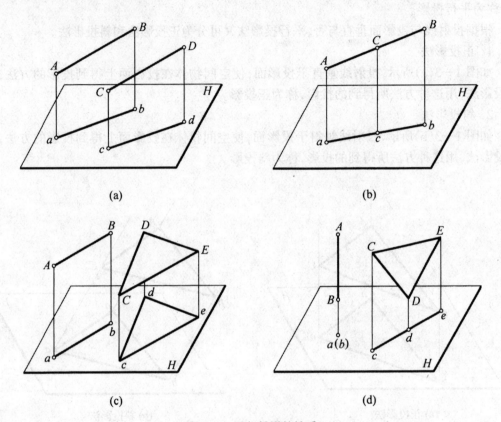

图 1—4　平行投影的性质

四、积聚性

如果空间直线和平面与投射线平行,则直线的投影积聚为一点,平面的投影积聚为一直线。如图 1—4(d)所示,AB 和 $\triangle CDE$ 都与投射线平行,则 AB 的投影 ab 积聚为一点,$\triangle CDE$ 的投影 cde 积聚为一直线。

从上述的分析可以看出,中心投影和平行投影的形成不同,其投影性质也不同,切不可把两者混为一谈。

由于平行投影(特别是正投影)法作图比较方便,而且其投影便于度量,所以在绘制工程图样时应用最广。

§1—4　多面正投影图

如果使图 1—5(a)所示物体(Ⅰ)的底面平行于水平投影面 H,则底面在 H 面上的正投影、反映实形。而与 H 面垂直的棱线和棱面,在 H 面上的正投影都有积聚性,反映不出它们的高度关系。可见,仅凭这一个正投影,如图 1—5(b)所示,尚不能确切、完整地表达出该物体的形状。如图 1—5(a)所示,物体(Ⅱ)、(Ⅲ)等在 H 面上的正投影,与物体(Ⅰ)在 H 面上的正投影完全相同。

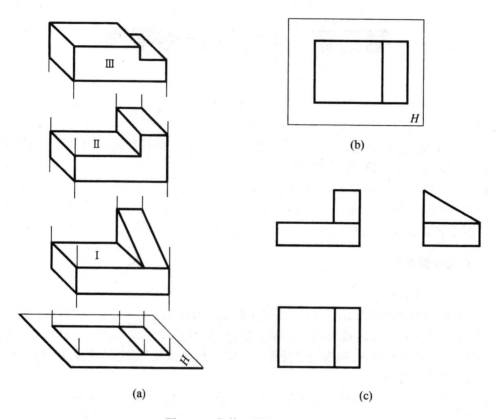

(a)
(b)
(c)

图 1—5　物体的单面和三面投影

因此,在用正投影表达物体的形状和解决空间几何问题时,通常需要两个或两个以上的投影。如图 1—5(c)所示,为图 1—5(a)中物体(Ⅰ)的三面正投影图。它是用正投影法,从物体的正面、顶面和侧面分别向 3 个相互垂直的投影面上进行投影,然后按一定规则展开得到的。这种投影图,称为多面正投影图。

因为多面正投影图有作图方便和易于度量的优点,所以它是工程中应用最广泛的一种图示方法,也是本课程研究的重点。

为能正确地绘制和阅读多面正投影图和用正投影法解决空间几何问题,以下将从点、直线、平面着手,介绍正投影(以下简称投影)的作图方法,并研究其投影特性。

第二章 点、直线和平面

§2—1 点

如图 2—1 所示，已知空间一点 A 和投影面 H，过点 A 向投影面 H 作垂线，该垂线与 H 面的交点 a，即为点 A 在 H 面上的投影。因为过点 A 所作 H 面的垂线，与 H 面只有一个交点，所以点 A 在 H 面上的投影是惟一的。但是，只知点 A 的一个投影 a，则不能确定点的空间位置，因为投影 a 可以是铅垂线 Aa 上任一点的投影。

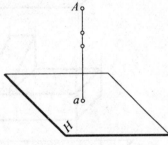

图 2—1 点的单面投影

一、点的两面投影

（一）两投影面体系

为了确定点的空间位置，设立两个互相垂直的投影面 H 和 V，如图 2—2 所示。投影面 H 处于水平位置，称为 水平投影面，投影面 V 正对观察者，称为正立投影面。H 面和 V 面的交线称为投影轴，用 OX 表示。

（二）点的两面投影

如图 2—3(a)所示，在两投影面体系的空间内有一点 A，由点 A 分别向 H 面和 V 面作垂线，其垂足 a 和 a' 即为点 A 的两个投影。点 A 在 H 面上的投影 a，称为点 A 的水平投影；点 A 在 V 面上的投影 a'，称为点 A 的正面投影。假想把空间点 A 移去，再过 a 和 a' 分别作 H 面和 V 面的垂线，其交点就是点 A 的空间位置。由此可见，用点的两个投影即可确定该点的空间位置。

使 V 面保持不动，将 H 面绕 OX 轴向下旋转 $90°$，与 V 面重合，即得点的两面投影图，如图 2—3(b)、(c)所示。

从图 2—3(a)点的投影过程可知，Aa 和 Aa' 所决定的平面，既垂直于 H 面，又垂直于 V 面。所以，它与 H 面

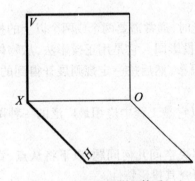

图 2—2 两投影面体系

的交线 aa_X、与 V 面的交线 $a'a_X$ 和 OX 轴同交于 a_X 且互相垂直，即 Aaa_Xa' 为一矩形，因此，点的两面投影具有下列投影规律〔图 2—3(c)〕：

1. 点的水平投影和正面投影的连线垂直于 OX 轴，即 $aa'⊥OX$。
2. 点的水平投影到 OX 轴的距离，反映点到 V 面的距离，即 $aa_X = Aa'$。
3. 点的正面投影到 OX 轴的距离，反映点到 H 面的距离，即 $a'a_X = Aa$。

因为在某一投影面内的点，到该投影面的距离为零，所以它在该投影面上的投影与其本身重合，另一投影位于 OX 轴上。如图 2—4 中的点 A 和 B，分别为 H 面和 V 面内的点，a 与 A 重合，b' 和 B 重合，a' 和 b 位于 OX 轴上。

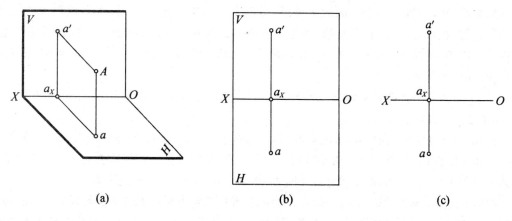

图 2—3　点的两面投影

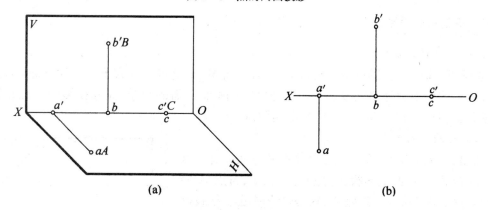

图 2—4　投影面和投影轴上的点

在 OX 轴上的点,到 H 面、V 面的距离均为零,所以它的两个投影都与其本身重合于 OX 轴上,如图 2—4 中的点 C。

(三)点在四个分角内的投影

如果把 H 面向后延伸,把 V 面向下延伸,则 H 面和 V 面把空间分为四个部分,称为四个分角,如图 2—5(a)所示。H 面之上、V 面之前,为第一分角;V 面之后、H 面之上和下,分别为第二、三分角;H 面之下、V 面之前,为第四分角。在第一分角内的点 A,其水平投影 a 在 H

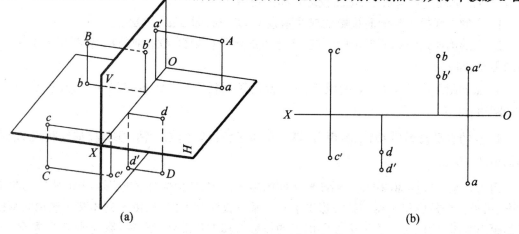

图 2—5　点在四个分角内的投影

面的前半部,正面投影 a' 在 V 面的上半部;而在第二分角内的点 B,其水平投影 b 在 H 面的后半部,正面投影在 V 面的上半部;在第三分角内的点 C,其水平投影 c 在 H 面的后半部,正面投影 c' 在 V 面的下半部;在第四分角内的点 D,其水平投影 d 在 H 面的前半部,正面投影 d' 在 V 面的下半部。

当 H 面的前半部绕 OX 轴向下旋转与 V 面重合时,则 H 面的后半部与 V 面的上半部重合,如图 2—5(b)所示。

因此,点 A 的水平投影 a 和正面投影 a',分别位于 OX 轴的下方和上方,而点 B 的水平投影 b 和正面投影 b',都位于 OX 轴的上方;点 C 的水平投影 c 和正面投影 c',分别位于 OX 轴的上方和下方;点 D 的水平投影 d 和正面投影 d',都位于 OX 轴的下方。

根据上述点的两面投影与 OX 轴的相对位置,即可判定点所在的分角。如果同一点的两个投影在 OX 轴的上方或下方重合,这说明该点距 H 面和 V 面的距离相等,且位于第二或第四分角内。

二、点的三面投影

(一)三投影面体系

在两投影面 H、V 的基础上,再加一个投影面 W,使之同时垂直于 H 面和 V 面,如图 2—6 所示。该投影面称为侧立投影面。W 面与 H 面和 V 面的交线,亦称投影轴,分别以 OY、OZ 表示。OX、OY 和 OZ 的交点 O 称为原点。

(二)点的三面投影

如图 2—7(a)所示,在三投影面体系的空间内有一点 A,它在 H 面和 V 面上的投影分别为 a 和 a';自点 A 向 W 面作垂线,其垂足 a'' 即为点在 W 面上的投影。该投影称为点 A 的侧面投影。然后,使 V 面保持不动,将 H 面绕 OX 轴向下旋转 $90°$,将 W 面绕 OZ 轴向右旋转 $90°$ 与 V 面重合(随 H 面旋转的 OY 轴用 OY_H 表示,随 W 面旋转的 OY 轴用 OY_W 表示),并去掉投影面的边框,即得点 A 的三面投影图,如图 2—7(b)、(c)所示。

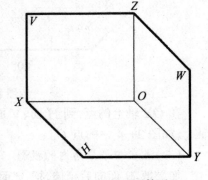

图 2—6 三投影面体系

和分析点的两面投影的投影规律一样,可从图 2—7 分析出点的侧面投影与水平、正面投影之间的投影规律。

1. 点的正面投影与侧面投影的连线垂直于 OZ 轴,即 $a'a'' \perp OZ$。

2. 点的侧面投影到 OZ 轴的距离,等于点的水平投影到 OX 轴的距离,都反映点 A 到 V 面的距离,即 $a''a_Z = aa_X = Aa'$。

3. 点的侧面投影到 OY_W 的距离,等于点的正面投影到 OX 轴的距离,都反映点 A 到 H 面的距离,即 $a''a_{Y_W} = a'a_X = Aa$。

4. 点的水平投影到 OY_H 的距离,等于点的正面投影到 OZ 轴的距离,都反映点 A 到 W 面的距离,即 $aa_{Y_H} = a'a_Z = Aa''$。

因为在某一投影面内的点,到该投影面的距离为零,所以它在该投影面上的投影与其本身重合,另外两个投影位于相应的投影轴上。在某一投影轴上的点,由于到相交于该轴的两投影面的距离为零,所以它在这两个投影面上的投影与其本身重合,第三投影与原点 O 重合。

如图 2—8 所示,点 A 位于 H 面内,它的水平投影 a 与其本身重合,正面投影 a' 位于 OX

轴上,侧面投影 a'' 位于 OY_W 上。

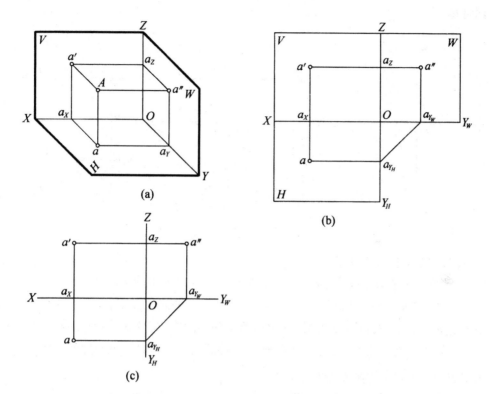

图 2—7 点的三面投影

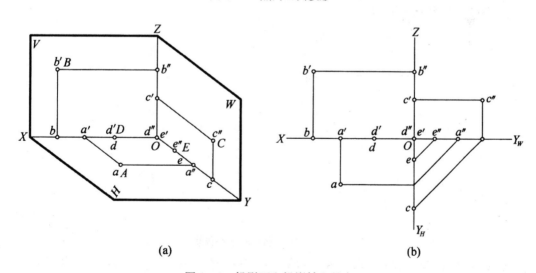

图 2—8 投影面和投影轴上的点

(三)根据点的两面投影求第三投影

因为点的任何两个投影都可以确定点的空间位置,而且每两个投影之间都具有一定的投影规律,所以只要给出点的两个投影,就可以求出其第三投影。

【例2—1】 已知点 A 的水平投影 a 和正面投影 a',求其侧面投影 a'',如图 2—9(a)所示。

【分析】 由点的投影规律得知,点的正面投影与侧面投影的连线垂直于 OZ 轴,故 a'' 必在过 a' 所作的 OZ 轴的垂线(OX 轴的平行线)上。又知点的侧面投影到 OZ 轴的距离等于水

平投影到 OX 轴的距离,即 $a''a_Z = aa_X$。因此,只要在过 a' 对 OZ 轴所作的垂线上截取 $a_Z a'' = aa_X$,即可得 a''。

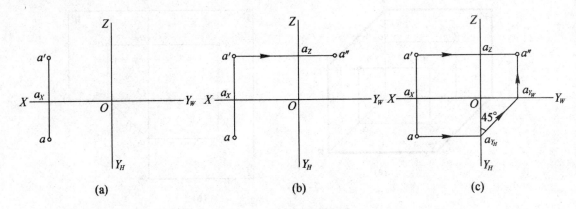

图 2—9　求点的侧面投影

【作图】　如图 2—9(b)所示。

1. 过 a' 作 OZ 轴的垂线交 OZ 于 a_Z(a'' 必在 $a'a_Z$ 的延长线上)。

2. 在 $a'a_Z$ 的延长线上截取 $a_Z a'' = aa_X$,a'' 即为点 A 的侧面投影。

截取 $a_Z a'' = aa_X$ 时,也可以用图 2—9(c)所示的作图方法,过 a 作 OX 的平行线与 OY_H 相交于 a_{Y_H},再过 a_{Y_H} 作 45°线与 OY_W 相交于 a_{Y_W},最后过 a_{Y_W} 作 OY_W 的垂线,该垂线与 $a'a_Z$ 延长线的交点,即为点 A 的侧面投影 a''。

【例 2—2】　已知点 B 的正面投影 b' 和侧面投影 b'',求其水平投影 b,如图 2—10(a)所示。

【作图】　如图 2—10(b)所示。

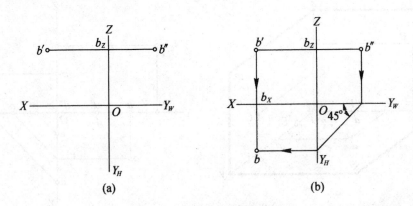

图 2—10　求点的水平投影

过 b' 向下作 OX 轴的垂线,用 45°线的方法在该垂线上截取 $b_X b = b_Z b''$,即得点 B 的水平投影 b。

(四)点的投影与直角坐标的关系

如果把 3 个投影面视为 3 个坐标面,那么 OX、OY、OZ 即为 3 个坐标轴,这样,点到投影面的距离就可以认为是点的 3 个坐标 x、y、z,如图 2—11 所示。

点的 x 坐标,等于点到 W 面的距离,即 $x = a''A = a_{Y_H} a = Oa_X = a_Z a'$。

点的 y 坐标,等于点到 V 面的距离,即 $y = a'A = a_X a = Oa_Y = a_Z a''$。

点的 z 坐标,等于点到 H 面的距离,即 $z=aA=a_Xa'=Oa_z=a_{Y_W}a''$。

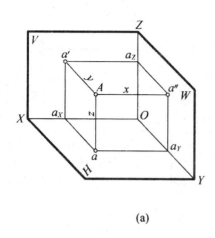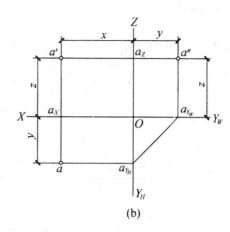

(a)　　　　　　　　　　　　　　　(b)

图2—11　点的投影与直角坐标的关系

如果用 $A(x,y,z)$ 的坐标形式表示点 A 的空间位置,那么它的 3 个投影坐标应分别为 $a(x,y,0),a'(x,0,z),a''(0,y,z)$。

【例2—3】　已知点 A 的坐标为 $(20,10,15)$[①],求作点 A 的三面投影 a、a' 和 a''。

【分析】　从点 A 的三个坐标值可知,点 A 到 W 面的距离为 20,到 V 面的距离为 10,到 H 面的距离为 15。根据点的投影规律和点的三面投影与其 3 个坐标的关系,即可求得点 A 的 3 个投影。

【作图】

1. 画出投影轴,并标出相应的符号,如图 2—12(a)所示。

2. 自原点 O 沿 OX 轴向左量取 $x=20$,得 a_X;然后过 a_X 作 OX 轴的垂线,由 a_X 沿该垂线向下量取 $y=10$,即得点 A 的水平投影 a;向上量取 $z=15$,即得点 A 的正面投影 a',如图 2—12(b)所示。

3. 过 a' 作 OZ 轴的垂线交 OZ 于 a_z,由 a_z 沿该垂线向右量取 $y=10$,即得点 A 的侧面投影 a'',如图 2—12(c)所示。

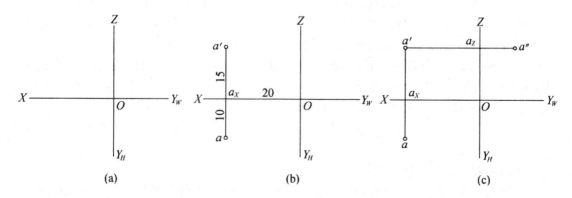

(a)　　　　　　　　　　(b)　　　　　　　　　　(c)

图2—12　已知点的坐标求其三面投影

用坐标值作出点的两投影之后,第三投影也可用作图的方法求得,如图 2—9、图 2—10 所示。

---

① 本书中未注明的尺寸单位均为 mm。

【例2—4】　在图2—13(a)所给出的三投影面体系中,画出点 $A(20,12,15)$ 的三面投影及点 A 的空间位置。

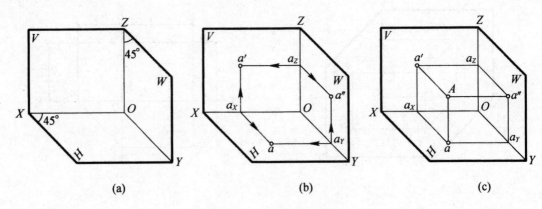

图2—13　求点的空间位置

【作图】

1. 分别在 OX、OY、OZ 轴上量取 $Oa_X = x = 20$,$Oa_Y = y = 12$,$Oa_Z = z = 15$,求得 a_X、a_Y 和 a_Z。然后,分别过 a_X 和 a_Y,作 OY 和 OX 的平行线,其交点即为点 A 的水平投影 a;过 a_X 和 a_Z,作 OZ 和 OX 的平行线,其交点即为正面投影 a';过 a_Y 和 a_Z,作 OZ 和 OY 的平行线,其交点即为侧面投影 a'',如图2—13(b)所示。

2. 分别过 a、a' 和 a'',作 OZ、OY 和 OX 的平行线,这3条直线必交于一点,该点即为点 A 的空间位置,如图2—13(c)所示。

三、两点的相对位置

(一)相对位置的判定

从点的投影与直角坐标的关系可知,点的 x、y、z 三个坐标分别表示空间点到 W、V、H 三个投影面的距离。因此,分别比较两点各坐标的大小,就可以判定两点的相对位置。

比较 x 坐标的大小,可以判定两点左右的位置关系,x 大的点在左,x 小的点在右;

比较 y 坐标的大小,可以判定两点前后的位置关系,y 大的点在前,y 小的点在后;

比较 z 坐标的大小,可以判定两点上下的位置关系,z 大的点在上,z 小的点在下。

如图2—14(a)所示,已知两点 A、B 的三面投影,判定其相对位置。

从水平(或正面)投影可以看出,点 A 的 x 坐标大于点 B 的 x 坐标,说明点 A 在点 B 之左;从水平(或侧面)投影可以看出,点 A 的 y 坐标小于点 B 的 y 坐标,说明点 A 在点 B 之后;从正面(或侧面)投影可以看出,点 A 的 z 坐标大于点 B 的 z 坐标,说明点 A 在点 B 之上。

综合点 A、B 三个坐标大小的比较,可以判定点 A 在点 B 的左后上方,如图2—14(b)所示。

(二)重影点及其投影的可见性

如果两点的某两个坐标相同时,那么该两点就位于某一投影面的同一垂线上,则这两点在该投影面上的投影重合为一点,这两点称为该投影面的重影点。

1. H 面的重影点

如图2—15(a)所示,A、B 两点的水平投影重合为一点 $a(b)$,说明这两点的 x、y 坐标相同,位于同一铅垂线上,故 A、B 两点为 H 面的重影点。从正面(或侧面)投影可知,点 A 的 z

坐标大于点 B 的 z 坐标,点 A 在点 B 之上。

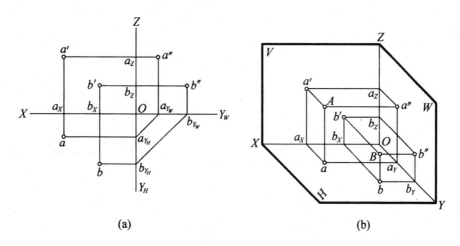

(a)   (b)

图 2—14 判定两点的相对位置

从图 2—15(b)可以看出,向 H 面投影时,点 A 遮住点 B,故点 A 的水平投影 a 可见,点 B 的水平投影 b 不可见(规定不可见的投影标记加括弧表示)。

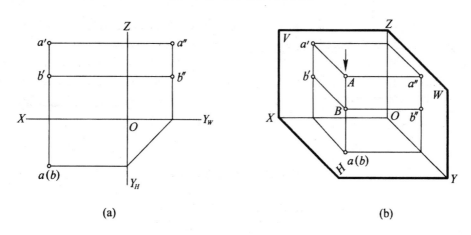

(a)   (b)

图 2—15 H 面的重影点

2. V 面的重影点

如图 2—16(a)所示,C、D 两点的正面投影重合为一点 $c'(d')$,说明这两点的 x、z 坐标相同,位于同一正垂线上,故 C、D 两点为 V 面的重影点。由水平(或侧面)投影可知,点 C 的 y 坐标大于点 D 的 y 坐标,点 C 在点 D 之前。

从图 2—16(b)可以看出,向 V 面投影时,点 C 遮住点 D,故点 C 的正面投影 c' 可见,点 D 的正面投影 d' 不可见。

3. W 面的重影点

如图 2—17(a)所示,E、F 两点的侧面投影重合为一点 $e''(f'')$,说明这两点的 y、z 坐标相同,位于同一侧垂线上,故 E、F 两点为 W 面的重影点。由水平(或正面)投影可知,点 E 的 x 坐标大于点 F 的 x 坐标,点 E 在点 F 之左。

从图 2—17(b)可以看出,向 W 面投影时,点 E 遮住点 F,故点 E 的侧面投影 e'' 可见,点 F 的侧面投影 f'' 不可见。

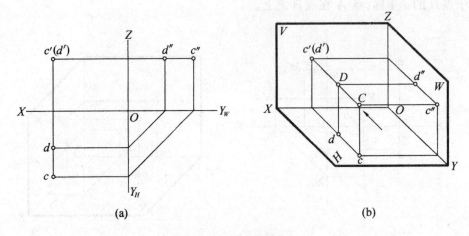

图 2—16　V 面的重影点

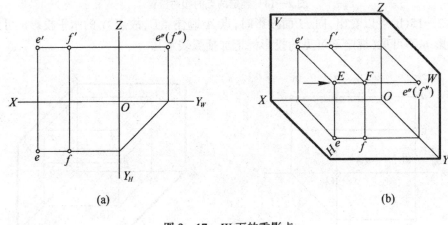

图 2—17　W 面的重影点

§2—2　直　　线

一、直线的投影

在一般情况下,直线的投影仍为直线。只有当直线垂直于某一投影面时,它在该投影面上的投影才积聚成一点。

因为两点可以决定一条直线,所以只要定出直线上任意两点的空间位置,连接起来即可确定该直线的空间位置,如图 2—18(a)所示。A、B 两点的连线,确定了直线 AB 的空间位置。因此,要作直线的三面投影,只要作出直线上两点的三面投影,然后把这两点在同一投影面上的投影(简称同面投影)连接起来,即得直线在该投影面上的投影,如图 2—18(b)所示。直线 AB 的三面投影 ab、a'b'、a"b",分别为 a、b,a'、b',a"、b" 的连线。

二、各种位置直线的投影特性

直线与投影面的相对位置可分为投影面平行线、投影面垂直线和一般位置直线 3 种情况。由于它们与投影面的相对位置不同,它们的投影特性也有差异。

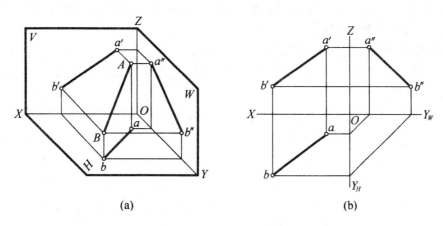

图 2—18 直线的投影

(一)投影面平行线

凡只与某一个投影面平行的直线,统称为投影面平行线。与 H 面平行的直线,称为水平线;与 V 面平行的直线,称为正平线;与 W 面平行的直线,称为侧平线。

从平行投影的性质可知,投影面平行线必具有下列投影特性(表 2—1)。

表 2—1 投影面平行线特性

名 称	空 间 情 况	投 影 图	投 影 特 性
水平线			1. $ab = AB$ 2. ab 与投影轴的夹角反映 β、γ 3. $a'b' /\!/ OX$ 　$a''b'' /\!/ OY_W$
正平线			1. $a'b' = AB$ 2. $a'b'$ 与投影轴的夹角反映 α、γ 3. $ab /\!/ OX$ 　$a''b'' /\!/ OZ$
侧平线			1. $a''b'' = AB$ 2. $a''b''$ 与投影轴的夹角反映 α、β 3. $ab /\!/ OY_H$ 　$a'b' /\!/ OZ$

1. 直线在与其平行的投影面上的投影,反映线段的实长;该投影与相应投影轴的夹角反映直线与另外两个投影面的倾角。

2. 其他投影,均平行于相应的投影轴,但不反映实长。

【**例 2—5**】　过点 A 向右上方作一正平线 AB,使其实长为 25,与 H 面的倾角 $\alpha = 30°$,如图 2—19(a)所示。

【**分析**】　由正平线的投影特性可知,正平线的正面投影反映实长,它与 OX 轴的夹角反映直线对 H 面的倾角 α,故本题只有一个解。

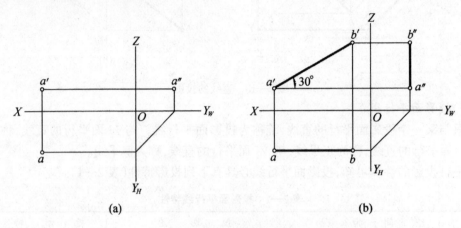

(a)　　　　　　　　　　　　　　　　　　　(b)

图 2—19　过点作正平线

【**作图**】　〔图 2—19(b)〕

1. 过点 A 的正面投影 a',向右上方作一与 OX 轴成 30°的直线,截取 $a'b' = 25$,即得 AB 的正面投影 $a'b'$。

2. 过点 A 的水平投影 a,向右作 OX 轴的平行线;过 b' 向下作 OX 轴的垂线,两者相交于 b,即得 AB 的水平投影 ab。

3. 根据 b、b' 求出点 B 的侧面投影 b'',连接 a''、b'',即得 AB 的侧面投影 $a''b''$($/\!/ OZ$)。

(二)投影面垂直线

凡与某一个投影面垂直的直线,统称为投影面垂直线。与 H 面垂直的直线,称为铅垂线;与 V 面垂直的直线,称为正垂线;与 W 面垂直的直线,称为侧垂线。

从平行投影的性质可知,投影面垂直线必具有下列投影特性(表 2—2)。

表 2—2　投影面垂直线特性

名　称	空　间　情　况	投　影　图	投　影　特　性
铅垂线			1. ab 有积聚性 2. $a'b' = a''b'' = AB$ 3. $a'b' \perp OX$ 　$a''b'' \perp OY_W$

续上表

名　称	空　间　情　况	投　影　图	投　影　特　性
正垂线			1. $a'b'$ 有积聚性 2. $ab = a''b'' = AB$ 3. $ab \perp OX$ 　$a''b'' \perp OZ$
侧垂线			1. $a''b''$ 有积聚性 2. $ab = a'b' = AB$ 3. $ab \perp OY_H$ 　$a'b' \perp OZ$

1. 直线在与其垂直的投影面上的投影积聚为一点。

2. 其他两投影均垂直于相应的投影轴,且反映线段的实长。

（三）一般位置直线

凡与 3 个投影面均处于倾斜位置的直线,统称为一般位置直线。因此,线段的各投影均短于实长,且无积聚性。直线各投影与投影轴都处于倾斜位置,而且它们与投影轴的夹角不反映空间直线对任何投影面的倾角。如图 2—18 所示的直线 AB,它的三面投影 ab、$a'b'$ 和 $a''b''$ 与各投影轴,即无垂直关系,也无平行关系,故 AB 为一般位置直线。

为了求出一般位置直线与投影面倾角的大小和线段实长,需要进一步分析直线的空间位置与其投影之间的几何关系,从而找出图解的方法。

三、直线对投影面倾角及线段实长

由立体几何可知,直线与平面之间的夹角是指直线本身与它在该平面上的正投影的夹角而言,所以直线对某一投影面的倾角应是直线与其在该投影面上的投影夹角,如图 2—20 所示。直线 AB 与 H、V、W 面的倾角应分别为 α、β 和 γ。

（一）求直线与 H 面的倾角 α 及线段实长

分析图 2—21(a)可知,直线 AB 与其水平投影 ab 所决定的平面 $ABba$ 垂直于 H 面,在该平面内过点 B 作 ab 的平行线交 Aa 于 A_1,则构成一直角 $\triangle AA_1B$。从直角 $\triangle AA_1B$ 可以看出,直角边 $A_1B = ab$,另一直角边 AA_1 等于 A、B 两点的 z 坐标差(即 $AA_1 = z_A - z_B$);它所对的 $\angle ABA_1$ 即为直线 AB 对 H 面的倾角 α;直角 $\triangle AA_1B$

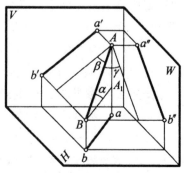

图 2—20　直线对投影面的倾角

的斜边 AB 即为其实长。因此，只要求出直角△AA_1B 的实形，即可求得 AB 对 H 面的倾角及其实长。

在投影图中，AB 的水平投影 ab 已知，A、B 两点的 Z 坐标差，可由其正面投影求得，由此即可作出直角△AA_1B 的实形。

作图方法 1〔参见图 2—21(b)〕。

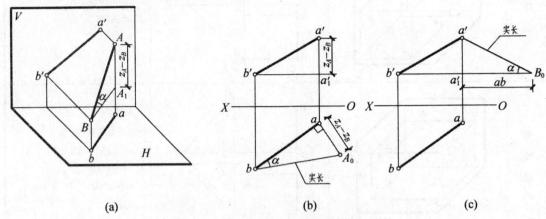

(a)　　　　　　　　　　　(b)　　　　　　　　　　　(c)

图 2—21　求直线对 H 面的倾角及实长

(1)求 A、B 两点的 Z 坐标差：过 b' 作 OX 的平行线与 aa' 交于 a'_1，则 $a'a'_1 = z_A - z_B$。

(2)以 ab 为一直角边，$z_A - z_B$ 为另一直角边，作直角三角形：过 a 作 ab 的垂线，在该垂线上截取 $aA_0 = z_A - z_B$，连接 b、A_0，则 $A_0a(z_A - z_B)$ 所对的 $\angle A_0ba$，即为 AB 对 H 面的倾角 α，$A_0b = AB$(实长)

作图方法 2〔参见图 2—21(c)〕。

(1)过 b' 作 OX 的平行线与 aa' 相交于 a'_1，$a'a'_1$ 即为 A、B 两点的 z 坐标差。

(2)在 $b'a'_1$ 的延长线上截取 $a'_1B_0 = ab$，并连接 a'、B_0，则 $\angle a'_1B_0a' = \alpha$，$a'B_0 = AB$。

显然，图 2—21(b)中的直角△A_0ab 和图 2—21(c)中的直角△$B_0a'_1a'$，与图 2—21(a)中的直角△AA_1B 是全等直角三角形。

(二)求直线对 V 面的倾角及线段实长

如图 2—22(a)所示，直线 AB 与其正面投影 $a'b'$ 所决定的平面 $ABb'a'$ 垂直于 V 面，在该平面内过点 A 作 $a'b'$ 的平行线交 Bb' 于 B_1，则构成一直角△AB_1B。从该直角三角形可以看出，直角边 $AB_1 = a'b'$，另一直角边 BB_1 等于 B、A 两点的 y 坐标差(即 $BB_1 = y_B - y_A$)，它所对的 $\angle BAB_1$，即为直线对 V 面的倾角 β；直角△AB_1B 的斜边 AB，即为其实长。

在投影图中，AB 的正面投影 $a'b'$ 已知，B、A 两点的 y 坐标差，可由其水平投影求得。

作图方法 1〔参见图 2—22(b)〕。

(1)求 B、A 两点的 y 坐标差：过 a 作 OX 的平行线交 bb' 于 b_1，则 $bb_1 = y_B - y_A$。

(2)以 $a'b'$ 为一直角边，$y_B - y_A$ 为另一直角边，作出直角△$B_0b'a'$，则 $y_B - y_A$ 所对的 $\angle b'a'B_0$，即为直线 AB 对 V 面的倾角 β，$a'B_0 = AB$(实长)。

作图方法 2〔参见图 2—22(c)〕。

过 a 作 OX 的平行线交 bb' 于 b_1，在 ab_1 的延长线上截取 $b_1A_0 = a'b'$，并连接 A_0、b，则

$\angle bA_0b_1 = \beta, A_0b = AB$。

显然,图 2—22(b)、(c)中的 $\triangle B_0b'a'$、$\triangle A_0b_1b$ 与图 2—22(a)中的三角形 AB_1B 为全等的直角三角形。

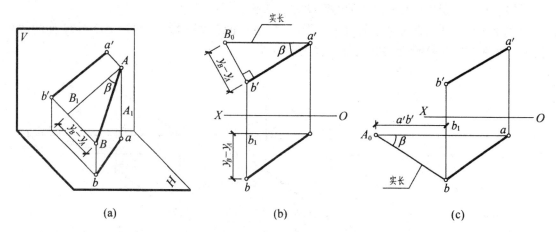

图 2—22　求直线对 V 面的倾角及实长

直线对 W 面的倾角 γ 的求法,可根据求 α、β 的原理进行。

上述求直线对投影面的倾角及线段实长的方法,称为直角三角形法。从直角三角形的作图可知,只要知道直角三角形的 4 个要素(两直角边、斜边、一锐角)中的任意两个,便可作出该直角三角形,这就是用直角三角形法解题的主要依据。

【例 2—6】　已知直线 AB 的正面投影 $a'b'$ 和点 A 的水平投影 a,并知 $AB = 25$,求 AB 的水平投影 ab 及 AB 对 V 面的倾角 β,如图 2—23(a)所示。

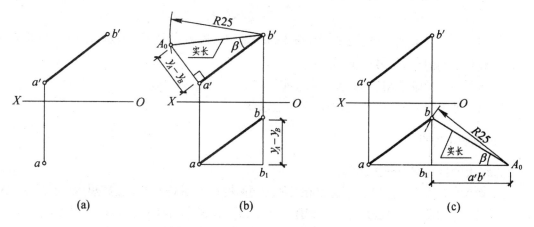

图 2—23　求直线的水平投影及 β 角

【分析】　由点的投影规律可知,b 应在过 b' 所作的 OX 轴的垂线上,因此只要求出 A、B 两点的 y 坐标差,即可确定 b。根据直角三角形法的原理,以 $a'b'$ 为一直角边,以 25 为斜边作一直角三角形,它的另一直角边即为 A、B 两点的 y 坐标差;y 坐标差所对的角即为 AB 对 V 面的倾角 β。本题有两个解。

【作图】　〔图 2—23(b)〕

1.以 $a'b'$ 为一直角边、25 为斜边,作一直角 $\triangle A_0a'b'$,则 $A_0a' = y_A - y_B$,它所对的 $\angle A_0b'a' = \beta$。

2. 过 b' 作 OX 轴的垂线、过 a 作 OX 轴的平行线,两者相交于 b_1,然后从 b_1 沿 OX 轴的垂线向上截取 $b_1b = a'A_0$,即得 b(如果向下量取可得另一解)。

3. 连接 a、b,即得直线 AB 的水平投影 ab。

该题也可采用图 2—23(c)所示的作图方法求解。

【例 2—7】　已知直线 AB 的水平投影 ab 和点 A 的正面投影 a',并知 AB 对 H 面的倾角为 $30°$,如图 2—24(a)所示,求 AB 的正面投影 $a'b'$。

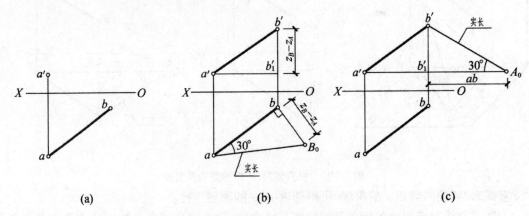

图 2—24　求 AB 的水平投影

【分析】　由于点 A 的正面投影 a'(即其 z 坐标)已知,所以只要求出 A、B 两点的 z 坐标差,即可确定点 B 的正面投影 b'。由上述直角三角形法的原理可知,以 ab 为一直角边,作一锐角为 $30°$ 的直角三角形,则 $30°$ 角所对的直角边,即为 A、B 两点的 z 坐标差。

【作图】　〔图 2—24(b)〕

1. 以 ab 为一直角边,作一锐角为 $30°$ 的直角 $\triangle B_0ba$,则 $bB_0 = z_B - z_A$。

2. 过 b 作 OX 轴的垂线,过 a' 作 OX 轴的平行线,两者相交于 b_1';从 b_1' 向上截取 b_1',$b' = z_B - z_A$(向下截取可得另一解)即得 b'。

3. 连接 a'、b' 即得 AB 的正面投影 $a'b'$。

该题也可用图 2—24(c)所示的作图方法求解。

四、直线上的点

直线上的点具有下列投影特性:

1. 如果点在直线上,则点的投影必在直线的同面投影上,并符合点的投影规律。如图 2—25 所示,直线 AB 上的点 C,其投影 c、c'、c'' 分别位于 ab、$a'b'$ 和 $a''b''$ 上,且 $cc' \perp OX$、$c'c'' \perp OZ$。

反之,如果一个点的各投影均在一直线的同面投影上,并符合点的投影规律,则该点必在该直线上。

2. 由平行投影的性质可知,**直线上的一点把直线分为两段,这两段长度之比等于其投影的长度之比**。因此,这两段各投影的长度之比也必相等,即 $ac : cb = a'c' : c'b' = a''c'' : c''b'' = AC : CB$(图 2—25)。

【例 2—8】　根据图 2—26(a)所示,在直线 AB 上找一点 K,使 $AK : KB = 3 : 2$

【分析】　由上述投影特性可知,$AK : KB = 3 : 2$,则其投影 $ak : kb = a'k' : k'b' = 3 : 2$。因此,只要用平面几何作图的方法,把 ab 或 $a'b'$ 分为 $3 : 2$,即可求得点 K 的投影。

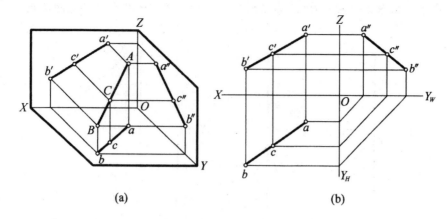

(a)   (b)

图 2—25 直线上的点

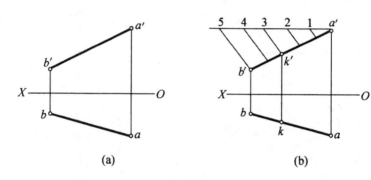

(a)   (b)

图 2—26 分线段为定比

【作图】 〔图 2—26(b)〕

1. 过 a' 任作一直线，并从 a' 起在该直线上任取五等份，得 1、2、3、4、5 五个分点。

2. 连接 b'、5，再过分点 3 作 $b'5$ 的平行线，与 $a'b'$ 相交，即得点 K 的正面投影 k'。

3. 过 k' 作 OX 轴的垂线，与 ab 相交，得点 K 的水平投影 k，则

$$ak:kb = a'k':k'b' = AK:KB = 3:2$$

【例 2—9】 判定点 K 是否在侧平线 AB 上〔图 2—27(a)〕。

【分析】 由直线上点的投影特性可知，如果点 K 在直线 AB 上，则 $ak:kb = a'k':k'b'$，因此，可用这一等比关系来判定 K 是否在直线 AB 上。另外，如果点 K 在直线 AB 上，则 k'' 应在 $a''b''$ 上。所以，也可作出它们的侧面投影来判定。

判定方法 1〔图 2—27(b)〕。

1. 在水平投影上过 b 任作一直线，取 $ba_1 = b'a'$、$bk_1 = b'k'$；

2. 连接 a_1、a，过 k_1 作 a_1a 的平行线，它与 ab 的交点不是 k，这说明 $ak:kb \neq a'k':k'b'$。由此可判定点 K 不在直线 AB 上，而是与直线 AB 同位于一个侧平面内的点。

判定方法 2〔图 2—27(c)〕。

分别求出点 K 和直线 AB 的侧面投影 k'' 和 $a''b''$，可以看出 k'' 不在 $a''b''$ 上，由此也可判定点 K 不在直线 AB 上。

五、直线的迹点

(一)迹点的概念

直线与投影面的交点，称为直线的迹点。与 H 面的交点，称为水平迹点；与 V 面的交点，

称为正面迹点。如图 2—28(a)所示,点 M、N 分别为直线 AB 的水平和正面迹点。

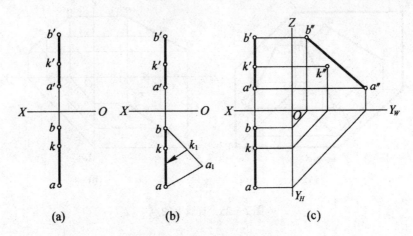

(a)　　　　　　　(b)　　　　　　　(c)

图 2—27　判定点是否在直线上

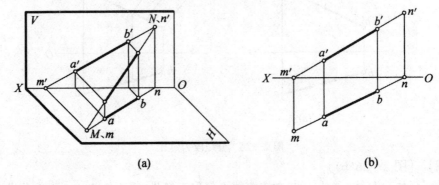

(a)　　　　　　　　　　(b)

图 2—28　直线的迹点

(二)迹点的求法

由迹点的概念可知,直线的水平迹点 M 就是直线上 z 坐标等于零的点,它就在 H 面上,又在直线上,所以水平迹点 M 的正面投影 m',既应在 OX 轴上,也应在直线的正面投影上。同理,直线正面迹点 N 的水平投影 n,既在 OX 轴上,又在直线的水平投影上。因此,直线的迹点可按如下方法求得〔参见图 2—28(b)〕。

1. 延长直线 AB 的正面投影 $a'b'$,与 OX 轴的交点即为 m';过 m' 作 OX 轴的垂线与 ab 延长线的交点即为 m。

2. 延长直线 AB 的水平投影 ab,与 OX 轴的交点即为 n;过 n 作 OX 轴的垂线与 $a'b'$ 的延长线的交点即为 n'。

六、两直线的相对位置

空间两直线的相对位置可分为平行、相交、交叉和垂直(相交或交叉的特例)4 种情况。

(一)两直线平行

由平行投影基本性质中的平行性可知,若空间两直线互相平行,则它们的同面投影也一定平行。如图 2—29 所示,已知 $AB /\!/ CD$,则 $ab /\!/ cd$,$a'b' /\!/ c'd'$。反之,如果两直线的各同面投影都互相平行,则这两直线在空间也一定平行。

此外,由平行投影基本性质中的定比性可知,空间两直线互相平行,则它们各同面投影的长度之比也必相等,即 $ab:cd = a'b':c'd'$,如图 2—29(b)所示。

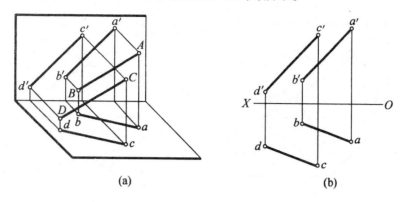

图 2—29 两直线平行

对于两条一般位置直线来说,只要它们的任意两个同面投影互相平行,即可判定这两条直线在空间一定平行。但对两条同为某一投影面的平行线来说,则需从两直线在该投影面上的投影来判定其是否平行。

如图 2—30(a)所示,如果有两条侧平线 AB、CD,仅凭其水平投影 $ab \parallel cd$ 和正面投影 $a'b' \parallel c'd'$,不能判定 AB 与 CD 是否平行,还需求出它们的侧面投影来进行判定。从侧面投影可以看出 $a''b''$ 不平行于 $c''d''$,故 AB 不平行于 CD。

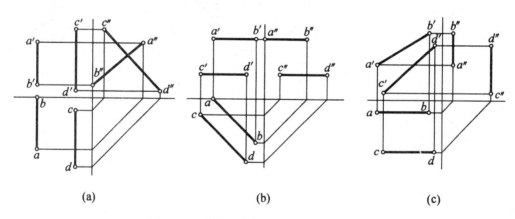

图 2—30 判定两条投影面平行线是否平行

同样,判定图 2—30(b)的两条水平线和图 2—30(c)的两条正平线是否平行,都应分别从它们的水平投影和正面投影进行判定。

(二)两直线相交

如图 2—31(a)所示,空间两直线 AB、CD 相交于点 K。因为交点 K 是该两直线的公有点,所以它的水平投影 k 一定是 ab 与 cd 的交点,正面投影 k' 一定是 $a'b'$ 与 $c'd'$ 的交点。又因 k、k' 是同一点 k 的两个投影,所以在投影图〔图 2—31(b)〕上,k 与 k' 的连线 kk',必垂直于 OX 轴。

由此可见,如果两直线相交,则它们的同面投影必定相交,而且各同面投影的交点就是两直线空间交点的同面投影。

对两条一般位置直线来说,只要任意两个同面投影的交点的连线垂直于相应的投影轴,就可以判定这两条直线在空间一定相交。但两条直线中有一条平行于某一投影面,则另当别论。

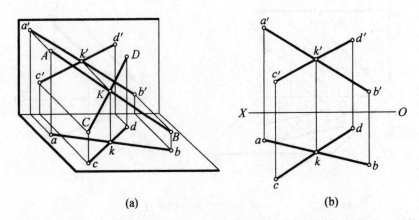

图 2—31 两直线相交

如图 2—32(a)所示，AB 为一般位置直线，CD 为侧平线。对于这种情况，仅凭其水平和正面投影，就不能判定这两条直线是否相交，可用以下两种方法进行判定。

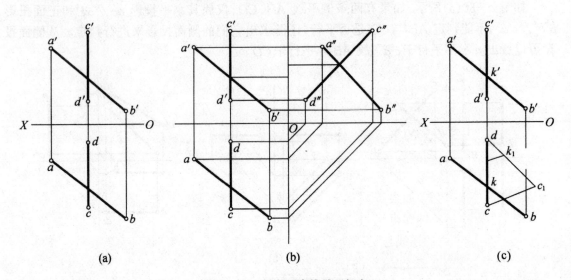

图 2—32 判定两直线是否相交

1. 利用第三投影进行判定〔图 2—32(b)〕：求出两直线的侧面投影 $a''b''$ 和 $c''d''$，从图上可以看出，$a'b'$、$c'd'$ 的交点与 $a''b''$、$c''d''$ 的交点的连线不垂直于 OZ 轴，故 AB 和 CD 两直线并不相交。

2. 利用直线上的点分线段为定比进行判定〔图 2—32(c)〕：假如 AB 与 CD 相交于点 K，则 $ck:kd$ 应等于 $c'k':k'd'$。而从作图得知，$ck:kd \neq c'k':k'd'$，由此也可以判定直线 AB 与 CD 不相交。

【例 2—10】 已知直线 AB 和 CD 相交于点 K，并知 $AK:KB=1:2$，根据图 2—33(a)所给的投影，求 AB 的正面投影 $a'b'$ 和 CD 的水平投影 cd。

【分析】 由直线上的点分线段为定比的性质可知，若 $AK:KB=1:2$，则 $ak:kb$ 也必等于 $1:2$，由此可求得交点 K 的水平投影。又因交点 K 是两直线 AB 和 CD 的公有点，故 k' 必在 $c'd'$ 上。点 C 的水平投影和点 B 的正面投影分别位于 dk 和 $a'k'$ 的延长线上。

【作图】 〔图 2—33(b)〕

1. 将 ab 分为三等份，取 ak 为 $\frac{1}{3}ab$（则 $ak:kb=1:2$），即得交点 K 的水平投影 k。

2. 过 k 作 OX 轴的垂线，与 $c'd'$ 相交，即得交点 K 的正面投影 k'。

3. 分别过 b 和 c' 作 OX 轴的垂线，与 $a'k'$ 和 dk 的延长线相交于 b' 和 c，则 $a'b'$ 和 cd 即为所求的正面投影和水平投影。

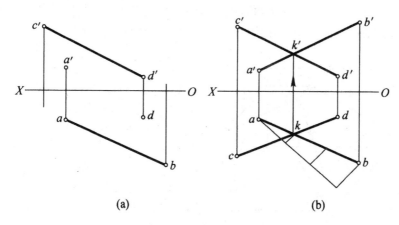

图 2—33　求 $a'b'$ 和 cd

（三）两直线交叉

两直线既不平行也不相交，称为两直线交叉。显然，两直线交叉的投影，既无两直线平行时的投影特性，也无两直线相交时的投影特性。它们的同面投影可能平行，也可能相交。即使各同面投影都有交点，它们也不可能是两直线公有点的投影。如图 2—34（a）所示，两交叉直线 AB 和 CD 水平投影的交点，是直线 AB 上的点Ⅰ和 CD 上的点Ⅱ的投影，因为Ⅰ、Ⅱ两点同位于一条铅垂线上，故其水平投影重合于一点。两直线正面投影的交点，则是 AB 上的点Ⅲ和 CD 上的点Ⅳ的投影，因为Ⅲ、Ⅳ两点同位于一条正垂线上，故其正面投影重合为一点。

因此，在投影图上，如果两交叉直线有两同面投影相交，则两交点的连线不垂直于相应的投影轴。根据这一特性即可判定空间两直线是否交叉。如图 2—34（b），ab 与 cd、$a'b'$ 与 $c'd'$ 都有交点，但这两点的连线与 OX 轴不垂直，由此可判定 AB 和 CD 为两交叉直线。

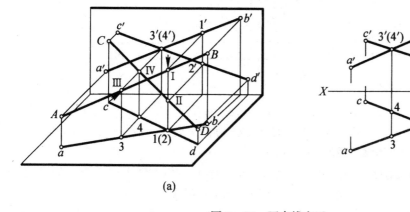

图 2—34　两直线交叉

既然两交叉直线同面投影的交点，是两直线上两个点的投影重合在一起，那么就须判定其可见性。如图 2—34（b），从正面投影可以看出，点Ⅰ在点Ⅱ之上，故其水平投影 1 为可见，2 为不可见。从水平投影可以看出,点Ⅲ在点Ⅳ之前,故其正面投影 3′为可见,4′为不可见。

(四)两直线垂直

互相垂直的两直线,可能是相交,也可能是交叉。在一般情况下,它们的投影均不反映直角,只有当互相垂直的两直线中有一条平行于某一投影面时,它们在该投影面上的投影才反映直角。

如图 2—35(a)所示,如果空间两直线 AB 和 AC 相交垂直,其中直线 AC 平行于投影面 H,则这两条直线在该投影面上的投影 ab 和 ac 仍互相垂直。证明如下:

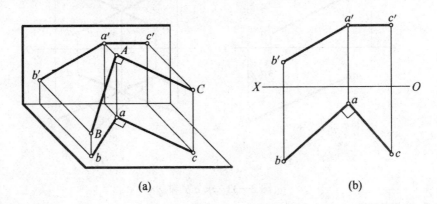

图 2—35 两直线相交垂直

因为 $AC /\!/ H$ 面,$Aa \perp H$ 面,所以 $Aa \perp AC$。由于 AC 同时垂直 AB 和 Aa,故 AC 必垂直于 AB 和 Aa 所决定的平面 $ABba$。又因 $ac /\!/ AC$,即 ac 也垂直于平面 $ABba$,所以 $ac \perp ab$。

如图 2—36(a)所示,如果空间两直线 AB 和 CD 交叉垂直,其中一条直线 CD 平行于 H 面,则这两条直线在该投影面上的投影 ab 与 cd,也互相垂直。证明如下〔图 2—36(b)〕:

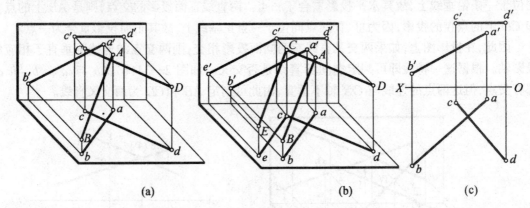

图 2—36 两直线交叉垂直

过 CD 上的任一点 C 作 $CE /\!/ AB$,则 CE 与 CD 为相交垂直。由相交垂直的证明得知,$ce \perp cd$。因为 $CE /\!/ AB$,则其水平投影 $ce /\!/ ab$,故 $ab \perp cd$。

反之,如果两条直线的某一投影互相垂直,而且其中有一条直线平行于该投影面,则这两条直线在空间一定互相垂直。如图 2—35(b)所示,其水平投影 $ac \perp ab$,其中 $a'c' /\!/ OX$ 轴(即 $AC /\!/ H$ 面),由此可以判定 $AC \perp AB$。如图 2—36(c),其水平投影 $ab \perp cd$,其中 $c'd /\!/ OX$ 轴(即 $CD /\!/ H$ 面),由此可以判定 $AB \perp CD$。

【例 2—11】 已知矩形 $ABCD$ 的一边 AB 平行于 H 面,根据图 2—37(a)所给的投影,完成该矩形的两面投影。

【分析】　因矩形的两邻边 $AB \perp AC$，又知 $AB /\!/ H$ 面，故 $ab \perp ac$。又因矩形的对边互相平行，所以 $ab /\!/ cd$，$a'b' /\!/ c'd'$；$ac /\!/ bd$，$a'c' /\!/ b'd'$。据此即可完成该矩形的投影。

【作图】〔图 2—37(b)〕

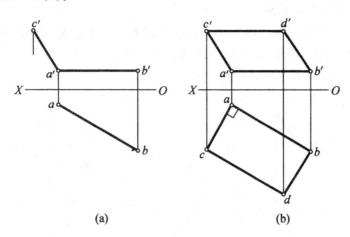

(a)　　　　　　　　(b)

图 2—37　完成矩形 $ABCD$ 的投影

1. 过 a 作 ab 的垂线，过 c' 作 OX 轴的垂线，这两条直线的交点，即为点 C 的水平投影 c。

2. 过 b 和 c 分别作 ac 和 ab 的平行线，这两条直线的交点，即为点 D 的水平投影 d。

3. 过 b' 和 c' 分别作 $a'c'$ 和 $a'b'$ 的平行线，这两条直线的交点，即为点 D 的正面投影 d'。如果作图准确，d、d' 的连线必垂直于 OX 轴。

【例 2—12】　过点 C 作直线 CD 与正平线 AB 相交垂直〔图 2—38(a)〕。

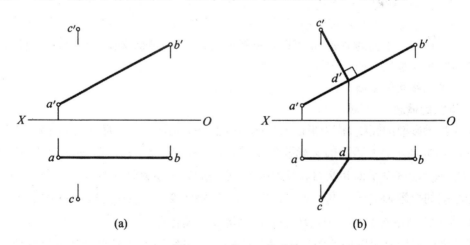

(a)　　　　　　　　(b)

图 2—38　作 AB 的垂线

【分析】　已知 $CD \perp AB$，其中 AB 平行于 V 面，故其正面投影 $c'd' \perp a'b'$，由此即可确定 CD 的投影 $c'd'$ 和 cd。

【作图】〔图 2—38(b)〕

1. 过 c' 作 $a'b'$ 的垂线，与 $a'b'$ 相交于 d'。

2. 过 d' 作 OX 轴的垂线，与 ab 相交于 d，连接 c、d，即得 CD 的水平投影。

§2—3 平 面

一、平面的表示法

(一)用几何元素表示平面

由初等几何可知,下列任一组几何元素都可以确定一个平面的空间位置,如图 2—39 所示。因此,平面可以用下列任何一组几何元素的投影来表示:

1. 不在同一直线上的三点,如图 2—39(a);

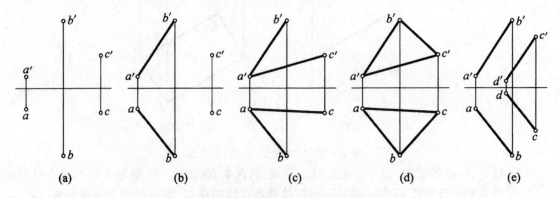

图 2—39 用几何元素表示平面

2. 一条直线和线外的一点,如图 2—39(b);

3. 两相交直线,如图 2—39(c);

4. 平面图形,如图 2—39(d);

5. 两平行直线,如图 2—39(e)。

以上 5 种表示平面的方式,是可以互相转换的,对同一平面来说,无论用哪一种方式表示,它所确定的平面是惟一的。

(二)用迹线表示平面

1. 迹线的概念

平面与投影面的交线,称为平面的迹线,如图 2—40 所示。平面 P 与 H 面的交线称为水平迹线,用 P_H 表示;与 V 面的交线称为正面迹线,用 P_V 表示;与 W 面的交线,称为侧面迹线,用 P_W 表示。3 个平面相交时,一般交于一点,所以,3 条迹线中的任意两条,如果不平行,则必与相应的投影轴交于一点。如 P_H、P_V 与 OX 轴相交于 P_X;P_H、P_W 与 OY 轴相交于 P_Y;P_V、P_W 与 OZ 轴相交于 P_Z。P_X、P_Y、P_Z 称为迹线的集合点。

因平面的迹线是投影面上的直线,所以它的一个投影与其本身重合其余投影位于相应的投影轴上。在投影图中,只需要画出与迹线本身重合的投影,并加以标记,而省去位于投影轴上的投影,如图 2—40(b)所示。

因同一平面上的任意两条迹线,不是平行,就是相交,所以用平面上的两条迹线即可确定平面的空间位置,也就是说,用两条迹线表示的平面,也可以看成是用相交或平行的两条直线所表示的平面。只不过这两条相交或平行的直线是平面与投影面的交线。由此可见,用几何元素表示的平面和用迹线表示的平面是可以互相转化的。

2. 迹线的求法

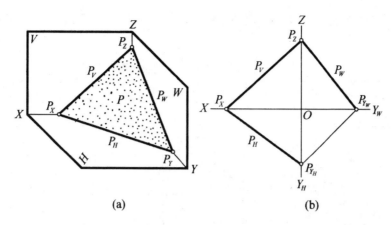

(a)   (b)

图 2—40 平面的迹线

如图 2—41(a)所示,假如△ABC 所确定的平面为 P,P_H 和 P_V 分别为其水平和正面迹线,那么,该平面的直线 AB 的水平迹点 M_1,必在 P_H 上;正面迹点 N_1 必在 P_V 上。因此,只要分别求出该平面内任意两条直线的迹点 M_1、N_1 和 M_2、N_2,连接 M_1、M_2 即得 P_H,连接 N_1、N_2 即得 P_V。

作图方法〔参见图 2—41(b)〕:

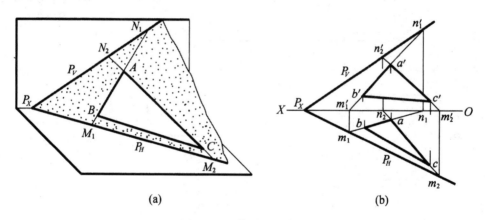

(a)   (b)

图 2—41 作平面的迹线

1. 延长 ab 和 a'b',分别求得 AB 的水平迹点 $M_1(m_1,m_1')$ 和正面迹点 $N_1(n_1,n_1')$;

2. 延长 ac 和 a'c',分别求得 AC 的水平迹点 $M_2(m_2,m_2')$ 和正面迹点 $N_2(n_2,n_2')$;

3. 连接 m_1、m_2 即得 P_H,连接 n_1'、n_2' 即得 P_V。如果作图准确,P_H 和 P_V 应与 OX 轴同交于 P_X。

二、各种位置平面的投影特征

平面与投影面的相对位置可以分为投影面平行面、投影面垂直面和一般位置平面 3 种情况。为了确定平面的空间位置,有时需要表明平面与投影面的夹角,该夹角称为平面的倾角。平面对 H 面的倾角用 α 表示,对 V 面的倾角用 β 表示,对 W 面的倾角用 γ 表示。

(一)投影面平行面

凡与一个投影面平行的平面,统称为投影面平行面。平行于 H 面的平面,称为水平面;平行于 V 面的平面,称为正平面;平行于 W 面的平面,称为侧平面。

从平行投影的性质可知,用平面图形表示的投影面平行面,具有表 2—3 中所述的投影特性。

表 2—3　用平面图形表示的投影面平行面

名　称	空　间　情　况	投　影　面	投　影　特　性
水平面	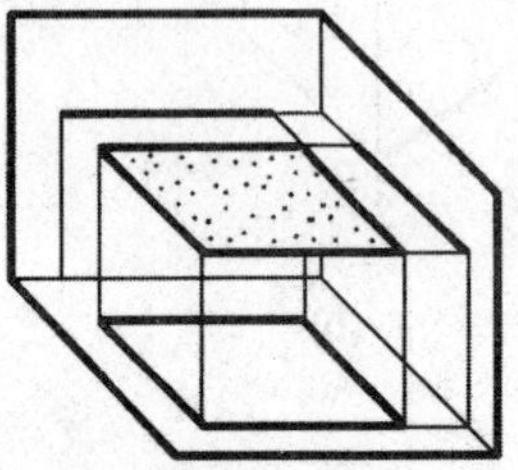	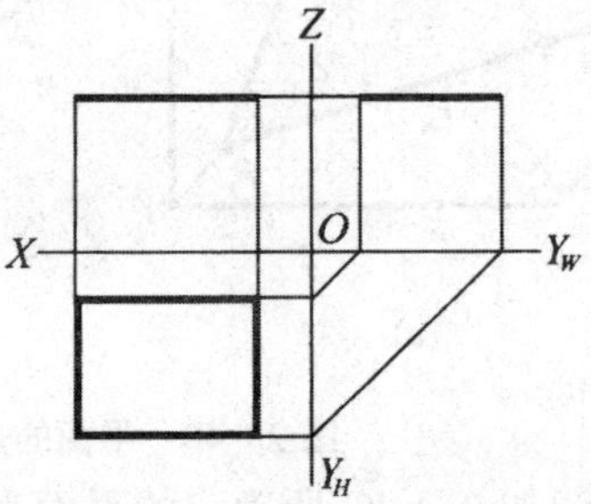	1. 水平投影反映实形 2. 正面和侧面投影分别为平行于 OX 和 OY_W 的线段,具有积聚性
正平面	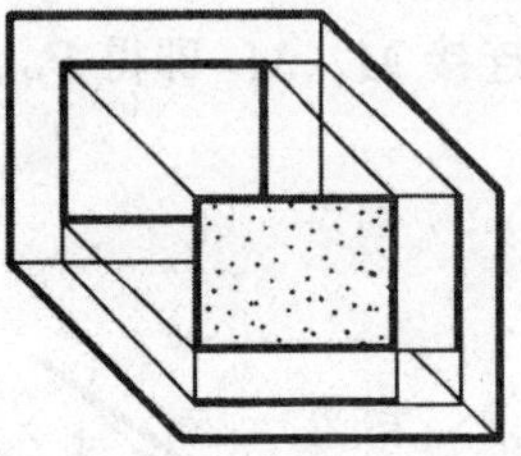	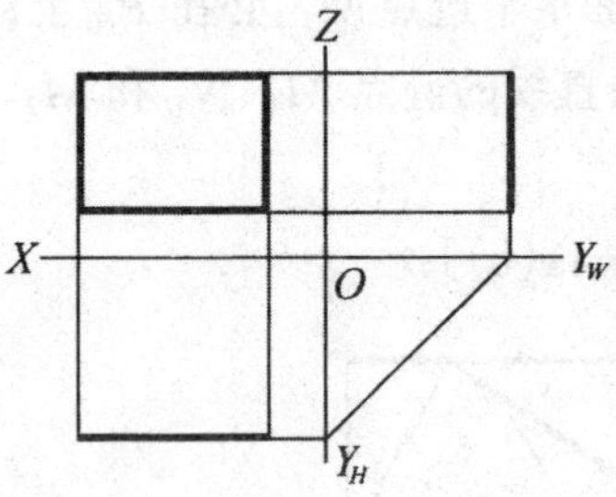	1. 正面投影反映实形 2. 水平投影和侧面投影分别为平行于 OX 和 OZ 的线段,具有积聚性
侧平面	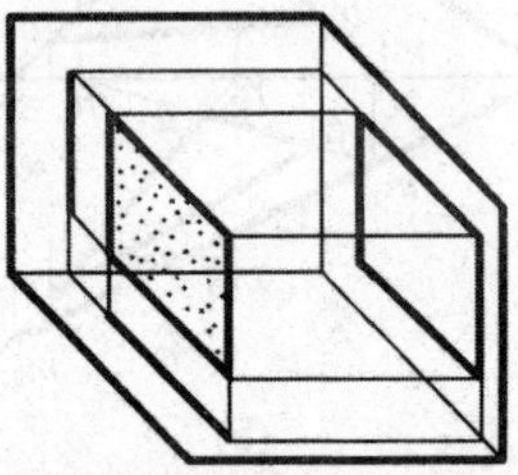	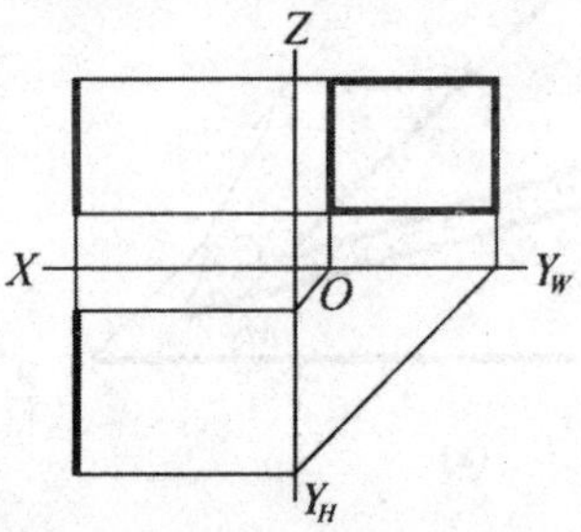	1. 侧面投影反映实形 2. 水平和正面投影分别为平行于 OY_H 和 OZ 的线段,具有积聚性

用迹线表示的投影面平行面,具有表 2—4 中所述的投影特性。

表 2—4　用迹线表示的投影面平行面

名　称	空　间　情　况	投　影　图	迹　线　特　性
水平面	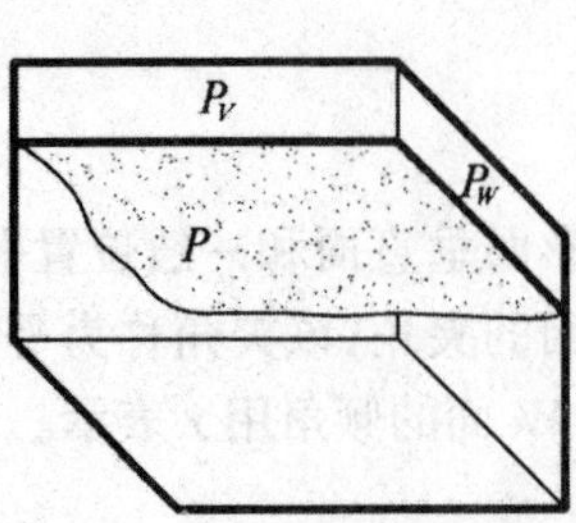	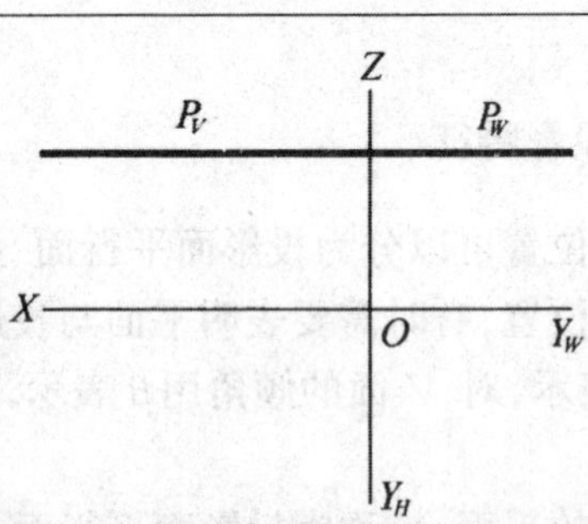	1. 无水平迹线 2. $P_V /\!/ OX$ $P_W /\!/ OY_W$ 有积聚性

续上表

名　称	空　间　情　况	投　影　图	迹　线　特　性
正平面	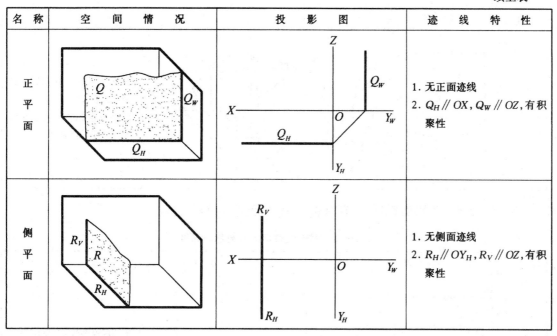		1. 无正面迹线 2. $Q_H // OX$，$Q_W // OZ$，有积聚性
侧平面			1. 无侧面迹线 2. $R_H // OY_H$，$R_V // OZ$，有积聚性

(二)投影面垂直面

只与某一个投影面垂直的平面，称为投影面垂直面。垂直于 H 面的平面，称为铅垂面；垂直于 V 面的平面，称为正垂面，垂直于 W 面的平面，称为侧垂面。

从平行投影的性质可知，用平面图形表示的投影面垂直面，具有表 2—5 中所述的投影特性。

表 2—5　用平面图形表示的投影面垂直面

名　称	空　间　情　况	投　影　图	投　影　特　性
铅垂面			1. 水平投影为一有积聚性的线段，且反映 β、γ 角 2. 正面投影和侧面投影为原平面图形的类似形
正垂面			1. 正面投影为一有积聚性的线段，且反映 α、γ 角 2. 水平投影和侧面投影为原平面图形的类似形

名　称	空　间　情　况	投　影　图	投　影　特　性
侧垂面	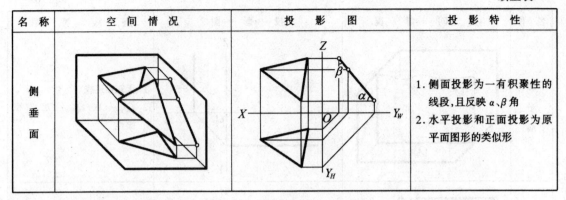		1.侧面投影为一有积聚性的线段,且反映 α、β 角 2.水平投影和正面投影为原平面图形的类似形

用迹线表示的投影面垂直面,具有表2—6 中所述的投影特性。

表 2—6　用迹线表示的投影面垂直面

名　称	空　间　情　况	投　影　图	投　影　特　性
铅垂面	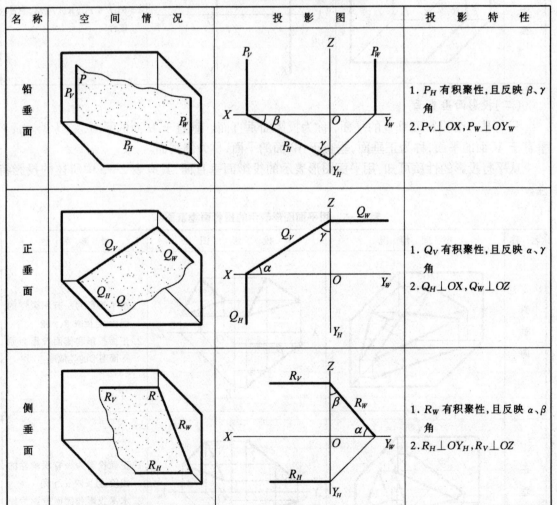		1. P_H 有积聚性,且反映 β、γ 角 2. $P_V \perp OX$, $P_W \perp OY_W$
正垂面			1. Q_V 有积聚性,且反映 α、γ 角 2. $Q_H \perp OX$, $Q_W \perp OZ$
侧垂面			1. R_W 有积聚性,且反映 α、β 角 2. $R_H \perp OY_H$, $R_V \perp OZ$

(三)一般位置平面

凡与 3 个投影面均处于倾斜位置的平面,称为一般位置平面。

因为一般位置平面与 3 个投影面均处于倾斜位置,所以平面图形的 3 个投影均不反映(且小于)实形,也无积聚性。但多边形表示平面时,该多边形的投影仍为同边数的多边形(称为原图形的类似形)。如图2—42所示,三角形3个投影虽然小于实形,但仍为三角形。

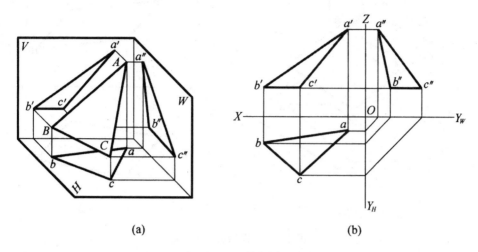

(a)　　　　　　　　　　　(b)

图2—42　一般位置平面

此外,由于一般位置平面与投影面的倾斜方向不同,它们的投影特性也有所不同。

向前倾斜的平面图形,各顶点的水平投影与正面投影的符号顺序相反,如图2—43所示,$\square ABCD$ 的水平投影 $abcd$ 为顺时针方向,正面投影 $a'b'c'd'$ 为逆时针方向。

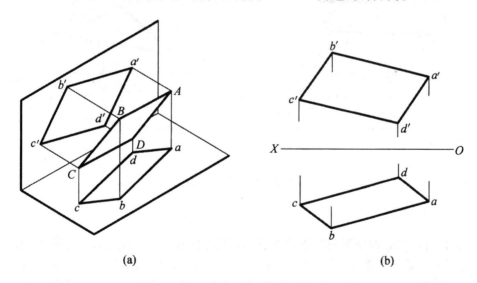

(a)　　　　　　　　　　　(b)

图2—43　向前倾斜的平面

向后倾斜的平面图形,各顶点的水平投影与正面投影的符号顺序相同,如图2—44所示,$\square DEFG$ 的水平投影 $defg$ 与正面投影 $d'e'f'g'$ 均为逆时针方向。

利用上述投影特性,可以判定一般位置平面的倾斜方向。

§2—4　平面内的点和直线

一、平面内的点

由初等几何可知,如果点在已知平面内,则该点必在已知平面内的一条直线上。如图2—

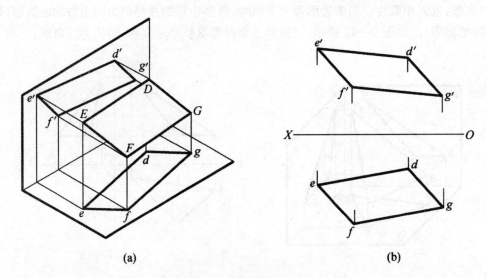

(a)　　　　　　　　　　　　　　　(b)

图 2—44　向后倾斜的平面

45(a)所示,平面 P 内的点 M,在平面 P 内的直线 AB 上。因此,平面内点的投影,必在该平面内某一直线的同面投影上。如图 2—45(b)所示,平面 P 内点 M 的投影 m、m',分别位于 ab、$a'b'$ 上。

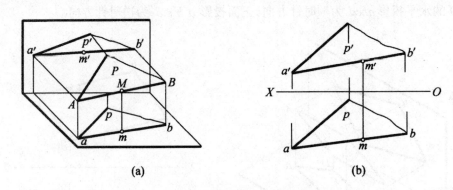

(a)　　　　　　　　　　　　　　　(b)

图 2—45　平面内的点

二、平面内的直线

由初等几何可知,如果直线在平面内,它必须通过平面内的两点;或通过平面内的一点,且平行于该平面内的一条直线。如图 2—46(a)所示,直线 L_1 通过平面 P 内的两点 M、N,直线 L_2 通过平面 P 内的一点 M,且平行于该平面内直线 AB,故直线 L_1 和 L_2 都是平面 P 内的直线。

因此,平面内直线的投影,必通过该平面内两点的同面投影;或通过平面内一点的同面投影,且平行于该平面内一直线的同面投影。如图 2—46(b)所示,直线 L_1 的水平投影 l_1,通过平面 P 内两点 M、N 的水平投影 m、n,其正面投影 l'_1,通过 m'、n';直线 L_2 的水平投影 l_2,通过平面 P 内一点 M 的水平投影 m,且平行于该平面内一已知直线 AB 的水平投影 ab,其正面投影 l'_2 通过 m',且平行于 $a'b'$。由此即可判定,直线 $L_1(l_1,l'_1)$ 和 $L_2(l_2,l'_2)$ 都是平面 P 内的直线。

从点和直线在平面内的几何条件可以看出,欲在平面内取点,须先在平面内取直线;欲在平面内取直线,又须先在平面内取点。它们是互相制约的因果关系,如果不运用这种关系,直接在平面内取点或直线是不可能的。因此,追究在平面内取点和直线的先后顺序是没有意义的,孰先孰后,应视具体情况而定。

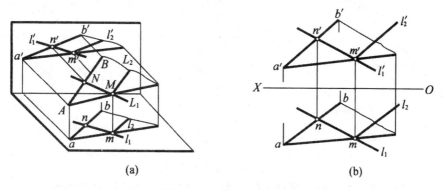

(a)　　　　　　　　　　(b)

图 2—46　平面内的直线

【例 2—13】　在两相交直线 AB 和 CD 所决定的平面内,另外任取两条直线〔图 2—47 (a)〕。

【分析】　根据直线在平面内的几何条件,可在 AB 和 CD 上分别各取一点 M、N,则 M、N 的连线必在该平面内;再过 AB 或 CD 上的任一点作一直线平行于 CD 或 AB,则该直线也必在该平面内。

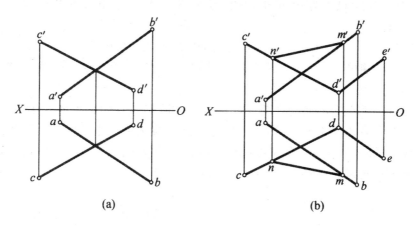

(a)　　　　　　　　　　(b)

图 2—47　在平面内取直线

【作图】〔图 2—47(b)〕

1. 根据直线上点的投影特性,作出直线 AB 上任一点 M 的投影 m、m' 和 CD 上任一点 N 的投影 n、n',然后分别连接 m、n 和 m'、n';

2. 过直线 CD 上的任一点 D 的水平和正面投影 d、d',分别作 $de // ab$、$d'e' // a'b'$。

因为直线 $MN(mn, m'n')$ 和直线 $DE(de, d'e')$ 都符合直线在平面内的几何条件,所以它们均在两相交直线 AB 和 CD 所决定的平面内。

【例 2—14】　已知 △ABC 内点 K 的水平投影 k,求其正面投影 k'〔图 2—48(a)〕。

【分析】　点 K 在 △ABC 内,它必在该平面内的一条直线上,k 和 k' 应分别位于该直线的同面投影上。因此,欲求点 K 的投影,须先在 △ABC 内作出过点 K 的辅助线的投影。

【作图】〔图 2—48(b)〕

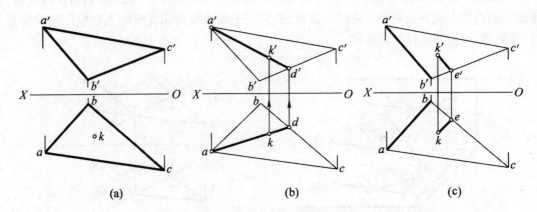

图 2—48　在平面内取点

1. 在水平投影上,过 k 任作直线 ad,作为在△ABC 内过点 K 的辅助线的水平投影;

2. 求出辅助线 AD 的正面投影 $a'd'$;

3. 过 k 作 OX 轴的垂线,与 $a'd'$ 相交,即得点 K 的正面投影 k'。

因为 AD 在△ABC 内,点 K 的投影又在 AD 的同面投影上,所以点 $K(k,k')$ 必在△ABC 内。

该题也可以用图 2—48(c)所示的作图方法求 k'。

1. 在水平投影上,过 k 作 ab 的平行线,与 bc 相交于 e,把 ek 作为在△ABC 内过点 K 的辅助线的水平投影;

2. 求出 e',并过 e' 作 $e'k'/\!/a'b'$,$e'k'$ 即为辅助线的正面投影;

3. 过 k 作 OX 轴的垂线,与 $e'k'$ 相交,即得点 K 的正面投影 k',其结果与图 2—48(b)相同。

【例 2—15】　判定点 K 是否在两平行直线 AB 和 CD 所决定的平面内〔图 2—49(a)。

【分析】　如果点 K 在给定的平面内,它必在该平面内的一条直线上。因此,只要通过点 K 的某一投影 k(或 k'),在给定的平面内作一条直线的投影,看点 K 的另一投影 k'(或 k)是否在该直线的同面投影上,即可判定点 K 是否在所给定的平面内。

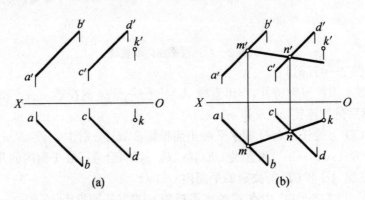

图 2—49　判定点是否在平面内

【作图判定】〔图 2—49(b)〕

1. 过点 K 的水平投影 k 任作一条直线,与 ab 相交于 m,与 cd 相交于 n,把 mn 作为在给定平面内的直线 MN 的水平投影。

2．求出 $m'n'$，即可看出，k' 并不在 $m'n'$ 上。由此可判定点 K 不在两平行线 AB 和 CD 所决定的平面内。

【例 2—16】 已知平面四边形 $ABCD$ 的水平投影 $abcd$ 和正面投影 $a'b'd'$，完成该四边形的正面投影见图 2—50(a)。

【分析】 因为 $ABCD$ 为一平面四边形，所以点 C 必在 ABD 所决定的平面内，因此点 C 的正面投影 c' 可运用在平面内取点的方法求得。

【作图】 〔图 2—50(b)〕

1．连接 B、D 两点的同面投影 b、d 和 b'、d'；

2．连接 A、C 的水平投影 a、c，与 bd 相交于 e（ae 即为平面内过点 C 的辅助线 AE 的水平投影）；

3．求出 $a'e'$，并过 c 作 OX 轴的垂线，与 $a'e'$ 的延长线相交，即得 c'；

4．分别连接 b'、c' 和 c'、d'，即为平面四边形 $ABCD$ 的正面投影。

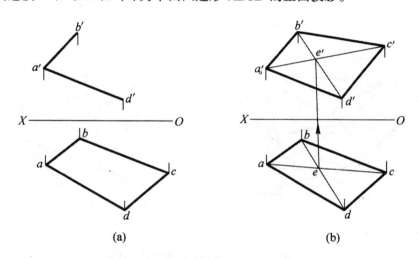

(a)   (b)

图 2—50 完成平面四边形的正面投影

三、平面内的特殊位置直线

（一）平面内的投影面平行线

凡平面内与某一投影面平行的直线，统称为平面内的投影面平行线，分别有平面内的水平线、正平线和侧平线。

因为平面内的投影面平行线，既是平面内的直线，又是某一投影面的平行线，所以它既具有平面内直线的投影特性，又具有某一投影面平行线的投影特性。因此，在平面内作某一投影面的平行线时，必须兼顾两者的投影特性。

如图 2—51(a)所示，直线 DE 为△ABC 内的水平线，它既过△ABC 内的两点，D、E，又平行于 H 面。在投影图中，点 $D(d,d')$ 和点 $E(e,e')$ 分别位于 $AB(ab,a'b')$ 和 $BC(bc,b'c')$ 的同面投影上，而且其正面投影 $d'e'$∥OX 轴。

如图 2—51(b)所示，直线 AD 为△ABC 内的正平线，它既过△ABC 内的两点 A、D，又平行于 V 面。在投影图中，点 $D(d,d')$ 位于 $BC(bc,b'c')$ 的同面投影上，而且其水平投影 ad∥OX 轴。

【例 2—17】 在两平行直线 AB、CD 所决定的平面内，作一距 H 面为 15 的水平线，如图

2—52(a)所示。

　　【分析】　水平线的正面投影平行于 OX 轴,它到 OX 轴的距离,反映水平线到 H 面的距离,虽然平面内所有的水平线,其正面投影都平行于 OX 轴,但距 OX 轴为15的只有一条,故应先作其正面投影,再求其水平投影。

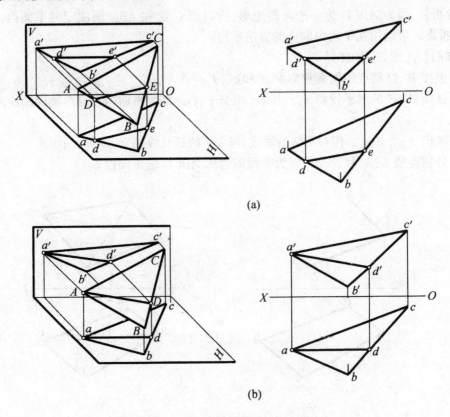

(a)

(b)

图 2—51　平面内的投影面平行线

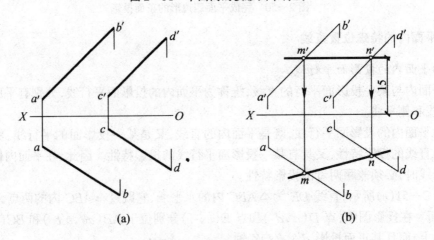

(a)　　　　　　　　　　　　　　(b)

图 2—52　作平面内的水平线

　　【作图】　〔图2—52(b)〕

　　1. 在正面投影上,作一距 OX 轴为15的直线,与 $a'b'$、$c'd'$ 分别相交于 m'、n',$m'n'$ 即为所求直线的正面投影。

2. 过 m'、n' 作 OX 轴的垂线,与 ab、cd 分别相交于 m、n,连接 m、n 即得所求直线的水平投影。

因为直线 $MN(mn,m'n')$ 通过两平行线 AB、CD 所决定的平面内的两点 $M(m,m')$、$N(n,n')$,其正面投影平行 OX 轴,且相距 15,故直线 MN 即为所求。

【例 2—18】 过△ABC 的顶点 B,作该平面内的正平线见图 2—53(a)。

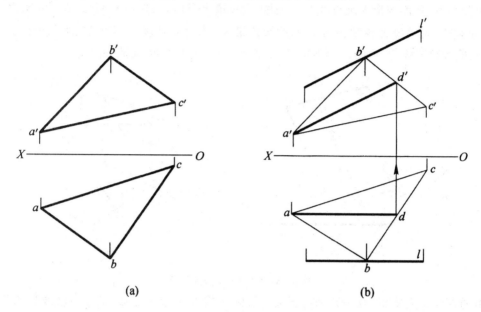

(a)   (b)

图 2—53 作平面内的正平线

【分析】 由直线在平面内的几何条件可知,过顶点 B 作直线 L,平行于△ABC 的一条直线,则直线 L 必在该平面内。如果所作的直线 L,平行于△ABC 的一条正平线,则直线 L 即为该平面内过顶点 B 的正平线。因此,欲过顶点 B 作该平面内的正平线,须在△ABC 内先任作一条正平线。

【作图】〔图 2-53(b)〕

1. 在△ABC 内任作一条正平线(为作图方便起见,一般使其通过一个已知点)AD:先在水平投影上,过 a 作 OX 轴的平行线,与 bc 相交于 d,得 AD 的水平投影 ad;过 d 作 OX 轴的垂线交 $b'c'$ 于 d';连接 a'、d',即得 AD 的正面投影 $a'd'$。

2. 过点 B 作直线 $L // AD$:过 b 作 $l // ad (// OX$ 轴),过 b' 作 $l' // a'd'$。

因为直线 $L(l,l')$ 通过△ABC 的顶点 $B(b,b')$,且平行于该平面内的正平线 $AD(ad,a'd')$,故直线 L 为该平面内过顶点 B 的正平线。

(二)平面的最大斜度线

平面内垂直于该平面的投影面平行线(或平面的迹线)的直线,称为平面的最大斜度线。其中,垂直于水平线(或水平迹线)的直线,为平面对 H 面的最大斜度线;垂直于正平线(或正面迹线)的直线,为平面对 V 面的最大斜度线;垂直于侧平线(或侧面迹线)的直线,为平面对 W 面的最大斜度线。由于平面的最大斜度线与其投影面平行线垂直相交,所以只要给出平面的一条最大斜度线,即可确定该平面的空间位置。

因为平面对 H 面的最大斜度线的坡度,反映平面的坡度,所以也叫平面的最大坡度线。

在平面内的所有直线中,惟有最大坡度线对 H 面的倾角最大。证明如下:

如图 2—54(a)所示,直线 MN 是平面 P 的水平线,直线 AB 是平面 P 的最大坡度线,AB ⊥MN(也必⊥P_H),aB⊥P_H。如果过点 A 再在平面 P 内作一条与 MN 倾斜的直线 AB_1,它 也必倾斜于 P_H。假定 AB 对 H 面的倾角为 α_2,AB_1 对 H 面的倾角为 α_1,则在直角 $\triangle AaB_1$ 中,$\sin\alpha_1 = \dfrac{Aa}{AB_1}$;而在直角 $\triangle AaB$ 中,$\sin\alpha_2 = \dfrac{Aa}{AB}$。由于 $AB_1 > AB$,所以 $\alpha_2 > \alpha_1$。

由此可见,平面的最大坡度线与 H 面的倾角最大,该角就是该平面对 H 面的倾角 α_2。同 理,平面对 V 面的最大斜度线与 V 面的倾角最大,该角就是该平面对 V 面的倾角 β;平面对 W 面的最大斜度线与 W 面的倾角最大,该角就是该平面对 W 面的倾角 γ。

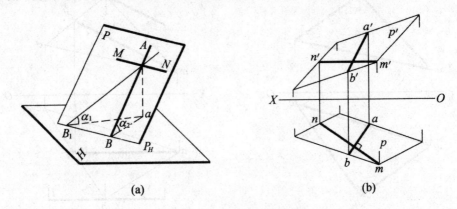

(a)　　　　　　　　　　　　(b)

图 2—54　平面的最大坡度线

由两直线相交垂直,有一条平行于某一投影面的投影特性可知:最大坡度线的水平投影, 与该平面内水平线的水平投影垂直;平面对 V 面最大斜度线的正面投影,与该平面内正平线 的正面投影垂直;平面对 W 面的最大斜度线的侧面投影,与该平面内侧平线的侧面投影垂 直。如图 2—54(b),直线 $AB(ab,a'b')$ 为平面 P 的最大坡度线,$MN(mn,m'n')$ 为平面 P 内 的水平线,其水平投影 $ab \perp mn$。

【例 2—19】 求 $\triangle ABC(abc,a'b'c')$ 与 H 面的倾角,见图 2－55(a)。

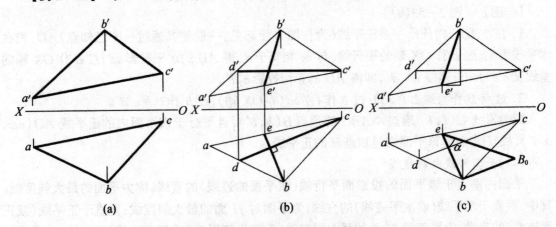

(a)　　　　　　　　　　　(b)　　　　　　　　　　　(c)

图 2—55　求平面与 H 面的倾角

【分析】 $\triangle ABC$ 与 H 面的倾角,就是该平面的最大坡度线与 H 面的倾角。因此,只要求 出该平面的最大坡度线的两个投影,然后利用直角三角形法,即可求得最大坡度线与 H 面的 倾角 α。

【作图】

1. 作△ABC 的最大坡度线〔图 2—55(b)〕：先在△ABC 内作一条水平线 $CD(cd,c'd')$；然后作 $be⊥cd$，并求出 $b'e'$，则直线 $BE(be,b'e')$ 即为△ABC 的最大坡度线。

2. 求 BE 与 H 面的倾角 $α$〔图 2—55(c)〕：以 be 为一直角边，以 B、E 的 z 坐标差为另一直角边，作直角三角形 B_0be，则∠beB_0 即为 BE 与 H 面的倾角 $α$，也就是△ABC 与 H 面的倾角。

四、包含点或直线作平面

如果没有附加条件，包含一个已知点或一条直线可作无数多个平面，因此在包含已知点或直线作平面时，一般都给出附加条件。

【例 2—20】 包含点 $A(a,a')$ 作一用迹线表示的铅垂面 P，且与 V 面的倾角为 30°〔图 2—56(a)〕。

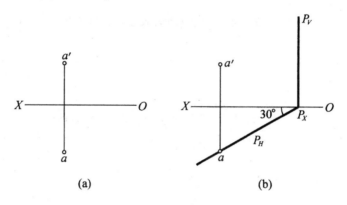

图 2—56 过点作铅垂面

【分析】 因为铅垂面的水平迹线有积聚性，所以 P_H 必通过点 A 的水平投影 a；又因水平迹线与 OX 轴的夹角，反映该平面与 V 面的倾角，故 P_H 的方向可定。

【作图】〔图 2－56(b)〕

过 a 作一与 OX 轴夹角为 30°的直线，即为所求平面 P 的水平迹线 P_H，再过 P_X 作 OX 轴的垂线，即得 P_V。

当然也可以过 a 向左作 P_H，与 OX 轴夹角为 30°的平面，故本题有两解。

【例 2—21】 包含水平线 AB 作一与 H 面倾角为 30°的平面，见图 2—57(a)。

【分析】 平面对 H 面的倾角 $α$，就是该平面最大坡度线与 H 面的倾角；最大坡度线又与平面内的水平线垂直；因此只要作一条与 AB 相交垂直、且与 H 面成 30°角的直线（即为所求平面的最大坡度线），该直线与 AB 所决定的平面，即为所求的平面。

【作图】〔图 2－57(b)〕

1. 在水平线 $AB(ab,a'b')$ 上任取一点 $C(c,c')$，并过 C 作 $cd⊥ab$，则 cd 即为最大坡度线的水平投影。

2. 以 cd 为一直角边，作∠$dcD_0 = 30°$的直角△cdD_0，则另一直角边 dD，即为 CD 两端点的 z 坐标差。

3. 过 d 作 OX 轴的垂线，从该垂线与 $a'b'$ 的交点向上量取 CD 两端点的 z 坐标差 dD_0，即得 d'。连线 $c'd'$ 即为最大坡度线的正面投影。

由 $AB(ab,a'b')$ 和 $CD(cd,c'd')$ 两相交直线所决定的平面，即为包含 AB，且与 H 面倾角为 30° 的平面。本题还可以有另一个解。

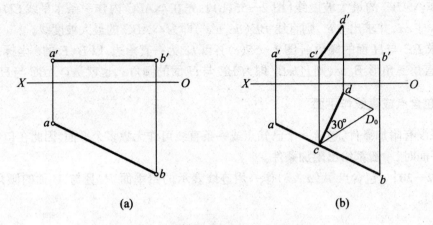

(a)   (b)

图 2—57　包含水平线作 $\alpha = 30°$ 的平面

第三章 直线与平面、平面与平面的相对位置

§3—1 直线与平面的相对位置

直线与平面的相对位置有平行、相交和垂直 3 种情况。

一、直线与平面平行

由初等几何可知，如果一条直线平行于平面内的任一直线，则该直线与该平面互相平行。如图 3—1 所示，直线 AB 平行于平面 P 内的直线 CD，则直线 AB 与平面 P 互相平行。

反之，如果一条直线与平面互相平行，则在该平面内一定存在与该直线平行的直线。

这一几何条件，是解决直线与平面平行问题的基本依据。

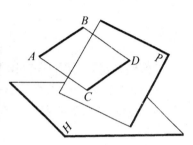

图 3—1 直线与平面平行

【例 3—1】 过点 A 作一水平线 AB，与 △CDE 平行，见图 3—2(a)。

【分析】 △CDE(cde,c'd'e') 的空间位置一经给定，该平面水平线的方向也就随之而定。虽然过点 A 可作无数条水平线，而与 △CDE 平行的直线只有一条，它必与 △CDE 内的水平线平行。

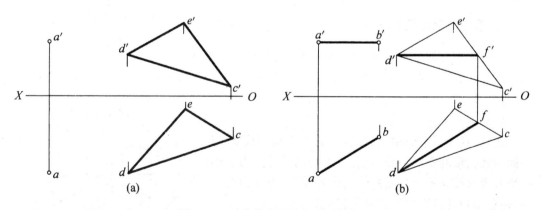

图 3—2 过点作水平线与平面平行

【作图】〔图 3—2(b)〕

1. 在 △CDE 内任作一条水平线 DF(df,d'f')。

2. 过点 A(a,a') 作直线 AB // DF(ab // df、a'b' // d'f' // OX 轴)，则直线 AB(ab,a'b') 即为所求。

【例 3—2】 判定直线 AB 与 △CDE 是否平行〔图 3—3(a)〕。

【分析】 由直线与平面平行的几何条件可知，如果 AB // △CDE，则在 △CDE 内必能作出与 AB 平行的直线，否则 AB 不平行于 △CDE。

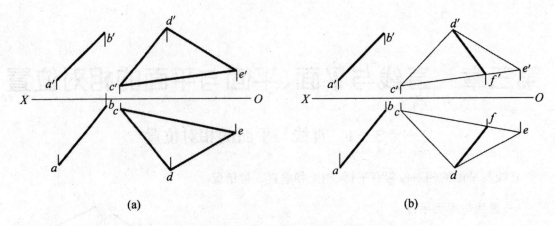

(a)　　　　　　　(b)

图 3—3　判定直线与平面是否平行

【作图判定】〔图 3—3(b)〕

在△CDE 内作一条直线DF，使 df // ab，并求出 d′f′。从作图结果可以看出 d′f′不平行于a′b′，说明在△CDE 内不包含与 AB 平行的直线。由此可以判定直线 AB 与△CDE 不平行。

【例 3—3】　判定直线 AB 与正垂面P 是否平行(图 3—4)。

【分析判定】　正垂面 P 内的所有直线(包括水平投影与 ab 平行的直线)的正面投影，都积聚在 P_V 上。因为题中给出 a′b′ // P_V，故可以判定直线 AB 与正垂面互相平行。

由此可见，只要特殊位置平面有积聚性的投影与直线的同面投影平行，则该直线与该平面互相平行。

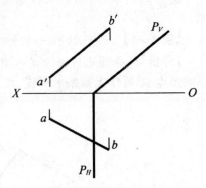

二、直线与平面相交

直线与平面如果不平行，则必然相交，其交点为直线与平面的公有点，它既属于直线又属于平面，如图 3—5所示，直线 AB 与平面 P 的交点K。这一概念是求直线与平面交点的基本依据。

此外，直线与平面相交，假定平面不透明，则直线与平面同面投影的重影部分，就有可见性的问题。为了进一步弄清直线与平面相交的空间位置关系，除求出交点外，还必须对各投影的可见性进行判定。

根据不同情况，求交点的方法可归纳为两种。

(一)用直线或平面有积聚性的投影求交点

直线与平面相交，如果直线或平面的某一投影有积聚性，则可以利用该投影直接求出交点的投影。

图 3—4　判定直线与正垂面是否平行

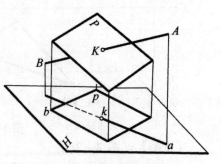

图 3—5　直线与平面相交

【例 3—4】　求直线 AB 与铅垂面P 的交点K，并判定投影的可见性〔图 3—6(a)〕。

【分析】　因为交点 K 是直线AB 与铅垂面P 的公有点，铅垂面 P 的水平投影p 有积聚性，所以直线 AB 的水平投影ab 与p 的交点k，即为 AB 与平面P 交点K 的水平投影。

【作图】〔图 3—6(c)〕

由 k 作 OX 轴的垂线,与 $a'b'$ 相交,即得交点 K 的正面投影 k'。

判定可见性参见图 3—6(d)。

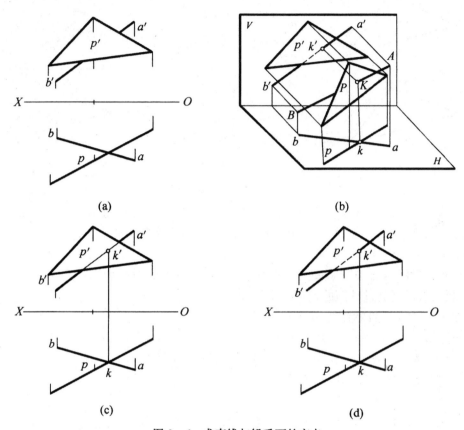

图 3—6　求直线与铅垂面的交点

直线 AB 与平面 P 相交,其交点 K 把 AB 分为 AK 和 BK 两段。从水平投影可以看出,BK 在平面 P 之后。当向 V 面投影时,BK 的一部分被平面 P 遮住,故其正面投影 $b'k'$ 与 p' 的重影部分为不可见(用虚线表示),而 AK 的正面投影 $a'k'$ 为可见。

必须注意,直线与平面相交的可见性,是对直线和平面某一投影的重影部分而言,它以交点的投影为界。当向 H 面投影时,位于平面之上的一段可见,位于平面之下的一段被遮挡部分不可见。当向 V 面投影时,位于平面之前的一段可见,位于平面之后的一段被遮挡部分不可见。因此,欲判定水平投影的可见性,必须从正面投影去判定直线与平面的上下关系;欲判定正面投影的可见性,必须从水平投影去判定直线与平面的前后关系。

【例 3—5】　求正垂线 AB 与△CDE 的交点,并判定投影的可见性,参见图 3—7(a)。

【分析】　由于交点是直线上的点,而正垂线的正面投影有积聚性,所以交点的正面投影与正垂线的正面投影重合。又因交点也是平面上的点,故可用在平面内取点的方法,求交点的水平投影。

【作图】〔图 3—7(b)〕

先过直线 AB 的正面投影 $a'(b')$ 作直线 $c'f'$,作为△CDE 内辅助线的正面投影,然后求

出 cf，cf 与 ab 的交点 k，即为交点 K 的水平投影。

　　【判定可见性】〔图 3—7(c)〕

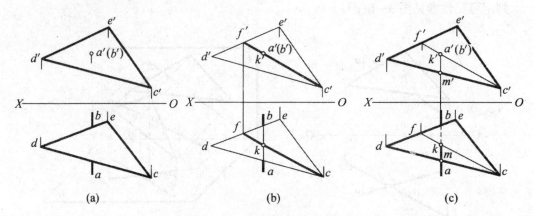

图 3—7　求正垂线与平面的交点

　　在△CDE 内取一点 $M(m, m')$ 使其水平投影 m 位于 ak 上，从正面投影可以看出，AK 在点 M 之上，故水平投影 ak 可见，于是 bk 与 cde 的重影部分为不可见。

　　(二)用平面内的辅助线求交点

　　当直线与平面相交，二者都处于一般位置时，由于它们的投影均无积聚性，不能直接求出交点的投影，故需要通过平面的辅助线来解决。

　　如图 3—8 所示，如果直线 AB 与平面 P 相交于点 K，那么在平面 P 内过交点 K 的所有直线，都与直线 AB 相交。这些直线中，必有其投影与直线 AB 同面投影重合的直线，它们与 AB 位于同一个投影面的垂直面内。如图中平面 P 内过交点 K 的直线 MN，它的水平投影 mn 与直线 AB 的水平投影 ab 重合，即 MN 与 AB 位于同一铅垂面内，因此它们一定相交(如果互相平行，则说明直线 AB 与平面 P 平行)。由于 MN 是平面 P 内的直线，所以 AB 与

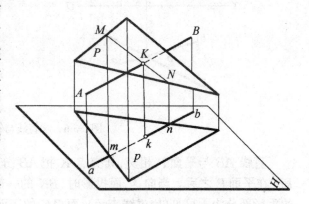

图 3—8　用辅助线求交点的原理

MN 的交点 K，就是直线 AB 与平面 P 的交点。同理，平面 P 内与直线 AB 正面(或侧面)投影重合的直线，它们与 AB 的交点，也是直线 AB 与平面 P 的交点。

　　由此可见，如果直线与平面相交，则平面内一条其投影与已知直线同面投影重合的直线，必与已知直线相交，其交点即为已知直线与平面的交点。从而得出求交点的步骤：

　　1.在平面内作一辅助线，使其一个投影与已知直线的同面投影重合；

　　2.求出已知直线与辅助线的交点，该点即为已知直线与平面的交点。

　　【例 3—6】 求直线 AB 与△CDE 的交点，并判定投影的可见性，见图 3—9(a)。

　　【作图】〔图 3—9(b)〕

　　1.在△CDE 内作一辅助线 MN，使其水平投影 mn 与 ab 重合：由水平投影可知，MN 的两端点 M、N 分别位于△CDE 的 CE 和 DE 上。用直线上点的投影规律，分别求出 m'、n'，连接 m'、n'，即得辅助线 MN 的正面投影 $m'n'$。

2.求直线 AB 与 MN 的交点：$a'b'$ 与 $m'n'$ 的交点 k'，即为交点 K 的正面投影。由 k' 作 OX 轴的垂线与 ab 相交，即得交点 K 的水平投影 k。

直线 AB 与辅助线 MN 的交点 $K(k',k)$，即为直线 AB 与△CDE 的交点。

【判定可见性】〔图 3—9(c)〕

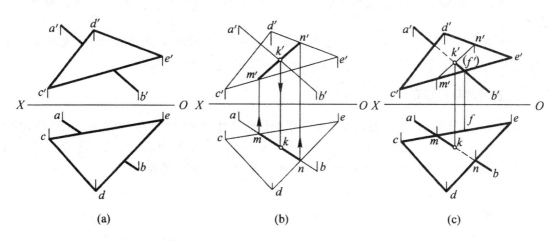

(a)   (b)   (c)

图 3—9 求直线与平面的交点

1.判定水平投影的可见性：交点 K 把位于同一铅垂面的两条直线 AB 和 MN 各分为两段，AK、BK 和 MK、NK。从正面投影可以看出，$a'k'$ 在 $m'k'$ 之上（即 AK 在 MK 之上），故其水平投影 ak 可见，bk 与 cde 的重影部分则为不可见。

2.判定正面投影的可见性：在△CDE 内取一点 $F(f,f')$，使其正面投影 f' 位于 $b'k'$ 上（即 F 与 BK 位于同一正垂面内）。从水平投影可以看出，bk 在 f 之前（即 BK 在 F 之前），故其正面投影 $b'k'$ 可见，$a'k'$ 与 $c'd'e'$ 的重影部分则为不可见。

【例 3—7】 求图 3—10(a)所示的直线 AB 与△CDE 的交点，并判定投影的可见性。

【作图】〔图 3—10(b)〕

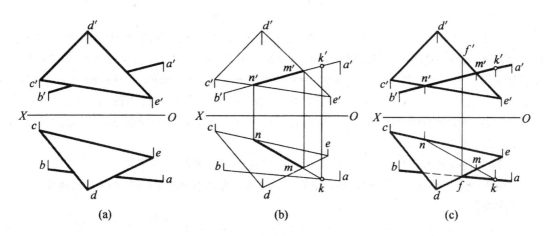

(a)   (b)   (c)

图 3—10 求直线与平面的交点

1.在△CDE 内作一辅助线 MN，使其正面投影 $m'n'$ 与 $a'b'$ 重合，并根据 $m'n'$ 求 mn。

2.求 AB 与 MN 的交点：延长 mn 与 ab 相交于 k，即为交点 K 的水平投影，过 k 作 OX 轴的垂线，与 $a'b'$ 相交于 k'，即为交点 K 的正面投影。

　　直线 AB 与 MN 的交点 $K(k,k')$，即为直线 AB 与 $\triangle CDE$ 的交点。虽然交点 K 的投影在 $\triangle CDE$ 同面投影的范围以外，但它仍属于 $\triangle CDE$ 所决定的平面。这说明当 $\triangle CDE$ 平面扩大之后，才能与直线 AB 相交。

　　【判定可见性】〔图 3—10(c)〕

　　1.判定正面投影的可见性：从水平投影可以看出，BK 在 MN 之前，故其正面投影 $b'k'$ 可见。

　　2.判定水平投影的可见性：在 $\triangle CDE$ 内取一点 $F(f,f')$，使 f 位于 de 上，并求出 f'。从正面投影可以看出，BK 在 F 之下，故 bk 与 cde 的重影部分为不可见。

三、直线与平面垂直

　　由初等几何可知，如果一条直线垂直于平面内的任意两条相交直线，则直线与平面互相垂直。如图 3—11(a)所示，直线 AB 垂直于平面 P 内的两条相交直线 CD 和 EF，则 $AB \perp P$。反之，如果一条直线与平面垂直，则平面内的任意直线，都与该直线垂直。

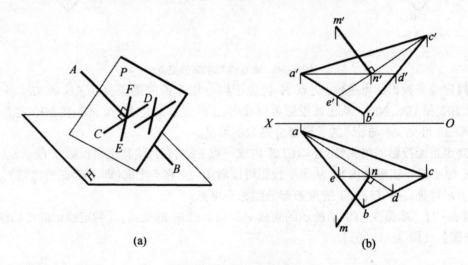

(a)　　　　　　　　　　　　　　　(b)

图 3—11　直线与平面垂直

　　为了作图方便起见，在解决直线与平面垂直问题时，一般借助于平面内的水平线和正平线。根据两条直线垂直的投影特性可知，与平面垂直的直线，其水平投影与平面内水平线的水平投影垂直；其正面投影，与平面内正平线的正面投影垂直。如图 3—11(b)所示，直线 AD $(ad,a'd')$ 和 $CE(ce,c'e')$ 分别为 $\triangle ABC$ 内的水平线和正平线。若直线 $MN(mn,m'n') \perp \triangle ABC$，则 MN 垂直于 AD 和 CE。因为 AD 是水平线，故其水平投影 $mn \perp ad$，CE 为正平线，故其正面投影 $m'n' \perp c'e'$。

　　上述几何条件和投影特性，是解决直线与平面垂直问题的基本依据。

　　【例 3—8】　过点 M 作直线 MN 垂直于 $\triangle ABC$，并求其垂足，如图 3—12(a)所示。

　　【作图】

　　1.过点 M 作 $MN \perp \triangle ABC$〔图 3—12(b)〕：在 $\triangle ABC$ 内任作一条水平线 $CE(ce,c'e')$ 和一条正平线 $AD(ad,a'd')$；并过 m、m'，分别作 $mn \perp ce$，$m'n' \perp a'd'$，则直线 $MN(mn,m'n')$ 即为所求。

　　2.求垂足〔图 3—12(c)〕：利用图 3—9 的作图方法，求出 MN 与 $\triangle ABC$ 的交点 $K(k,k')$，

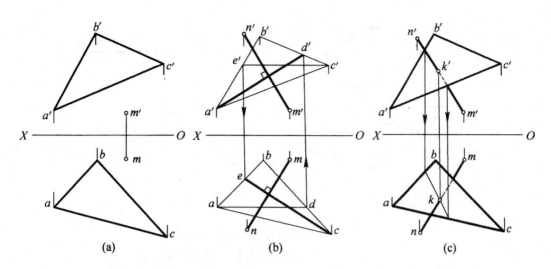

图 3—12　过点作平面的垂线

即为直线 MN 在△ABC 上的垂足(注意不要把 MN 上的其他点,误认为是垂足)。

【例 3—9】　过点 A 作平面与直线 MN 垂直〔图 3—13(a)〕。

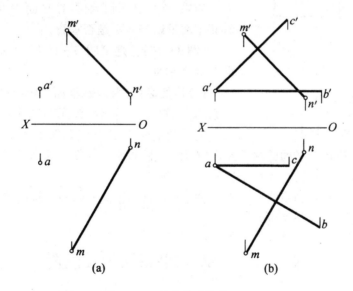

图 3—13　过点作直线的垂面

【分析】　由直线与平面垂直的几何条件可知,只要过点 A 作两条相交直线均与 MN 垂直,则这两条相交直线所决定的平面,既包含点 A,又与 MN 垂直。

【作图】〔图 3—13(b)〕

1.过点 A 作水平线 $AB\perp MN$:过 a 作 $ab\perp mn$,过 a' 作 $a'b'$ // OX 轴。

2.过点 A 作正平线 $AC\perp MN$:过 a' 作 $a'c'\perp m'n'$,过 a 作 ac // OX 轴。

则由 $AB(ab,a'b')$ 和 $AC(ac,a'c')$ 两条相交直线所决定的平面,即为与直线 MN 垂直。

【例 3—10】　判定图 3—14(a)所示的直线 AB 与平面 P 是否垂直。

【分析】　如果 $AB\perp P$,则 AB 的水平投影 ab,必垂直于平面 P 内水平线的水平投影;同时 AB 的正面投影 $a'b'$,必垂直于平面 P 内正平线的正面投影。

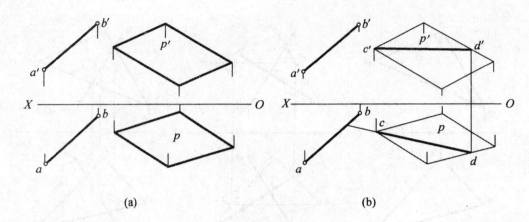

图 3—14 判定直线与平面是否垂直

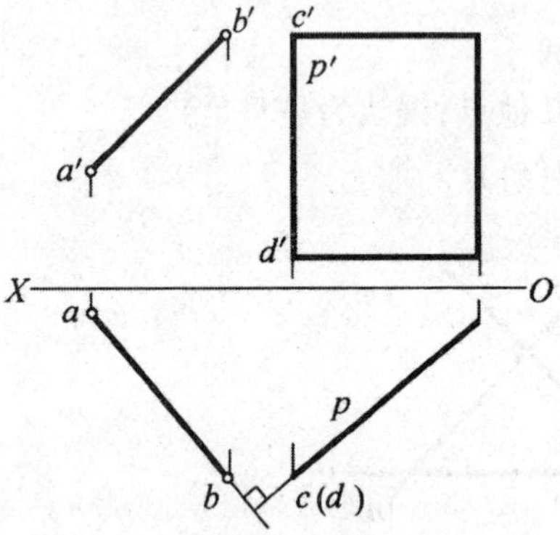

【作图判定】〔图 3—14(b)〕

在平面 P 内作一条水平线 $CD(cd, c'd')$，从其水平投影可以看出，ab 与 cd 不垂直。由此即可判定直线 AB 与平面 P 不垂直。

如果 $ab \perp cd$，则需要再在平面 P 内作一条正平线，看其正面投影与 $a'b'$ 是否垂直。

【例 3—11】 判定图 3—15 所示的直线 AB 与铅垂面 P 是否垂直。

【分析判定】 因为铅垂面 P 内水平线的水平投影，与它的水平投影 p 重合；铅垂面内平行于 V 面的直线，又只能是铅垂线；所以与铅垂面 P 垂直的直线，一定是水平线，而且其水平投影与平面的水平投影(有积聚性)垂直。从图中可以看出，虽然 $ab \perp p$，但 $a'b'$ 不平行于 OX 轴，故直线 AB 与铅垂面 P 不垂直。

图 3—15 判定直线与铅垂面是否垂直

同理，与正垂面垂直的直线，一定是正平线，而且其正面投影与正垂面的正面投影垂直，由此可判定，直线与正垂面是否垂直。

§3—2 平面与平面的相对位置

两平面的相对位置有平行、相交和垂直 3 种情况。

一、两平面平行

由初等几何可知，如果一平面内的两条相交直线，与另一平面的两条相交直线对应平行，则这两平面互相平行。如图 3—16 所示，平面 P 内的两条相交直线 AB 和 AC，分别平行于平面 Q 内的两条相交直线 DE 和 DF，则 $P /\!/ Q$。

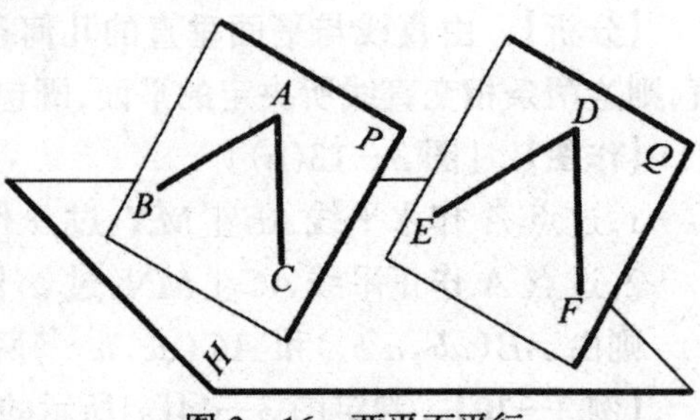

这一几何条件是解决两平面平行问题的基本依据。

图 3—16 两平面平行

【例 3—12】 过点 A 作一平面，与两条平行线 DE 和 FG 所决定的平面平行，如图 3—17

(a)所示。

【分析】　由两平面互相平行的几何条件可知,只要过点 A 作两条相交直线,与已知平面内的两条相交直线对应平行(其同面投影都对应平行),则过点 A 的这两条相交直线所决定的平面,必与已知平面平行。

【作图】〔图 3—17(b)〕

1.在两平行线 DE 和 FG 所决定的平面内,任选两条相交直线 $FD(fd,f'd')$ 和 $FG(fg,f'g')$。

2.过点 A 作 $AB/\!/FD(ab/\!/fd,a'b'/\!/f'd')$,作 $AC/\!/FG(ac/\!/fg,a'c'/\!/f'g')$,则由两条相交直线 $AB(ab,a'b')$ 和 $AC(ac,a'c')$ 所决定的平面,即为所求。

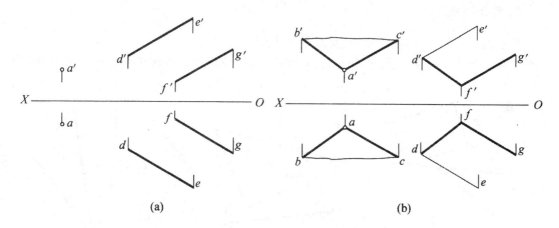

(a)　　　　　　　　　　　　　(b)

图 3—17　过点作平面与已知平面平行

【例 3—13】　判定图 3—18(a)所示的△ ABC 与△ DEF 是否平行。

【分析】　如果△ $ABC/\!/$△ DEF,则在△ DEF 内必能作出两相交直线,与△ ABC 的两边对应平行(其同面投影都对应平行),否则△ ABC 不平行于△ DEF。

【作图判定】〔图 3—18(b)〕

1.以△ ABC 的两边 BC 和 BA,作为△ ABC 内的两条相交直线。

2.在△ DEF 内,过任一点 K 的水平投影 k,作 $km/\!/ba$,作 $kn/\!/bc$,并求出 $k'm'$ 和 $k'n'$。

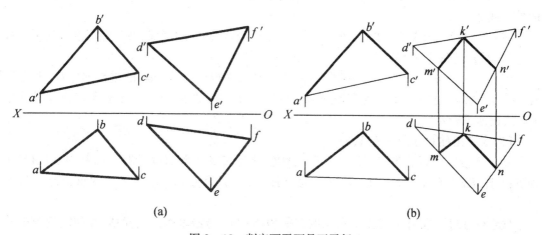

(a)　　　　　　　　　　　　　(b)

图 3—18　判定两平面是否平行

3. 从作图可以看出，△ABC 的两边 BA 和 BC，与△DEF 内的两条相交直线 KM 和 KN，它们的同面投影都对应平行（即 ba∥km，b'a'∥k'm'，bc∥kn，b'c'∥k'n'）。因此△ABC∥△DEF。

当两平面同为某一投影面的垂直面时，如果它们有积聚性的投影互相平行，则该两平面互相平行。否则，该两平面不平行。如图 3—19 所示，平面 P 和 Q 同为正垂面，因其正面投影 p'与 q'不平行，故 P 不平行于 Q。

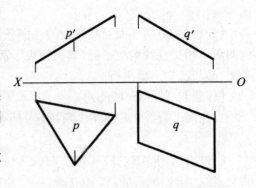

图 3—19　判定两正垂面是否平行

二、两平面相交

两平面如不平行，则必相交，其交线是两平面的公有线。如图 3—20 所示，平面 P 与 Q 相交于 KL，交线 KL 既属于平面 P，又属于平面 Q。

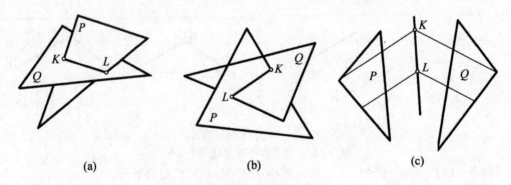

| (a) | (b) | (c) |

图 3—20　两平面相交

因此，只要求出两平面的两个公有点（或求出一个公有点和交线的方向），即可确定这两平面的交线。

根据不同情况，求交线的方法可归纳为 3 种。

（一）用有积聚性的投影求两平面的交线

如果两平面相交，其中有一个平面的某一投影有积聚性时，则可利用该投影直接求出两平面的交线。

【例 3—14】　求图 3—21(a)所示的铅垂面 P 与△ABC 的交线，并判定其投影的可见性。

【作图】〔图 3—21(b)〕

因为平面 P 的水平投影 p 有积聚性，所以其水平投影 p 与 abc 的重影部分 kl，即为交线 KL 的水平投影；过 k、l 作 OX 轴的垂线，与 a'c'、b'c'分别交于 k'、l'；连接 k'、l'，即得交线 KL 的正面投影 k'l'。

【判定可见性】〔图 3—21(c)〕

从水平投影可以看出，交线 KL 把△ABC 分为 KLBA 和 KLC 两部分，其中 KLBA 在平面 P 之前，KLC 在平面 P 之后，故其正面投影 k'l'a'b'为可见，k'l'c'与 p'的重影部分为不可见。

【例 3—15】　求图 3—22(a)所示的正平面△ABC 与铅垂面 P 的交线，并判定其投影的可见性。

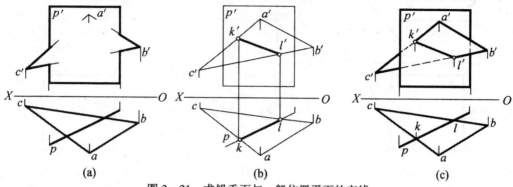

图 3—21　求铅垂面与一般位置平面的交线

【作图】〔图 3—22(b)〕

因为△ABC 和平面 P 的水平投影均有积聚性，所以其水平投影 abc 与 p 的交点 k(l)，即为交线 KL 的水平投影(显然 KL 是一条铅垂线)。因此过 k(l) 作 OX 轴的垂线，该垂线在 a'b'c' 与 p' 重影部分范围内的线段 k'l'，即为交线 KL 的正面投影。

【判定可见性】〔图 3—22(c)〕

从水平投影可以看出，KLAC 在平面 P 之前，KLB 在平面 P 之后；故其正面投影，k'l'b' 与 p' 的重影部分和 p' 与 k'l'a'c' 的重影部分为不可见，其他部分均为可见。

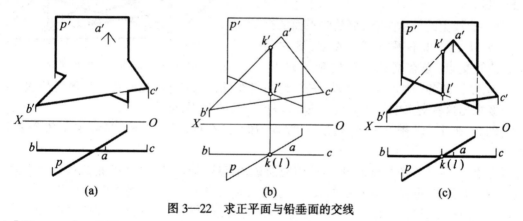

图 3—22　求正平面与铅垂面的交线

【例 3—16】　求图 3—23(a)所示的△ABC 与水平面 P 的交线，并判定其投影的可见性。

【作图】〔图 3—23(b)〕

因为水平面 P 的正面投影 p' 有积聚性，所以其正面投影 p' 与 a'b'c' 的重影部分 k'l'，即为交线 KL 的正面投影。又因 KL 是△ABC 的水平线，所以其水平投影 kl，应与该平面内水平线 AB 的水平投影 ab 平行。因此只要求出 k，并过 k 作 ab 的平行线 kl，即为交线 KL 的水平投影。

【判定可见性】〔图 3—23(c)〕

从正面投影可以看出，交线 KL 的延长线把△ABC 分为 KLAB 和 KLC 两部分，其中 KLBA 在平面 P 之上，KLC 在平面 P 之下，故其水平投影，klc 与 p 的重影部分和 p 与 klab 的重影部分为不可见，其他部分均为可见。

(二)用线、面交点法求两平面的交线

当两一般位置平面相交时，它们的投影均没有积聚性，所以不能直接求出交线的投影。在

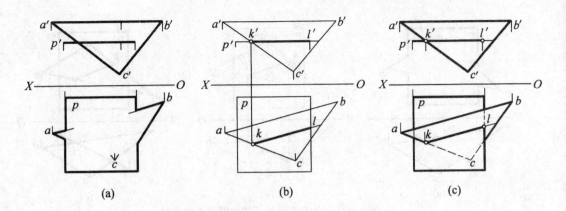

图 3—23　求水平面与一般位置平面的交线

这种情况下,可以在平面内任取两条直线,然后分别求出这两条直线与另一平面的交点。用这两点,即可确定这两平面的交线。如图 3—24 所示,欲求 △ABC 和 △DEF 的交线,只要分别求出 △DEF 的两边 DF 和 EF,与 △ABC 的交点 K 和 L,连接 K、L,即得两平面的交线。

因为交线上的任意两点,都是两平面的公有点,所以 DE 如不平行于 △ABC,则它与 △ABC 的交点,必在交线 KL 的延长线上。

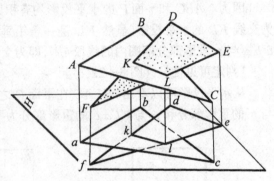

图 3—24　由两交点确定交线

同理,△ABC 的各边如不平行于 △DEF,它们与 △DEF 的交点,也必在 KL 的延长线上。因此,只要求出这些交点中的任意两个,都可以确定两平面的交线。

【例 3—17】　求图 3—25(a)所示的 △ABC 与 △DEF 的交线,并判定其投影的可见性。

【分析】　为了作图简便起见,求交点时所选的直线,最好与相交平面的各投影都有重影部分(因为只有这样的直线与平面的交点,才有可能在平面图形的范围之内),如 DE、DF 与 △ABC 的两投影,以及 AC 与 △DEF 的两投影都有重影部分,所以宜在 DE、DF 和 AC 中任选两条,求与另一平面的交点。

【作图】

1. 求 DE 与 △ABC 的交点〔图 3—25(b)〕:在 △ABC 内作一辅助线 MN,使 m'n' 与 d'e' 重合;过 m'n' 作 OX 轴的垂线,与 ac、bc 分别交于 m、n,m、n 的连接与 de 的交点 k,即为交点 K 的水平投影;过 k 作 OX 轴的垂线,与 d'e' 的交点 k',即为交点 K 的正面投影。从而求出交线上的一个点 K(k,k')。

2. 求 DF 与 △ABC 的交点〔图 3—25(c)〕:在 △ABC 内作一辅助线 GH,使 gh 与 df 重合。用同样的方法,求出 GH 与 DF 的交点 L(l,l'),即为交线上的另一点。

3. 分别连接 K、L 的同面投影,即得交线 KL(kl,k'l')。

【判定可见性】　〔图 3—25(d)〕

两平面相交,其投影的可见性,是以交线的同面投影为界。因此,只要判定某投影重影部分的点或线的可见性,即可判定两相交平面该投影的可见性。

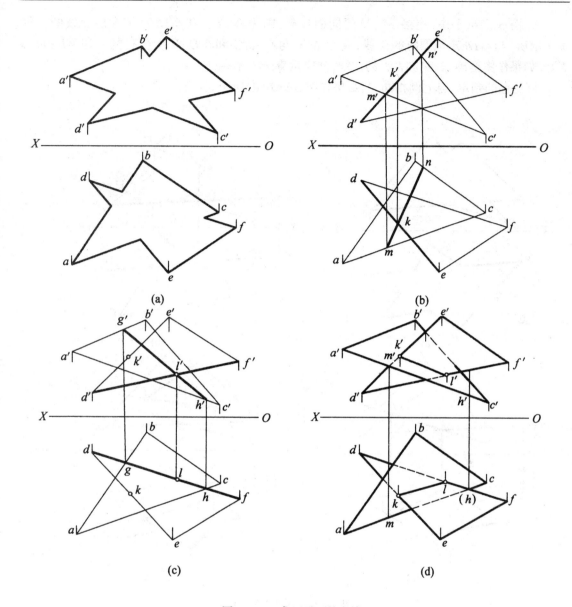

图 3—25 求两平面的交线

1. 判定水平投影的可见性：在△ABC 内取一点 H(h,h′)，使 h 位于 lf 上。从正面投影可以看出，LF 在点 H 之上，故 lf 可见。由此可判定 klef 可见，则 kld 与 abc 的重影部分和 ac 与 klef 的重影部分不可见。

2. 判定正面投影的可见性：在△ABC 内取一点 M(m,m′)，使其 m′ 位于 d′k′上。从水平投影可以看出，DK 在 M 之后，故 d′k′与 a′b′c′的重影部分不可见。由此即可判定其正面投影的可见性。

即使求交线时所选的两条直线与平面的交点都在图形范围之外，交线也仍在这两点的连线上。

【例 3—18】 求图 3—26(a)所示的△ABC 与△DEF 的交线，并判定其投影的可见性。

【作图】

1. 如图 3—26(b)所示，任取△ABC 的一边 AC，求出 AC 与△DEF 的交点 M(m,m′)。

2. 图 3—26(c)中，任取△DEF 的一边 DF，求出 DF 与△ABC 的交点 N(n,n′)。

3. 图 3—26(d)中,连接 M、N 的同面投影,则为 $\triangle ABC$ 和 $\triangle DEF$ 扩大后交线的投影。而 $\triangle ABC$ 与 $\triangle DEF$ 范围内的交线,应为 MN 与 $\triangle ABC$ 和 $\triangle DEF$ 所公有的一段 $KL(kl,k'$ $l')$。如果作图准确,k、k' 和 l、l' 的连线,都应垂直于 OX 轴。

可见性的判定,与上例相同,其结果如图 3—26(d)所示。

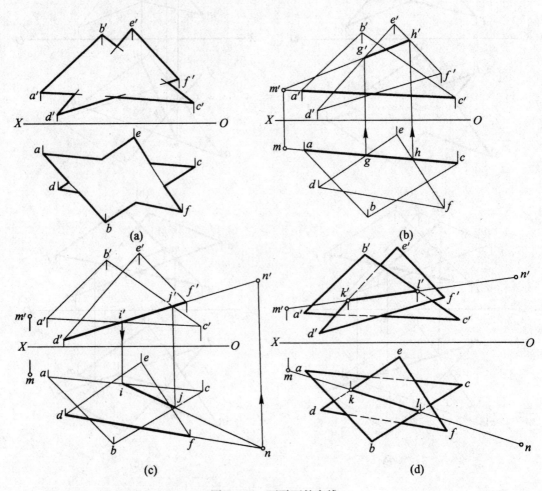

图 3—26 两平面的交线

(三)用辅助平面求两平面的交线

当两平面在给定的图形范围内不相交时,要求它们扩大后的交线,可用辅助平面法(图 3—27)求得。欲求平面 P 和 Q 的交线,可先作一辅助平面 R,它分别与平面 P 和 Q 相交于 AB 和 CD。AB 与 CD 的交点 K,即为平面 P、Q 的一个公有点。用同样的方法,再作一辅助平面 S,可求得另一公有点 L。K、L 的连线,即为平面 P 与 Q 的交线。

为了作图方便起见,一般宜选用投影面平行面(或垂直面)作辅助平面。

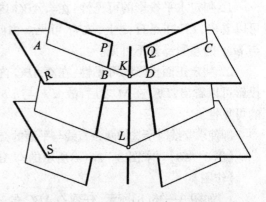

图 3—27 用辅助平面法求交线的原理

【例 3—19】 求图 3—28(a)所示的△ABC 与△DEF 的交线。

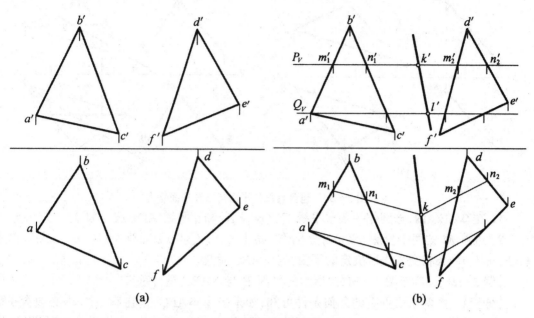

(a)   (b)

图 3—28 用辅助平面法求两平面的交线

【作图】〔图 3—28(b)〕

1. 作一水平辅助平面 P。利用 P_V 的积聚性,分别求出平面 P 与△ABC 和△DEF 的交线 $M_1N_1(m_1n_1,m'_1n'_1)$ 和 $M_2N_2(m_2n_2,m'_2n'_2)$。M_1N_1 和 M_2N_2 的交点 $K(k,k')$,即为△ABC 和△DEF 的一个公有点。

2. 再作一水平辅助平面 Q,用同样的方法,可求得△ABC 与△DEF 的另一公有点 L。

3. 连接 K、L 的同面投影,即得△ABC 与△DEF 交线 KL 的投影。

因为两平面的两投影均无重影部分,故勿需判定其可见性。

三、两平面垂直

由初等几何可知,如果一条直线与一平面垂直,则包含该直线的所有平面,都与该平面垂直。如图 3—29 所示,直线 $AB⊥Q$ 平面,则包含 AB 的所有平面 P_1、P_2……,都与平面 Q 垂直。反之,如果平面 P 垂直于平面 Q,则平面 P 内一定包含平面 Q 的垂线。

这一几何条件,是解决两平面垂直问题的基本依据。

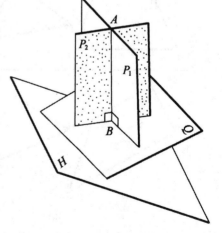

图 3—29 两平面垂直

【例 3—20】 包含直线 MN 作一平面,与△ABC 垂直,如图 3—30(a)所示。

【分析】 由两平面垂直的几何条件可知,只要过直线 MN 上的任一点,作一条直线与△ABC 垂直,则这两条相交直线所决定的平面必与△ABC 垂直。

【作图】〔图 3—30(b)〕

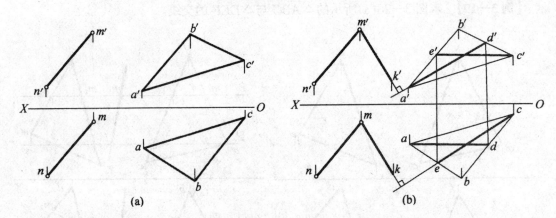

图3—30　包含直线作平面与已知平面垂直

1. 在△ABC内,分别作一条水平线$CE(ce,c'e')$和正平线$AD(ad,a'd')$。

2. 过点M的两个投影m、m',分别作$mk⊥ce$、$m'k'⊥a'd'$,则$MN(mn,m'n')$和MK $(mk,m'k')$两条相交直线所决定的平面,与△ABC垂直。

【例3—21】　判定图3—31(a)所示的平面P与△ABC是否垂直。

【分析】　由两平面垂直的几何条件可知,如果$P⊥△ABC$,则在△ABC内必包含平面P的垂线。因此,欲判定P与△ABC是否垂直,可过△ABC内的任一点作平面P的垂线,然后根据直线在平面内的几何条件,判定该垂线是否在△ABC内。

【作图判定】〔图3—31(b)〕

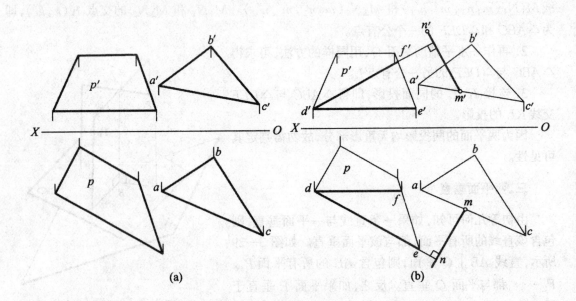

图3—31　判定两平面是否垂直

1. 在平面P内任取一条水平线$DE(de,d'e')$和一条正平线$DF(df,d'f')$。

2. 过△ABC内任一点M,作平面P的垂线$MN(mn⊥de,m'n'⊥d'f')$。

3. 根据直线在平面内的几何条件,可判定MN不在△ABC内。这说明在△ABC内,不包含平面P的垂线,故平面P与△ABC不垂直。

【例 3—22】　判定图 3—32(a)所示的△ABC 与铅垂面 P 是否垂直。

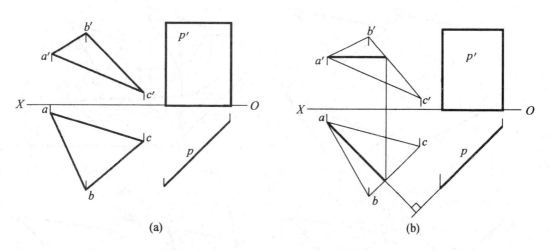

(a)　　　　　　　　　　　　　　　(b)

图 3—32　判定一般位置平面与铅垂面是否垂直

【分析】　由于与铅垂面垂直的直线只能是水平线,所以欲判定△ABC 与铅垂面 P 是否垂直,只要看△ABC 内的水平线的水平投影,与铅垂面的水平投影 p 是否垂直即可。

【作图判定】〔图 3—32(b)〕

1. 在△ABC 内任取一条水平线 AD(ad, $a'd'$);

2. 由水平投影可以看出 $ad\perp p$,故可判定△$ABC\perp P$。

同理,欲判定平面与正垂面是否垂直,只要判定该平面的正平线的正面投影,与正垂面的正面迹线(或正面投影)是否垂直即可。

§3—3　综合性问题

在解综合性问题时,必须首先根据题目的已知条件和要求进行空间分析,把题目的综合要求分解成若干个简单的问题,并拟定出解题步骤;然后,再按照各有关投影规律和作图方法,逐一完成空间分析时所拟定的解题步骤。因此,熟练地掌握前面所述的基本概念和作图方法,是解决综合问题的前提。

【例 3—23】　如图 3—33(a)所示,过点 M 作一直线 MN 与△ABC 平行,并与直线 KL 相交。

【分析】　图 3—33(b)过点 M 可作无数条直线与△ABC 平行。这些直线的轨迹,是过点 M,且与△ABC 平行的平面 Q;平面 Q 内的所有直线,都与△ABC 平行。而在平面 Q 内过点 M 与 KL 相交的直线,只能是直线 KL 与平面 Q 的交点 N 和点 M 的连线。

【作图】

1. 过点 M 作平面 MDE ∥△ABC,过 M 作 MD ∥ AB(md ∥ ab、$m'd'$ ∥ $a'b'$)和 ME ∥ BC(me ∥ bc、$m'e'$ ∥ $b'c'$),则 MD 和 ME 两条相交直线所决定的平面与△ABC 平行〔图 3—33(c)〕。

2. 求出直线 KL 与平面 MDE 的交点 N(n, n'),连接 M、N 的同面投影,即得所求的直线 MN(mn, $m'n'$)〔图 3—33(d)〕。

【例 3—24】　已知直角△ABC 的直角边 $BC=25$,并位于直线 MN 上,∠$B=90°$,根据图

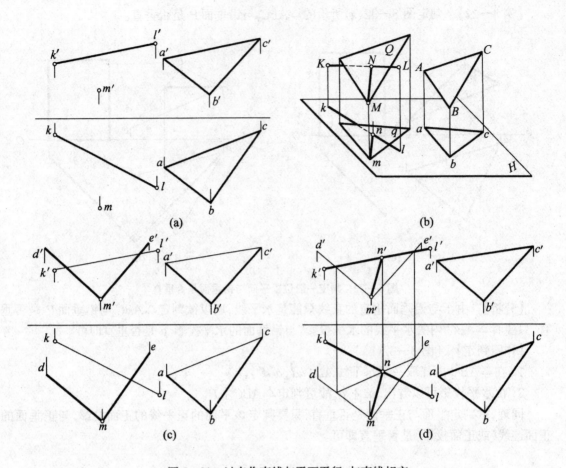

图 3—33　过点作直线与平面平行、与直线相交

3—34(a)所给的条件,完成该直角三角形的投影。

【分析】 △ABC 的一直角边 BC 位于 MN 上,则其另一直角边 AB,必位于过点 A,且垂直于 MN 的平面内。因此,过点 A 作 MN 的垂面,该垂面与 MN 的交点,即为直角△ABC 的顶点 B;过点 B 在 MN 上截取 BC = 25,可得另一顶点 C〔图 3—34(b)〕;分别连接 A、B 和 A、C 的同面投影,即得直角△ABC 的投影。因为从点 B 可以在 MN 上向 M 和 N 两个方向截取 BC = 25,故该题有两个解。

【作图】

1. 过点 A 作直线 MN 的垂面〔图 3—34(c)〕;过点 A 作水平线 AD,使 ad⊥mn;作正平线 AE,使 a′e′⊥m′n′,则由 AD 和 AE 两条相交直线所决定的平面垂直于直线 MN。

2. 求直线 MN 与其垂面 ADE 的交点,该点即为直角△ABC 的顶点 B(b,b′)〔图 3—34(d)〕。

3. 根据 BC = 25,在 MN 的投影上求出 BC 的投影 bc、b′c′〔图 3—34(e)〕。

4. 分别连接 A、B、C 的同面投影,即得直角△ABC 的投影 abc、a′b′c′〔图 3—34(f)〕。

【例 3—25】 求图 3—35(a)所示的两交叉直线 AB 和 CD 的公垂线。

【分析】 如图 3—35(b)所示,假设 KL 是两交叉直线 AB 和 CD 的公垂线。如果过直线 AB 上的任一点 B,作 BE // CD,那么 KL 必垂直于由 AB 和 BE 所决定的平面 Q;再过 CD 上的任一点 C,作 CF⊥Q,那么 AB 与 CD 和 CF 所决定的平面 P 的交点,就是垂足 K。因为

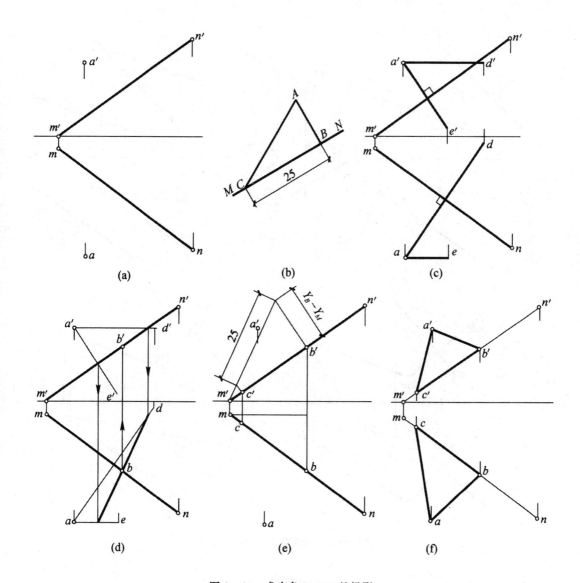

图 3—34　求直角△ABC 的投影

$KL /\!/ CF$，且同位于平面 P 内，据此即可求得另一垂足 L。

【作图】

1. 包含 AB 作平面平行于 CD〔图 3—35(c)〕：过 AB 上的任一点 $B(b,b')$，作 $BE /\!/ CD$ $(be /\!/ cd, b'e' /\!/ c'd')$，则由 AB 和 BE 所决定的平面 ABE 与 CD 平行。

2. 包含 CD 作平面垂直于平面 ABE〔图 3—35(d)〕：在平面 ABE 内任取一条水平线 EG $(eg,e'g')$ 和一条正平线 $AH(ah,a'h')$，过 CD 上的任一点 C 作平面 ABE 的垂线 $CF(cf\perp eg,$ $c'f'\perp a'h')$，则由 CD 和 CF 所决定的平面 DCF，与平面 ABE 垂直。

3. 求出直线 AB 与平面 DCF 的交点 $K(k,k')$，并过点 K 作平面 ABE 的垂线(即 CF 的平行线)，与 CD 交于 $L(l,l')$，则 $KL(kl,k'l')$ 即为两交叉直线 AB 和 CD 的公垂线〔图 3—35 (e)〕。

【例 3—26】　求图 3—36(a)所示的直线 AB 与平面 P 的夹角。

【分析】　如图 3—36(b)所示，根据初等几何的定义，直线 AB 与平面 P 的夹角，应为直线

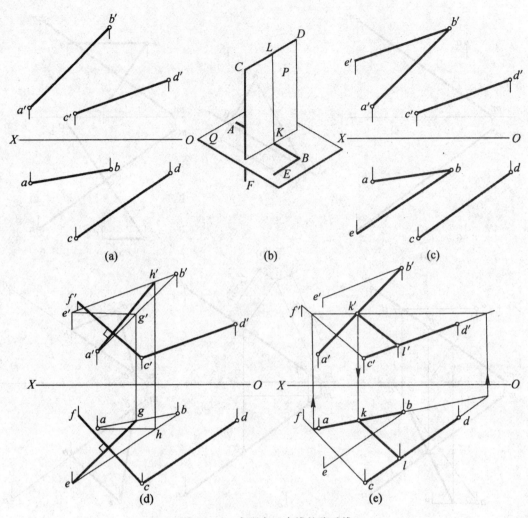

图 3—35　求两交叉直线的公垂线

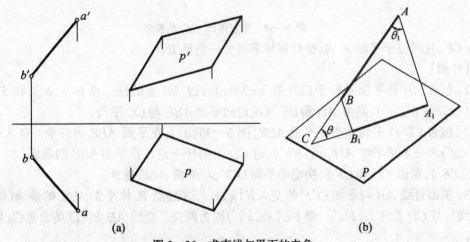

图 3—36　求直线与平面的夹角

AB 与其在平面 P 上的正投影 A_1B_1 的夹角 θ。按照这一定义求角 θ,可以采用以下方法:(1)

过点 A 作平面 P 的垂线,并求出它与平面 P 的交点 A_1;(2)求出 AB 与平面 P 的交点 C;(3) 连接 A_1、C,求出 $\angle ACA_1(=\theta)$ 的实形。

　　因为 $\triangle AA_1C$ 为直角三角形,AB 与 AA_1 的夹角 θ_1,与 θ 互为余角,所以欲求 AB 与 P 的夹角 θ,也可以采用以下方法:(1)过点 A 作平面 P 的垂线;(2)求出该垂线与 AB 夹角 θ_1 的实形,θ_1 的余角便是 AB 与 P 的夹角。这种方法称为余角法。

　　读者可以根据上述分析,选择一种方法,自行作图。

第四章 投 影 变 换

§4—1 概　述

由空间几何元素定位和度量的原理和方法可知,当几何元素对投影面处于特殊位置时,它们的投影可以直接反映出某些真实情况。如图 4—1(a)所示,当△ABC 垂直于 V 面时,D 点到△ABC 的距离可以在正面投影上直接反映出来。但当几何元素对投影面处于一般位置时,若求解它们的度量或定位,作图过程往往比较复杂。如图 4—1(b)所示,求 D 点到一般位置面△ABC 的距离,则需要过 D 作△ABC 的垂直线,再求交点(即垂足),然后求 D 点到垂足的实长。使原来对投影面处于不利于解题位置的空间几何元素,变换成对投影面处于有利于解题的位置,这种方法称为投影变换。

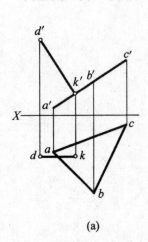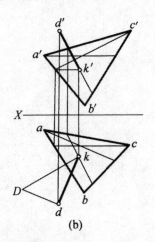

(a)　　　　　(b)

图 4—1　点到平面的距离

常用的投影变换的方法有换面法和旋转法两种。

§4—2 换 面 法

换面法是保持空间的几何元素位置不变,而用新的投影面来代替原来的投影面,使空间几何元素对新投影面处于有利于解题的特殊位置。

如图 4—2 所示的铅垂面△ABC,该三角形在 H、V 两投影面体系(简称 $\frac{V}{H}$ 体系)中的两投影都不反映实形。假如设立一个平行于△ABC(必垂直于 H 面)的 V_1 新投影面,来代替 V 面,则 V_1 面和 H 面就构成了一个新的两投影面体系 $\frac{V_1}{H}$。

△ABC 在新的 $\frac{V_1}{H}$ 体系中的投影 $a'_1 b'_1 c'_1$ 就反映三角形的实形。这时 V 面投影称旧投影,H 面投影称不变投影,V_1 面投影称新投影。

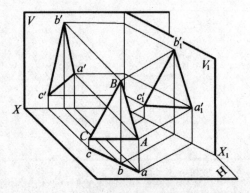

图 4—2　换面法

新的投影面的设立,必须符合以下两个基本条件:

1. 新的投影面必须与空间几何元素处于有利于解题的位置;

2. 新的投影面必须垂直于原有的一个投影面。

一、点的投影变换

(一)点的一次变换

如图 4—3(a)所示,点 A 在 $\dfrac{V}{H}$ 投影体系中的正面投影为 a',水平投影为 a。要改变点 A 的正面投影,可以设立一个铅垂面 V_1 来代替正立投影面 V,形成新的两投影面体系 $\dfrac{V_1}{H}$。过点 A 向 V_1 面作垂线,得到在新投影面上的投影 a'_1。将 V_1 面绕新轴 X_1 旋转到与 H 面重合,则 a 和 a'_1 两点一定在 X_1 轴的同一垂线上,同时,因为 $a'a_x$ 和 $a'_1 a_{x_1}$ 都反映点 A 到 H 面的距离 Aa,所以 $a'a_x = a'_1 a_{x_1}$。

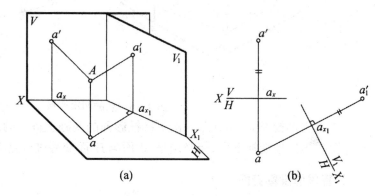

图 4—3　变换点 A 的 V 投影

作图方法见图 4—3(b)。

先作出新投影轴 X_1,然后由水平投影 a 向 X_1 轴作垂线,使与 X_1 轴相交于点 a_{x_1};再在该垂线上取点 a'_1,使 $a'_1 a_{x_1}$ 等于 $a'a_x$,点 a'_1 即为点 A 的新投影。

图 4—4 表示设立新投影面 H_1 垂直于 V 面,求点 A 在 H_1 面上的投影。图中 $a'a_1$ 垂直于 X_1 轴;$a_1 a_{x_1} = aa_x$,因为它们同时反映点 A 到 V 面的距离 Aa'。

由以上分析可知,在换面法中,点的投影变换规律是:

1. 新投影与不变投影之间的连线垂直于新投影轴;

2. 新投影到新轴的距离等于旧投影到旧轴的距离。

(二)点的两次交换

在实际应用中,有时需要两次或多次更换投影面。

如图 4—5 所示,在一次换

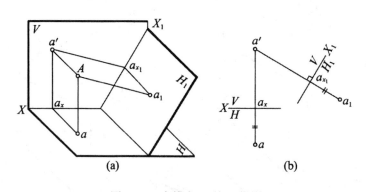

图 4—4　变换点 A 的 H 投影

面的基础上,再设立新的投影面 H_2 垂直于 V_1,以 H_2 面更换 H 面,$\dfrac{V_1}{H_2}$ 又形成一个新的投影面体系。这时,H 面成为旧投影面,X_1 轴成为旧投影轴,按新、旧投影之间的变换规律,$a'_1 a_2$ 垂直于 X_2 轴,$a_2 a_{x_2} = aa_{x_1}$。

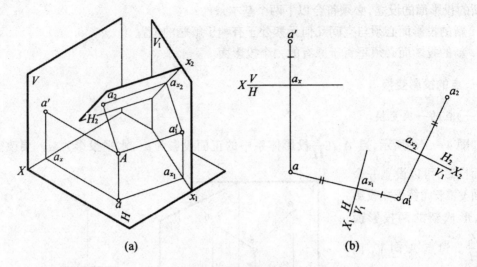

图 4—5 点的两次变换

第二次更换投影面,是在第一次更换投影面的基础上进行的。根据需要,按新旧投影之间的规律可以多次地变换下去,但必须是 V 面与 H 面交替进行更换。

二、直线的投影变换

直线是由两点所决定的,因此直线的投影变换只要变换直线上任意两点的投影即可求得直线的新投影。在利用换面法解题时,直线的投影变换一般有 3 种情况:将一般位置直线变换成投影面平行线;将投影面平行线变换成投影面垂直线;将一般位置直线变换成投影面垂直线。

（一）将一般位置直线变换成投影面平行线

如图 4—6(a)所示,在 $\frac{V}{H}$ 体系中,AB 是一般位置直线,若把它变换为投影面平行线,可设立一个新投影面 V_1 代替 V,使 V_1 面平行于直线 AB 且垂直于 H 面。直线 AB 在新的投影面体系 $\frac{V_1}{H}$ 中成为正平线,所以原投影 ab 平行于新轴 X_1,直线 AB 的新投影 $a_1'b_1'$ 反映实长;

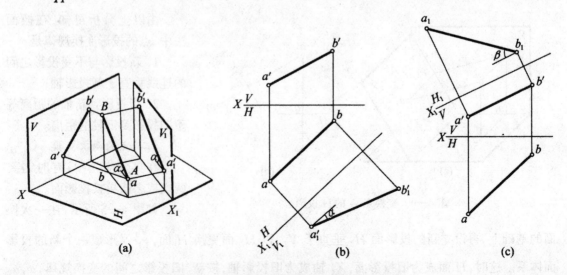

图 4—6 将一般位置直线变成投影面平行线

$a'_1b'_1$ 与新轴 X_1 的夹角反映直线 AB 对 H 面的倾角 α。

作图方法如下〔图 4—6(b)〕：

首先作新轴 X_1 平行于 ab，然后根据点的投影变换规律，作出两点 A 和 B 的新投影 a'_1 和 b'_1，连 a'_1 和 b'_1 即为直线 AB 的新投影。

同理，如果设立正垂面 H_1，并使 H_1 平行于直线 AB，那么 AB 在新的体系 $\dfrac{V}{H_1}$ 中也成为投影面平行线。如图 4—6(c)所示，新投影 a_1b_1 反映实长，它与新轴 X_1 的夹角反映直线 AB 对投影面 V 的倾角 β。

(二)将投影面平行线变换成投影面垂直线

如图 4—7(a)所示，在 $\dfrac{V}{H}$ 体系中，直线 AB 为一条正平线，要把它变换成为新投影面的垂直线，就应设立新的投影面 H_1 垂直于直线 AB 和投影面 V，这时直线 AB 在 $\dfrac{V}{H_1}$ 体系中就变成了 H_1 面垂直线。

作图方法如下〔图 4—7(b)〕：

先作 X_1 轴垂直于 $a'b'$；再求出 A、B 两点的新投影 a_1 和 b_1，这时 a_1 和 b_1 重合，即直线 AB 在 H_1 面上的投影有积聚性。

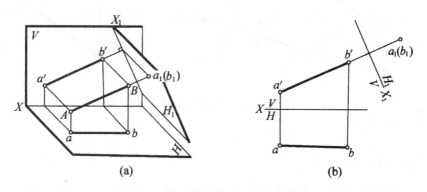

图 4—7　将投影面平行线变换为投影面垂直线

同理，如果直线 AB 是水平线，则可用垂直于该直线的铅垂面 V_1 来代替 V 面，在新的 $\dfrac{V_1}{H}$ 体系中，直线 AB 即成为 V_1 面的垂直线。

(三)将一般位置直线变换成投影面的垂直线

一般位置直线倾斜于原投影体系中的各投影面，若新投影面垂直于一般位置直线，则一定也倾斜于原投影体系中的各投影面，这不符合确定新投影面的条件。因此，通过一次更换投影面不能将一般位置直线直接变换成投影面垂直线，必须先把一般位置直线变换成投影面的平行线，然后再把投影面平行线变换成投影面垂直线。

如图 4—8(a)所示，要把直线 AB 变换成投影面垂直线，可先设立 V_1 面平行于 AB，使直线 AB 在 $\dfrac{V_1}{H}$ 体系中成为正平线，然后再设立 H_2 面垂直于 AB，使直线 AB 在 $\dfrac{V_1}{H_2}$ 体系中成为新投影面 H_2 的垂直线。作图方法如图 4—8(b)所示。

图 4—8(c)表示先设立 H_1 面平行于 AB，再设立 V_2 面垂直于 AB，使直线 AB 在 $\dfrac{V_2}{H_1}$ 体系

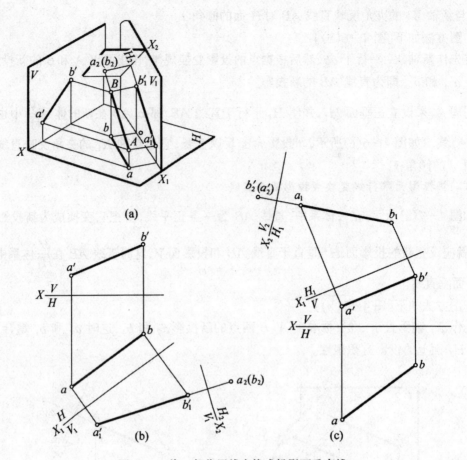

图 4—8　将一般位置线变换成投影面垂直线

中成为 V_2 面的垂直线。

三、平面的投影变换

平面的投影变换,是通过变换确定平面的点或直线来实现的。在解题应用中,平面的投影变换一般有 3 种情况:将一般位置平面变换成为投影面垂直面;将投影面垂直面变换成为投影面平行面;将一般位置平面变换成为投影面平行面。

(一)将一般位置平面变换成投影面垂直面

要把一般位置平面变换成为投影面垂直面,只要把平面内任何一条直线变换成新投影面的垂直线,则该平面即成为新投影面的垂直面。将一般位置直线变换成为投影面垂直线,要经过两次变换,若把投影面平行线变换成投影面垂直线,只要一次变换就可以了,因此,可以在平面内任取一条投影面平行线。

如图 4—9(a)所示,欲将一般位置平面△ABC 变换成投影面垂直面,可以先在△ABC 内任取一条水平线 AD,再设立新投影面 V_1 垂直于 AD,则 V_1 既垂直于 H 面,又垂直于△ABC。△ABC 在 $\dfrac{V_1}{H}$ 体系中成为正垂面。

作图方法如下〔图 4—9(b)〕:

先作 $a'd'$ 平行于 X 轴,并求出 ad;再作 X_1 轴垂直于 ad;然后按点的投影变换规律,求出

$\triangle ABC$ 各顶点在新投影面 V_1 上的投影 $a'_1b'_1c'_1$。$a'_1b'_1c'_1$ 必积聚为一条直线,它与 X_1 轴的夹角反映 $\triangle ABC$ 与 H 面的倾角 α。

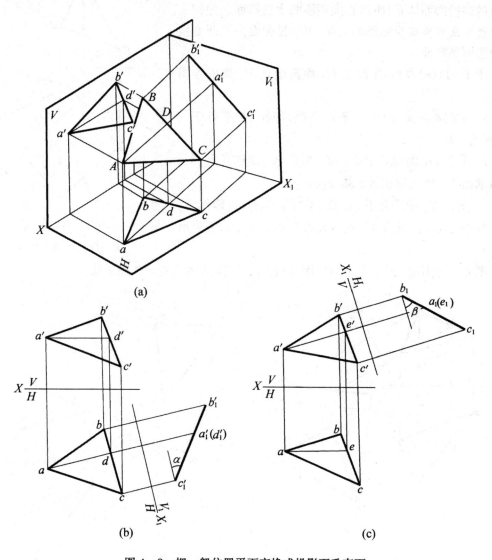

图 4—9 把一般位置平面变换成投影面垂直面

同理,如果在一般位置平面 $\triangle ABC$ 内取一条正平线,然后作新投影面 H_1 与其垂直,则在 $\dfrac{V}{H_1}$ 体系中 $\triangle ABC$ 成为 H_1 面的垂直面,其新投影 $a_1b_1c_1$ 积聚为一条直线,它与 X_1 轴的夹角反映 $\triangle ABC$ 与 V 面的倾角 β。作图方法如图 4—9(c)所示。

(二)将投影面垂直面变换成投影面平行面

如图 4—2 所示,$\triangle ABC$ 为一铅垂面,若设立一新投影面 V_1 平行于 $\triangle ABC$,也一定垂直于 H 面,这时在 V_1 面上的新投影 $a'_1b'_1c'_1$ 反映实形。

作图方法如下(图 4—10):

先作 X_1 轴平行于 abc,再求出 $\triangle ABC$ 在 V_1 面的新投影 $a'_1b'_1c'_1$。

(三)将一般位置平面变换成投影面平行面

要将一般位置平面变换成投影面平行面,只变换一次投影面是不能解决的。因为若新投影面平行于一般位置平面,则这个新投影面也一定是一般位置平面,它与原体系中的哪一个投影面都不能构成互相垂直的两投影面体系,所以必须更换两次投影面。先把一般位置平面变换成投影面垂直面,再把投影面垂直面变换成投影面平行面。

图 4—11(a)表示,先设立 H_1 面再设立 V_2 面的作图方法:

1. 先在△ABC 内作一条正平线,即作 ck 平行于 X 轴,求出 $c'k'$;

2. 设立 H_1 面垂直于△ABC,即作 X_1 轴垂直于$c'k'$,然后求出 H_1 面上的积聚投影 $a_1b_1c_1$;

3. 设立 V_2 面垂直于 H_1 面,平行于△ABC,即作 X_2 轴平行于 $a_1b_1c_1$,求出 V_2 面的新投影△$a'_2b'_2c'_2$,即为所求。

图 4—11(b)表示,先设立 V_1 面,再设立 H_2 面的两次变换作图方法。

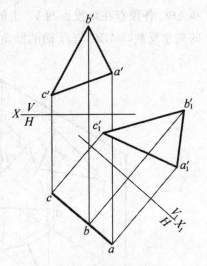

图 4—10　将投影面垂直面
变换成投影面平行面

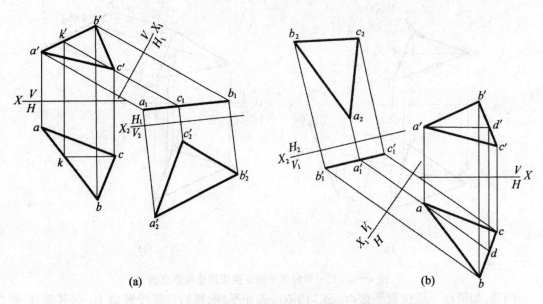

| (a) | (b) |

图 4—11　将一般位置面变换成投影面平行面

四、应用举例

应用投影变换解题时,首先要根据已知条件进行空间分析。了解空间几何元素与投影面之间的相对位置,以及诸元素之间的相互关系。然后根据求解要求,分析怎样换面,才能够使几何元素相对于投影面处于有利于解题的位置。在明确了解题的思路后,再按前述基本作图方法进行作图。

【例 4—1】　如图 4—12(a)所示,求点 A 到平面 BCDE 的距离及垂足 K。

【分析】　过点 A 作平面 BCDE 的垂线,求得垂足,点 A 到垂足的线段实长即为所求的距离。

由于平面 $BCDE$ 是一般位置平面,所以它的垂线也一定是一般位置直线,因而直线的实长及垂足的位置在 $\dfrac{V}{H}$ 体系中不能直接反映出来。如果把平面 $BCDE$ 变换为新投影面的垂直面,则其垂线将平行于新投影面,它的实长及其垂足的位置就能直接反映出来。所以本题用一次更换投影面即可解决。

【作图】〔图 4—12(b)〕

1. 平面 $BCDE$ 的边线 $BE(CD)$ 是水平线,所以作 X_1 轴垂直于 $be(cd)$。

2. 分别求出点 A 和平面 $BCDE$ 的新投影 a_1' 和 $b_1'c_1'd_1'e_1'$,则 $b_1'c_1'd_1'e_1'$ 必积聚为一条直线。

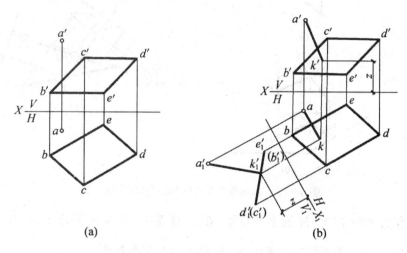

(a)　　　　　　　　　　(b)

图 4—12　求点到平面的距离

3. 再过 a_1' 作直线垂直于 $b_1'c_1'd_1'e_1'$,其交点 k_1' 即为垂足 K 在 V_1 面上的投影,$a_1'k_1'$ 即为点 A 到平面 $BCDE$ 的距离。

4. 返回求出 AK 在 $\dfrac{V}{H}$ 体系中的投影。由于 AK 是 V_1 面的平行线,所以 ak 一定平行于 X_1 轴,从而可求出 k,再根据"新投影到新轴的距离等于旧投影到旧轴的距离"这一规律,可以求出 k'。最后用直线连接 A、K 两点的同面投影,即完成本题作图。

【例 4—2】　求图 4—13 所示两交叉直线 AB 及 CD 之间的距离。

【分析】　如图 4—13(b)所示,两交叉直线的距离就是它们公垂线的实长。现有两条直线都是一般位置直线,作图较繁(见图 3—35)。如果把交叉的两条直线之一(如 CD)变换为投影面的垂直线,则它们的公垂线 MN 即为新投影面的平行线,其新投影反映实长,且与另一条直线 AB 在该投影面上的投影反映直角。这样,便有利于求解。由于两条交叉直线均为一般位置直线,所以要经过两次变换。

【作图】〔图 4—13(c)〕

1. 设立 V_1 面平行于 CD:作 X_1 轴平行于 cd,求得直线 AB、CD 在 V_1 面上的投影 $a_1'b_1'$ 及 $c_1'd_1'$。

2. 设立 H_2 面垂直于 CD:作 X_2 轴垂直于 $c_1'd_1'$,求得 AB、CD 在 H_2 面上的投影 a_2b_2 及 c_2d_2,这时直线 CD 的新投影 c_2d_2 积聚为一点。

3. 作公垂线 MN:过 c_2(亦即 d_2)作直线 m_2n_2 垂直于 a_2b_2,m_2n_2 即为公垂线 MN 在 H_2 面上的投影,它反映实长。

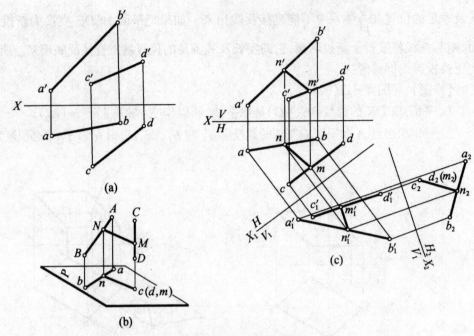

图 4—13　求两条交叉直线间的距离(方法一)

4. 返回作出 MN 在 V、H 面上的投影：在 $\dfrac{V_1}{H_2}$ 体系中，因 MN 平行于 H_2 面，所以 $m'_1 n'_1$ 平行 X_2 轴，由 $m'_1 n'_1$ 再返回即可求出 V、H 面上 MN 的各投影。

　　此题还可以用另一种方法，即将两条交叉直线 AB、CD 经过投影变换，使其同时平行于一个新投影面 P，这时两条直线的公垂线 MN 必然垂直于 P 面，它的实长可以在与 P 面垂直的投影面上反映出来，如图 4—14(a)所示。

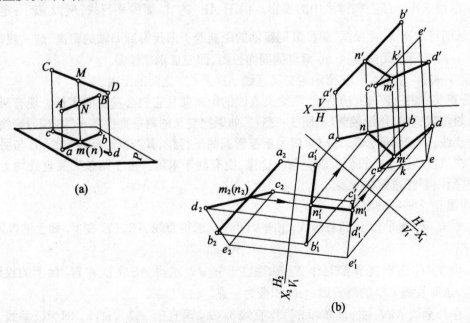

图 4—14　求两条交叉直线间的距离(方法二)

【作图】〔图 4—14(b)〕

1. 包含直线 CD 作平面平行于直线 AB：过 c 作 ce 平行于 ab，过 c' 作 $c'e'$ 平行于 $a'b'$。

2. 把 $\triangle CDE$ 变换成投影面的垂直面：作 X_1 轴垂直于 dk（DK 是 $\triangle CDE$ 的水平线），并求出 $\triangle CDE$ 和 AB 在 V_1 面上的投影 $c'_1d'_1e'_1$ 和 $a'_1b'_1$。

3. 把 $\triangle CDE$ 变换成投影面的平行面：作 X_2 轴平行于 $c'_1d'_1e'_1$（及 $a'_1b'_1$），并求出其在 H_2 面上的新投影 $c_2d_2e_2$ 及 a_2b_2。这时 c_2d_2 与 a_2b_2 相交于一点 $m_2(n_2)$，即为公垂线 MN 的积聚投影。

4. 返回作图可求出 MN 的各投影。$m'_1n'_1$ 反映公垂线的实长。

【例 4—3】 如图 4—15(a)所示，已知直线 AB 及线外一点 M，试在直线 AB 上找一点 C，使直线 MC 与直线 AB 的夹角为 $60°$。

【分析】 点 M 与直线 AB 决定一个平面，而 MC 在该平面内，如将该平面变换成投影面的平行面，则直线 AB 与 MC 的夹角其实际大小可以直接作出来。该平面是一般位置平面，如变换成投影面的平行面，要进行两次变换。

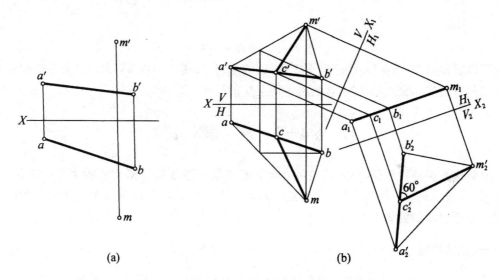

(a)   (b)

图 4—15 求两条直线的夹角

【作图】〔图 4—15(b)〕

将直线 AB 与点 M 连成一个三角形，经过两次变换求得 $\triangle a'_2b'_2m'_2$，其反映实形；然后过点 m'_2 作直线与 $a'_2b'_2$ 的夹角成 $60°$ 求得点 c'_2，即为直线 AB 与 MC 夹角的实际大小。返回可求得点 C 的各投影。

【例 4—4】 求图 4—16(a)所示 $\triangle ABC$ 和 $\triangle DEF$ 的交线。

【分析】 $\triangle ABC$ 和 $\triangle DEF$ 都是一般位置平面，如果将其中一个平面变换为投影面的垂直面，就可以利用新投影的积聚性求出其交线。

【作图】〔图 4—16(b)〕

1. 将 $\triangle ABC$ 变换成投影面的垂直面。为此作 V_1 面垂直于 $\triangle ABC$，作出 $\triangle ABC$ 和 $\triangle DEF$ 在 V_1 面上的新投影 $a'_1b'_1c'_1$ 积聚为一条直线，$\triangle d'_1e'_1f'_1$ 的两边 $e'_1f'_1$ 与 $d'_1e'_1$ 交直线 $a'_1b'_1c'_1$ 于 m'_1 和 n'_1，即两平面交线的新投影为 $m'_1n'_1$。

2. 根据投影关系返回作图，可以求出 MN 在 H、V 面的投影 mn 和 $m'n'$。但从 m、m' 的

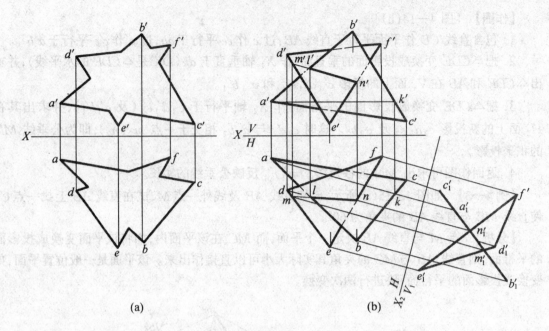

(a)   (b)

图 4—16 求两平面的交线

位置可以看出点 M 不在△ABC 范围之内,这说明点 M 是△ABC 扩大后与 DE 的交点,所以两个三角形的实际交线是 LN,这是两平面互交的情况。

§4—3 旋 转 法

旋转法是保持投影面不变,将空间几何元素绕某一轴线旋转到对投影面处于有利于解题的位置。旋转轴线为投影面的垂直线或投影面的平行线。因为以垂直轴旋转法应用较多,故这里只介绍绕垂轴旋转法。

一、点的旋转

图 4—17(a)表示点 A 绕垂直于 H 面的轴 L 旋转的情况。因为点 A 的运动轨迹是圆,而该圆又在垂直于 L 旋转轴的水平面内,所以它的水平投影反映实形,其正面投影是一段与 X 轴平行的水平线。

如果点 A 旋转 θ 角到 A_1,则其水平投影 a 也按相同的方向旋转 θ 角到 a_1,而正面投影 a'

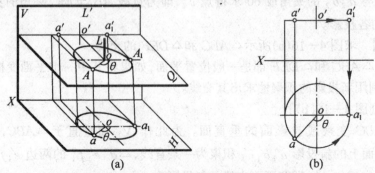

(a)   (b)

图 4—17 点绕铅垂轴旋转

则水平移动到 a'_1，作图方法如图4—17(b)所示。

图4—18(a)表示点 A 绕一垂直于 V 面的轴 L 旋转的情况。这时点 A 的轨迹是平行于 V 面的圆，该圆的正面投影反映实形，其水平投影为平行于 X 轴的直线段。作图方法如图4—18(b)所示。

由此可知，当点绕垂直于某一投影面的轴旋转时，点在该投影面上的投影沿圆周运动，在另一投影面上的投影沿平行于投影轴的直线移动。

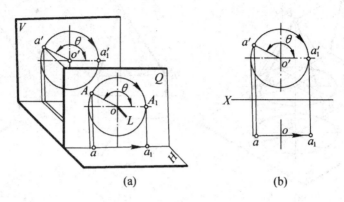

(a)   (b)

图4—18 点绕正垂线旋转

二、直线的旋转

直线是由两点确定的，只要将直线上的两点绕同一轴线、沿同一方向、旋转同一角度，就可以作出直线旋转后的投影。

如图4—19所示，欲将一般位置直线 AB 绕铅垂轴 O 反时针方向旋转 θ 角，只要将点 $A(a,a')$ 绕轴 O 旋转到 $A_1(a_1,a'_1)$，将点 $B(b,b')$ 旋转到 $B_1(b_1,b'_1)$，分别连接 A_1 和 B_1 的同面投影，即得直线 AB 旋转 θ 角后的投影 a_1b_1 和 $a'_1b'_1$。

直线在绕铅垂轴旋转的过程中，A、B 两点的高度不变，直线 AB 对 H 面的倾角 α 也不变，其 H 投影长度也不变，即 $ab=a_1b_1$。同理，一条线段绕正垂轴旋转时，它的 V 面投影长度不变，直线对 V 面的倾角 β 也不变。

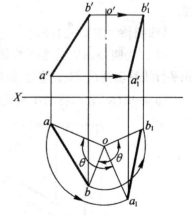

图4—19 直线的旋转

直线旋转的基本作图主要有两种情况：将一般位置直线旋转为投影面的平行线；将投影面的平行线旋转为投影面的垂直线。

(一)将一般位置直线旋转成投影面的平行线

如图4—20(a)所示，欲将一般位置直线 AB 旋转成正平线，必须选取垂直于 H 面的旋转轴，才能改变直线 AB 对 V 面的倾角，使之旋转成正平线。为了简便作图，使旋转轴线过直线一个端点 B，这样旋转时 B 点不动，只有 A 点转动。

【作图】〔图4—20(b)〕

先以 b 为圆心，ba 为半径，将 a 旋转到 a_1，使 a_1b 平行于 X 轴；将 a' 平行于 X 轴移动，与过 a_1 所作 X 轴的垂线相交得 a'_1，连 a'_1、b'，则 a_1b 和 a'_1b' 就是直线 AB 旋转后的投影。

a'_1b'反映直线AB的实长，a'_1b'与X轴的夹角，反映直线与H面的倾角α。

图 4—20(c)表示将AB直线旋转成水平线的作图方法。它的旋转轴线垂直于V面，为了简化作图，旋转轴线可以不画出。

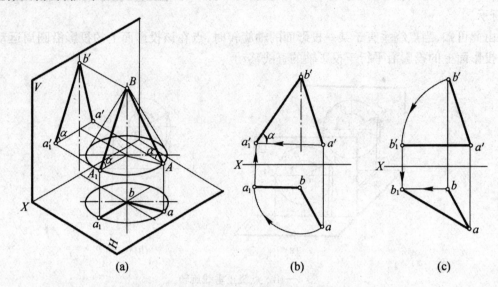

(a)   (b)   (c)

图 4—20 将一般位置直线旋转成投影面的平行线

(二)将投影面的平行线旋转成投影面的垂直线

图 4—21(a)表示把正平线AB旋转成铅垂线AB_1的情况。当旋转正平线成为铅垂线的时候，须先选用垂直于V面的旋转轴。为作图方便，这里选用的旋转轴为通过点A的正垂线。

【作图】〔图 4—21(b)〕

以a'为圆心，$a'b'$为半径作圆弧，将b'旋转至b'_1，使$a'b'_1$垂直于X轴；同时，b点沿X轴的平行线移动到b_1与a重合，这时直线$AB_1(ab_1, a'b'_1)$即为铅垂线。

图 4—21(c)表示将AB直线旋转成正垂线的作图方法。

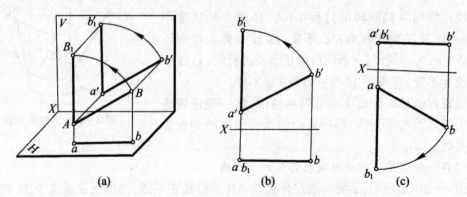

(a)   (b)   (c)

图 4—21 将投影面平行线旋转成投影面垂直线

三、平面的旋转

平面的旋转，也就是旋转决定平面的点或直线。平面的旋转基本作图主要有两种情况：一种是将一般位置平面旋转成投影面的垂直面；另一种是将投影面的垂直面旋转成投影面的平行面。

(一)将一般位置平面旋转成投影面的垂直面

如果平面内有一条直线垂直于某一投影面,则这个平面必垂直于该投影面。因此,为把一般位置平面旋转成投影面的垂直面,可以在平面内任取一条直线,然后将该直线和它所在的平面一起旋转,当直线垂直于投影面时,此平面就旋转成投影面的垂直面了。

图 4—22 表示把一般位置平面△ABC 旋转成正垂面的作图方法。为了作图简便,在△ABC 内选取了一条水平线 AD,因为只有水平线才能一次旋转成正垂线。过 A 点设铅垂轴,将 B、C 两点和 D 点一起按同一方向旋转,当 AD 直线旋转成正垂线时(d 旋转到 d_1,d' 移到与 a' 重合),B、C 两点也旋转了同一角度至 $B_1(b,b_1')$、$C_1(c_1,c_1')$ 的位置,这时△AB_1C_1 即成为正垂面。

在绕铅垂轴旋转过程中,A、B、C 三点的相对位置和高度不变,△ABC 对 H 面的倾角不变,其水平投影的形状和大小也不变。因此 $a'b_1'c_1'$ 与 X 轴线的夹角反映△ABC 与 H 面的倾角 α。△ab_1c_1 与△abc 全等。

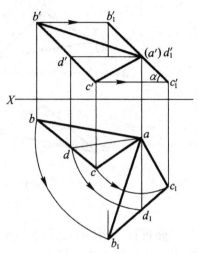

图 4—22　将一般位置平面
旋转成正垂面

若将△ABC 旋转成铅垂面,则须将平面内的正平线绕垂直于 V 面的轴线旋转。

(二)将投影面的垂直面旋转成投影面的平行面

图 4—23 表示将正垂面△ABC 旋转成水平面的作图方法。选过 C 点的正垂线为轴,将 a'、b' 旋转到 a_1'、b_1',使 $a_1'b_1'c'$ 平行于 X 轴,再作出 a_1b_1。这时△ABC 的新位置△A_1B_1C 即为水平面,其水平投影△a_1b_1c 反映实形。

同理,铅垂面可绕铅垂线旋转成正平面。

四、应用举例

【例 4—5】　如图 4—24(a)所示,求点 E 到平面△ABC 的距离。

【分析】　如果平面△ABC 是投影面的垂直面,则点到平面的距离可以直接反映出来。现在平面△ABC 为一般位置平面,因此要把它旋转成投影面的垂直面。应该注意的是:在旋转时点 E 与△ABC 必须绕同一轴、按同一方向、旋转同一角度,这样才能保持它们的相对位置不变。

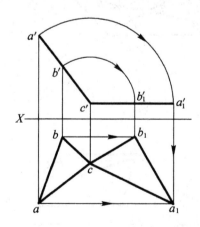

图 4—23　将正垂面旋转成水平面

【作图】〔图 4—24(b)〕

在△ABC 内作一正平线 CD,选取过 C 点的正垂轴,将△ABC 旋转为铅垂面,新投影为 a_1b_1c 和 $a_1'b_1'c'$;将点 E 旋转到 $E_1(e_1,e_1')$;由 e_1 向 a_1b_1c 作垂直线,相交于 f_1。e_1f_1 即为点 E 到△ABC 的距离。

【例 4—6】　求直线 AB 与平面 P 的夹角〔图 4—25(a)〕。

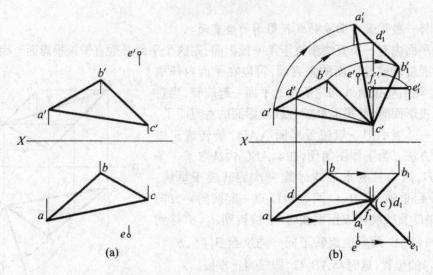

图 4—24　求点到平面的距离

【分析】　如图 4—25(b)所示,平面 P 与直线 AB 都处于一般位置,欲求得它们之间的夹角,可以把平面 P 变换成投影面的垂直面,同时把直线 AB 变换成投影面的平行线,这样它们之间的夹角 θ 就可以在投影上直接反映出来。

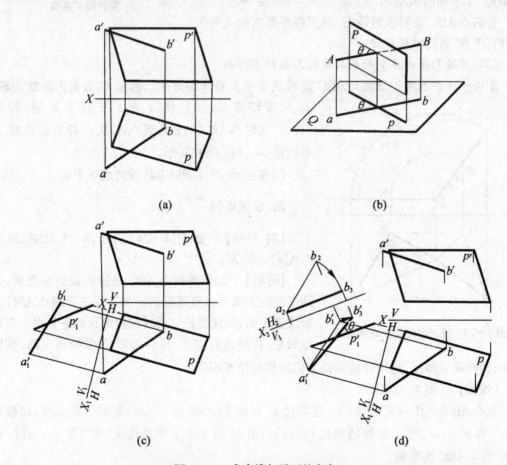

图 4—25　求直线与平面的夹角

此题可以用换面法和旋转法结合解题,直接求出直线与平面的夹角。

【作图】

(1)先设立投影面 V_1,将平面 P 更换为投影面的垂直面。这时 AB 直线仍处于一般位置,所以 $a'_1b'_1$ 与 p'_1 的夹角仍不能反映实角,见图 4—25(c)。

(2)再设立新投影面 H_2,平行于平面 P。求得 AB 的新投影 a_2b_2;而平面 P 的新投影 p_2 反映实形,这里省略未画出,见图 4—25(d)

(3)过 A 点设旋转轴垂直 H_2 面,将直线 AB 旋转成 V_1 面的平行线,即将 b_2 旋转到 b_3,使 a_2b_3 平行于 X_2 轴,b'_1 平移至 b'_3。P 平面旋转后,其投影 p'_1 仍积聚于所在的直线位置,这时直线 AB 平行于 V_1 面,平面 P 垂直于 V_1 面,所以 $a'_1b'_3$ 与 p'_1 的夹角 θ 即为所求。

第五章　平　面　体

§5—1　平面体的投影

由平面围成的立体称**平面体**。平面体的表面由点、直线、平面诸几何元素构成,因此绘制平面体的投影,也就是绘制平面体表面各点、直线、平面的投影。常见的平面体有棱柱、棱锥和棱台等。

一、棱　　柱

图 5—1(a)表示一水平放置的三棱柱及其在三投影面上的投影。图 5—1(b)是它的三面投影图。

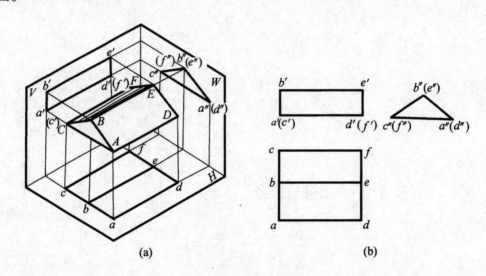

(a)　　　　　　　　　　　　(b)

图 5—1　三棱柱的投影

三棱柱的下棱面 ADFC 平行于 H 面,所以其水平投影 adfc 反映实形,其正面投影和侧面投影分别积聚成一条水平线。

三棱柱的前后两棱面 ADEB 和 CFEB 是侧垂面,所以它们的水平投影 adeb 和 cfeb 仍是矩形,它们的正面投影 a'd'e'b' 和 c'f'e'b' 相重合,它们的侧面投影分别积聚成倾斜的直线段。

三棱柱两底面△ABC 和△DEF 为侧平面,所以它的侧面投影反映实形,另外两投影分别积聚成直线段。

在三面投影图中,各投影与投影轴之间的距离,只反映物体与投影面之间的距离,并不影响立体形状的表达。因此,在画物体的投影图时,投影轴省去不画,如图 5—1(b)。投影之间的间隔可以任意选定,但各投影之间必须保持投影关系,作图时物体上各点的位置可以按其相对坐标画出。

二、棱 锥

图 5—2(a)表示一个三棱锥及其在三投影面上的投影,图 5—2(b)是它的三面投影图。

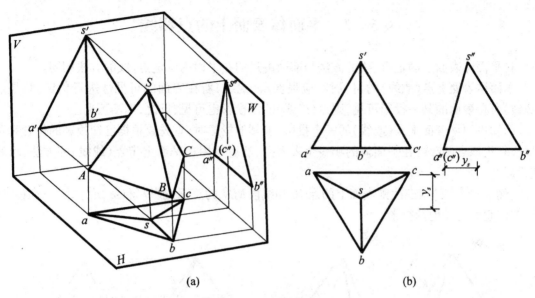

(a)   (b)

图 5—2 三棱锥的投影

三棱锥的底面平行于 H 面,所以它的水平投影 abc 反映实形,其他两投影均成为水平线段;后面的棱面△SAC 为侧垂面,所以侧面投影 $s''a''c''$ 积聚成一段倾斜的线段,正面投影和水平投影都是三角形;左、右两个棱面都是一般位置平面,所以它们的 3 个投影都是三角形,它们的侧面投影 $s''a''b''$ 与 $s''b''c''$ 彼此重合。

注意:要正确画出各点的相对位置,如 S 点和 A 点,它们的水平投影与侧面投影在 y 方向上的相对坐标应该相等,见图 5—2(b)。

三、棱 台

棱台是棱锥被平行于其底面的平面截割而形成的。

图 5—3(a)表示一个四棱台及其在三投影面上的投影,图 5—3(b)是它的三面投影图。

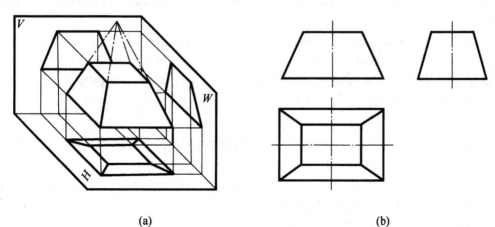

(a)   (b)

图 5—3 四棱台的投影

四棱台的上、下底面平行于 H 面,前、后两个棱面垂直于 W 面,左、右两个棱面垂直于 V 面,它的四条侧棱为一般位置直线。根据线、面的投影特点,即可分析出它们各自的三面投影。

画物体的投影图时,各顶点不需要用字母标注,有的作了标注是为了讲解的方便。

§5—2　平面体表面上的点和线

在平面体表面上确定点、线的方法与前面讲过的在平面内确定点、线的方法相同。

平面体表面上点(或线)的可见性,应根据点(或线)所在表面的可见性进行判定,凡是点(或线)所在表面的某一投影可见,则点(或线)的该投影也可见,反之,则不可见。

已知平面体表面上点(或线)的一个投影,求其他投影时,首先要根据已知投影的位置和可见性,判定该点(或线)在平面体的哪一个表面上,然后运用在平面上定点(或线)的方法,求其他投影。

【例 5—1】　已知三棱锥表面上的点 K 和线段 MN 的正面投影 k' 和 $m'n'$,如图 5—4(a)所示,求作它们的其他两投影。

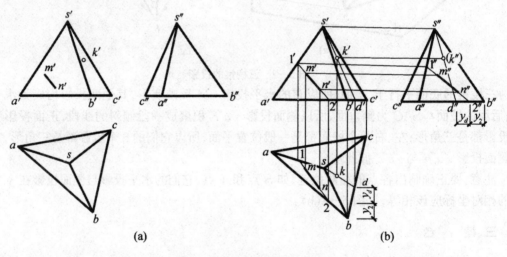

(a)　　　　　　　　　　　　(b)

图 5—4　棱锥表面上的点和线

【分析】　从图中可以看出,k' 是可见的,所以点 K 在三棱锥表面 SBC 上,过点 K 在 SBC 上任作一条辅助线,例如 SD,求出 SD 的各投影,点 K 的各投影即在线段 SD 的同面投影上。

【作图】　过 k' 作 $s'd'$,求出 sd 和 $s''d''$,然后在 sd 和 $s''d''$ 上分别作出 k 和 k''〔图 5—4(b)〕由于点 K 所在表面 SBC 的侧面投影 $s''b''c''$ 是不可见的,所以 k'' 也是不可见的。

同样,包含直线 MN 做辅助线,即可求出 MN 的其他各投影,具体作图见图 5—4(b)。

【例 5—2】　已知三棱柱表面上点 A 的正面投影 a' 和点 B 的水平投影 b,求它们的其他两投影。

【分析】　由于 a' 是可见的,所以点 A 在三棱柱的前左棱面上,而该三棱柱的各棱面都是铅垂面,其水平投影有积聚性,所以由 a' 可直接求出点 A 的水平投影 a,然后再求出其侧面投影 a'';同样,b 为可见,说明点 B 位于三棱柱的上底面,上底面为水平面,其正面投影和侧面投影都有积聚性,所以由 b 可直接求出 b' 和 b''。

作图方法如图 5—5(b)所示。

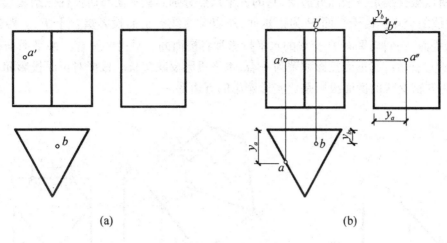

(a)　　　　　　　　　　　(b)

图 5—5　棱柱表面上的点

§5—3　平面体的截切

平面体被平面截切,产生截交线,如图 5—6 所示,截切立体的平面 P 称为**截平面**,截平面 P 与平面立体各表面的交线称为**截交线**,截交线所围成的图形称为截面或断面。截交线是一个封闭的平面多边形。求截交线,就是求出各棱面与截平面的交线;或者求各棱线与截平面的交点,并依次连接同一棱面上的两交点,即得截交线。

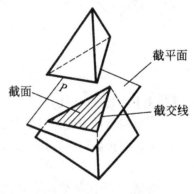

图 5—6　平面体的截切

【**例 5—3**】　如图 5—7 所示,求正垂面 P 与三棱锥的截交线。

【**分析**】　截平面 P 与三棱锥的三条棱线 SA、SB,SC 相交,可采用求棱线与截平面交点的方法,分别求出三条棱线与截平面的交点Ⅰ、Ⅱ、Ⅲ,连接起来即为截交线。

【**作图**】　截平面是正垂面,它的正面投影有积聚性,而交点是截平面与棱线的公有点,所以从正面投影可以直接得出三条棱线与截平面交点的正面投影 1′、2′、3′。由 1′、2′、3′可以求出交点的其他投影 1、2、3 和 1″、2″、3″。然后依次连接各点的同名投影,即得出截交线的各投影。具体作图见图 5—7。

判定可见性。因为截交线所在的三个棱面的水平投影是可见的,所以截交线的水平投影也是可见的。而棱面 SAC 和 SBC 的侧面投影是不可见的,所以截交线 1″3″和 2″3″也是不可见的。

【**例 5—4**】　如图 5—8(a)所示,求四棱柱被截切后的三面投影图及截面的实形。

【**分析**】　截平面 P 与四棱柱的 4 个棱面及上底

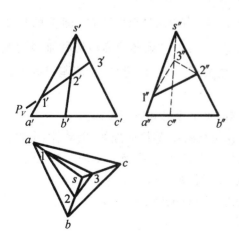

图 5—7　三棱锥的截交线

面相交,所以截交线是一个凸五边形,它的五个顶点分别是截平面与四棱柱三条棱线及上底面的两条边线的交点。由于平面 P 为正垂面,所以截交线的正面投影重合于 P_V。四棱柱的各棱面为铅垂面,它们与平面 P 交线的水平投影和各棱面的水平投影重合。截平面与棱柱上底面的交线为正垂线,其正面投影积聚为一点,水平投影反映实长。根据对正面投影和水平投影的分析,可知截交线的侧面投影是比实形缩小的五边形。

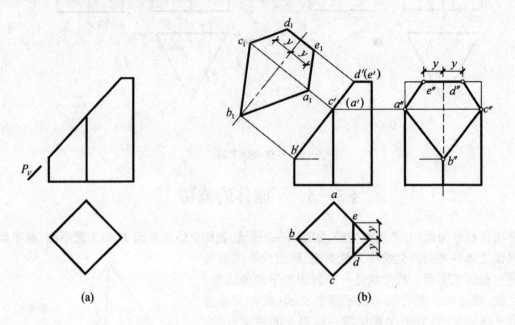

图 5—8　四棱柱的截切

【作图】〔图 5—8(b)〕

1．作出四棱柱未截切时的侧面投影。

2．从正面投影可以直接得到 P 平面与 3 条棱线交点的投影 a'、b'、c',从而求出其侧面投影 a''、b''、c''。

3．根据 P 平面与棱柱上底面交线的正面投影 $d'e'$ 求出水平投影 de,再求出其侧面投影 $d''e''$。

4．依次连结 a''、b''、c''、d''、e'',判定其可见性;擦去被切掉部分的线条。

5．求截面实形。建立新投影面 H_1 平行于截平面 P,作出截交线在 H_1 面上的投影 $a_1 b_1 c_1 d_1 e_1$,即得所求的实形。图中没有画出新旧投影轴,而是以截面的前后对称轴线为基准进行作图的。例如新投影 d_1 和 e_1 应位于过 $d'(e')$ 且垂直于 P_V 的直线上,离基准线的距离 y 则取自水平投影。

【例 5—5】　如图 5—9(a)所示,画全有切口四棱锥的水平投影和侧面投影。

【分析】　四棱锥的切口,可以看作是由水平面 P 和正垂面 Q 截切而成的,因此,除了要分别求出 P、Q 两平面与四棱锥表面的交线之外,还要求出 P、Q 两截平面的交线。P、Q 两截平面的正面投影有积聚性,所有各棱线与截平面交点的正面投影可以直接得到,由此可求出它们的水平投影和侧面投影;P、Q 两截平面的交线与棱面的交点可用辅助线法求得。

【作图】〔图 5—9(b)〕

1．画出未截切时四棱锥的侧面投影。

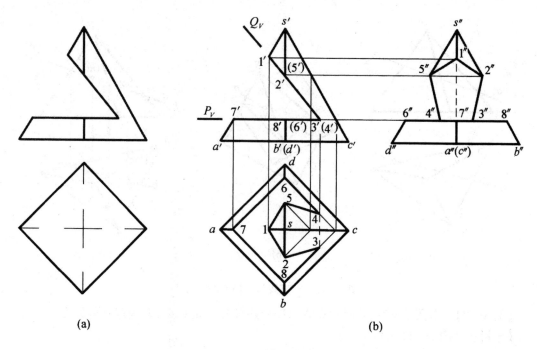

图 5—9 四棱锥的截切

2．由 1′、7′直接作出 1、7 和 1″、7″。由 2′、8′、5′、6′作出 2″、8″、5″、6″，然后求出 2、8、5、6（也可以做辅助线先求水平投影）。

3．过 3′、4′作水平辅助线求出 3、4，然后求出 3″、4″。

4．依次连结同一表面上的各点，水平投影及侧面投影分别为 1—2—3—8—7—6—4—5—1 和 1″—2″—3″—8″—7″—6″—4″—5″→1″，两截面交线的水平投影 3—4 是不可见的，用虚线表示。

§5—4 直线与平面体相交

直线与立体表面的交点，称为**贯穿点**，它是直线与立体表面的公有点。求贯穿点一般采用辅助平面法，即包含直线做辅助平面，求出辅助平面与立体的截交线，直线与截交线的交点即为直线与立体的贯穿点。如果立体表面或直线有积聚性，则可以利用有积聚性的投影直接作图。在求贯穿点时，直线"穿入"立体部分的投影用作图线（细实线）表示。

【例 5—6】 求图 5—10(a)所示直线 AB 与三棱锥的贯穿点，并判定其可见性。

【分析】〔图 5—10(b)〕直线 AB 及各棱面都是一般位置，可包含 AB 作辅助平面P，求出 P 与三棱锥的截交线Ⅰ—Ⅱ—Ⅲ，AB 与该截交线的交点，即为直线 AB 与三棱锥的贯穿点。

【作图】〔图 5—10(c)〕

1．过直线 AB 作一辅助正垂面P，P_V 与 $a'b'$ 重合。

2．求出 P 平面与三棱锥的截交线ⅠⅡⅢ，其水平投影 1 2 3 与 ab 相交于 m 和 n，即为贯穿点的水平投影，由 m 和 n 再作出其正面投影 m'、n'。

3．判定可见性。因为贯穿点 N 所在棱面 SCE 的水平投影为可见，正面投影为不可见，所以 bn 可见，$n'3'$ 不可见，而 M 点所在棱面 SCD 的两投影都是可见的，所以 am 和 $a'm'$ 均可见。

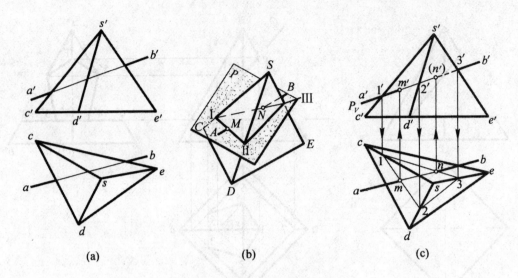

图 5—10   求直线与三棱锥的贯穿点

【例 5—7】   求图 5—11(a)所示直线 AB 与四棱柱的贯穿点,并判定其可见性。

【分析】〔图 5—11(b)〕

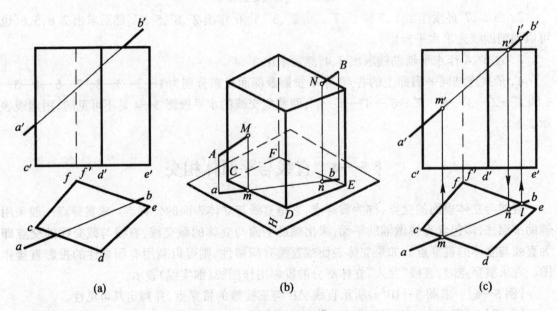

(a)   (b)   (c)

图 5—11   求直线与四棱柱的贯穿点

该四棱柱各棱面的水平投影和底面的正面投影都有积聚性,利用其积聚性可以直接求出贯穿点 M 和 N。

【作图】〔图 5—11(c)〕ab 与四棱柱的水平投影相交于 m 和 l。因 m′ 在 CD 棱面正投影范围之内,所以 $M(m,m')$ 是一贯穿点;而 l′ 不在 EF 棱面的正面投影范围之内,说明 L 点不在 EF 棱面范围内,所以不是贯穿点。

四棱柱上底面的正面投影(有积聚性)与 a′b′ 相交于 n′,它的水平投影 n 在上底面的水平投影范围之内,所以 $N(n,n')$ 是贯穿点。

根据贯穿点 M 和 N 所在的棱柱表面是否可见,不难看出 m'、n 都是可见的。

§5—5 两平面体相贯

两立体相交称为**相贯**,它们的表面交线称为**相贯线**。相贯线是两立体表面的公有线。一个立体完全穿过另一个立体称为**全贯**,这时立体表面有两条相贯线,如图 5—12(a)所示;两个立体各只有一部分参与相贯,称为**互贯**,这时立体表面只有一条相贯线,如图 5—12(b)所示。

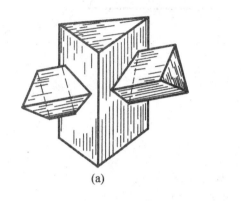 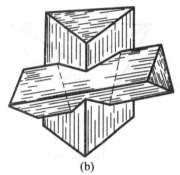

(a)　　　　　　　　　　　　　　　　(b)

图 5—12　两平面体相贯

在一般情况下,平面体的相贯线是封闭的空间折线。各折线段是两平面体表面的交线,折线的顶点是两平面体上参与相交的棱线与另一立体表面的交点。因此求相贯线也就是求两平面体表面的交线和棱线与表面的交点。

求两平面体相贯线的方法通常有两种:一种方法是求一立体表面上的各棱线对另一立体表面的交点,然后把位于甲立体同一表面又位于乙立体同一表面上的两点连接起来。另一种方法是求一立体的各侧面与另一立体各侧面的交线。

求出相贯线后,判定其可见性,要看两立体参与相交的表面空间位置。原则是:当两立体的相交表面都可见时,交线才可见,只要其中有一表面不可见,则交线就不可见。

【例 5—8】　求图 5—13(a)所示三棱锥与四棱柱的相贯线。

【分析】　根据正面投影可以看出,四棱柱整个贯穿三棱锥,为全贯,产生前后两条相贯线,四棱柱各棱面的正面投影有积聚性,所以相贯线的正面投影积聚在四棱柱各棱面的正面投影上。因此,只需要求出相贯线的水平投影和侧面投影。

【作图】〔图 5—13(b)〕

1. 包含四棱柱的上棱面作辅助平面 P,平面 P 与三棱锥的交线是一个与其底面相似的三角形,它水平投影中的线段 1—9—3 和 2—4 便是四棱柱上棱面与三棱锥交线的水平投影。同样作辅助平面 Q,又可以求出四棱柱下棱面与三棱锥相交线的水平投影 5—10—7 和 6—8。

2. 四棱柱左、右两棱面与三棱锥的交线是侧平线,其水平投影为 1—5、3—7、2—6、4—8。根据相贯线的正面投影和水平投影,即可求出其侧面投影。

两立体相贯后,要把它们看成为一个整体,因此,一个立体的棱线穿入另一立体的内部的部分就不再画出。如Ⅰ—Ⅱ、Ⅲ—Ⅳ、Ⅴ—Ⅵ、Ⅶ—Ⅷ及Ⅸ—Ⅹ各段棱线的投影,均不再画出。

　　相贯线中Ⅴ—Ⅹ—Ⅶ及Ⅵ—Ⅷ各段,在四棱柱的下棱面,所以其水平投影 5—10—7 和 6—8 是不可见的。

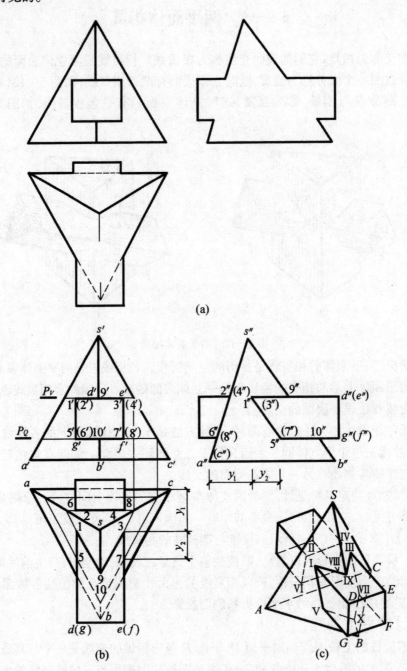

图 5—13　求三棱锥与四棱柱的相贯线

　　【例 5—9】　求图 5—14(a)所示三棱柱与三棱锥的相贯线。

　　【分析】　三棱柱的各棱面均为铅垂面,其水平投影有积聚性。从水平投影中可以看出,棱柱的前一条棱线和棱锥的后两条棱线参与相贯,两立体为互贯,所以只有一条相贯线。相贯线上各转折点就是参与相贯的棱线与另一立体表面的交点。因此,可以利用求贯穿点的方法,找出上述三条棱线对另一立体表面的交点,并按前述原则连接起来,即可作出相贯线。

【作图】〔图 5—14(b)〕

1. 棱柱各棱面的水平投影有积聚性,所以可直接定出 SA、SC 与棱柱面交点的水平投影 1、2、3、4,由此作出其正面投影 $1'$、$2'$、$3'$、$4'$。

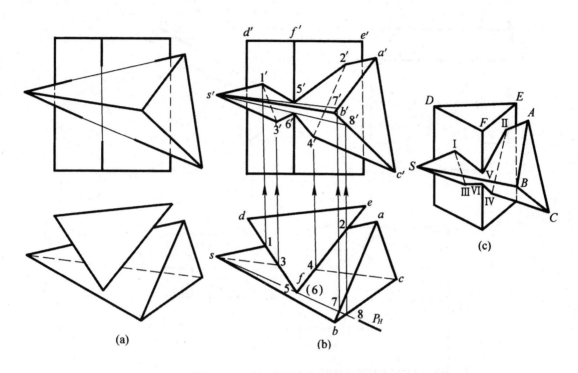

图 5—14 求三棱柱与三棱锥的相贯线

2. 求棱线 F 与棱锥的贯穿点,可包含棱线 F 并过 S 点作一铅垂辅助平面 P,平面 P 与 SBA 交线的水平投影为 $s7$,平面 P 与 SBC 交线的水平投影为 $s8$,它们的正面投影 $s'7'$、$s'8'$ 与 F 棱线的正面投影 f' 的交点为 $5'$、$6'$,其水平投影 5、6 与 f 重合。

3. 根据连点原则,连结各交点,正面投影为 $1'—5'—2'—4'—6'—3'—1'$。

判定可见性。由于 Ⅰ—Ⅲ 和 Ⅱ—Ⅳ 在棱锥的后棱面 SAC 内,在正面投影中 $s'a'c'$ 为不可见,所以可判定 $1'—3'$ 和 $2'—4'$ 不可见。

【例 5—10】 求图 5—15(a)所示两个五棱柱的相贯线。

【分析】 如图 5—15(b)所示,由于两个相贯的五棱柱并不是前后贯通的,所以只在前面有一条相贯线;又因为这两个五棱柱下面的水平棱面同在一个平面上,所以它们的相贯线是一条不封闭的空间折线。从图上还可以看出,这两个五棱柱棱面又分别垂直于 V 面和 W 面,所以相贯线的正面投影和侧面投影都是已知的,需要求出的只是其水平投影。

具体作图时,根据棱线与棱面交点的 V 投影和 W 投影求出其 H 投影,然后连结起来即可。作图结果见图 5—15(c)。

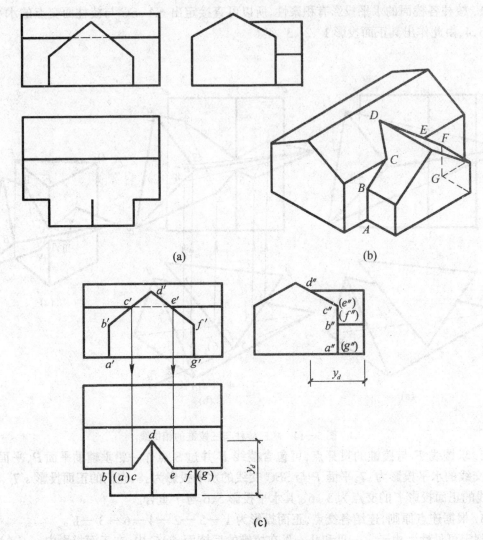

图 5—15　求两个五棱柱的相贯线

§5—6　同坡屋面的交线

在坡顶屋面中,同一个屋顶的各个坡面,对水平面的倾角相同,称为同坡屋面。

对于各屋檐等高的四坡顶同坡屋面[图 5—16(a)],屋面交线及其投影有如下的规律:

1.屋檐线相互平行的两坡面如相交,则必交成水平屋脊,屋脊的水平投影必平行于屋檐线的水平投影,且与两屋檐线的水平投影等距离。

如图 5—16(a)所示,ab 平行于 cd、ef;gh 平行于 id、jf。

2.屋檐线相交的两坡面必交成斜脊线或天沟线,其水平投影为两屋檐线水平投影夹角的分角线。斜脊线位于凸墙角处,天沟位于凹墙角处。因为屋檐线相交为直角,所以无论是斜脊线或天沟线,它们的水平投影都与屋檐线的水平投影成45°角。

如图 5—16(b)所示,dg 为天沟线的水平投影,ac、ae 等为斜脊线的水平投影,它们分别与屋檐线的水平投影成 45°角。

3. 屋面上若有一斜脊与天沟相交于一点,则必有一条水平屋脊相交于该点。如图 5—16

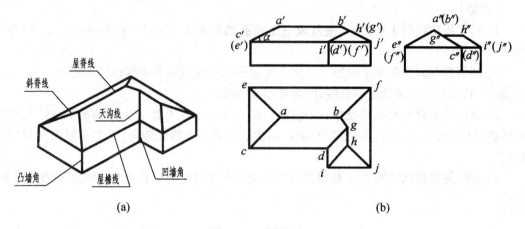

(a)　　　　　　　　　　　　　　(b)

图 5—16　同坡屋面

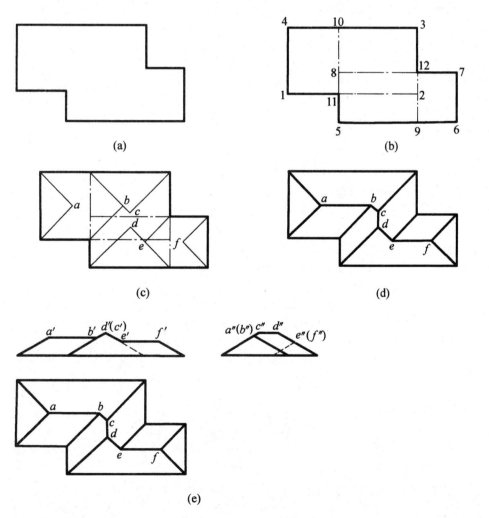

(a)　　　　　　　　　　　　　　(b)

(c)　　　　　　　　　　　　　　(d)

(e)

图 5—17　作屋面交线

(b)中 A、B、G、H 各点。

【例 5—11】 已知图 5—17(a)所示四坡顶屋面的平面形状及坡面的倾角 α，求屋面交线。

【作图】

1．延长屋檐线的水平投影，使其成三个重叠的矩形 1—2—3—4，5—6—7—8，5—9—3—10〔图 5—17(b)〕。

2．画斜脊和天沟的水平投影。分别作屋顶平面各顶点的分角线(45°)，交于 a、b、c、d、e、f〔图 5—17(c)〕。凸角处是斜脊线，凹角处是天沟线。

3．画出各屋脊线的水平投影，即连接 a、b、c、d、e、f。并擦去无墙角处的 45°线，即擦去各屋檐延长线交点 2、8、9、10 处的分角线，因为这些部位实际无墙角，不存在屋面交线〔图 5—17(d)〕。

4．根据屋顶坡面的倾角 α 和投影作图规律，作出屋面的正面投影和侧面投影〔图 5—17(e)〕。

第六章 曲线与曲面

§6—1 曲　　线

一、曲线的形成和分类

曲线可以是一个动点连续运动的轨迹,如图 6—1(a)所示圆的渐开线。曲线也可以是两个面(平面与曲面,或曲面与曲面)的交线,如图 6—1(b)所示。

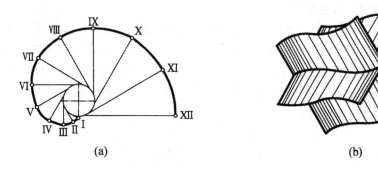

图 6—1　曲线的形成

根据曲线上各点的相对位置,曲线可分为平面曲线和空间曲线两大类。

平面曲线:曲线上所有点都在同一平面内的曲线,叫做平面曲线,如圆、椭圆、抛物线和双曲线等。

空间曲线:曲线上任意连续 4 个点不在同一平面内的曲线,叫做空间曲线,如圆柱螺旋线等。

二、曲线的投影特性

1.曲线的投影一般仍为曲线。因为通过曲线上各点的投射线形成一个垂直于投影面的曲面,该曲面与投影面的交线为曲线,如图 6—2(a)所示。

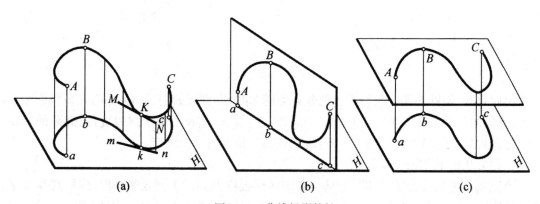

图 6—2　曲线投影特性

2.平面曲线的投影,一般仍为曲线,如椭圆的投影一般仍为椭圆,抛物线的投影一般仍为抛物线等。只有当平面曲线所在的平面垂直于某一投影面时,曲线在该投影面上的投影积聚成一条直线,如图 6—2(b)所示。当平面曲线所在的平面平行于某一投影面时,曲线在该投影面上的投影反映真实形状,如图 6—2(c)所示。

3.曲线上点的投影在曲线的同面投影上。过曲线上任一点的切线投影,必与曲线的投影相切于该点的同面投影,如图 6—2(a)中的直线 MN 与曲线相切于点 K,则 mn 与曲线的 H 面投影相切于点 k。

三、圆的投影

圆是最常见的平面曲线,当圆平行于某一投影面时,它在该投影面上的投影反映其真实形状;当圆垂直于某一投影面时,它在该投影面上的投影为一直线段;当圆倾斜于某一投影面时,它在该投影面上的投影为椭圆。

在图 6—3(a)中,圆 O 所在平面是一正垂面,对 H 面的倾斜角为 α,该圆在 V 面上的投影为一直线段;在 H 面上的投影为椭圆。椭圆的中心为圆心 O 的水平投影;椭圆的长轴 ab 是圆内垂直于 V 面的直径 AB 的水平投影,所以 ab = AB;椭圆的短轴 cd⊥ab,是圆内平行于 V 面的直径 CD 的水平投影,因为 CD 为平面内对 H 面的一条最大斜度线,其水平投影 cd 比圆内所有其他直径的水平投影短。

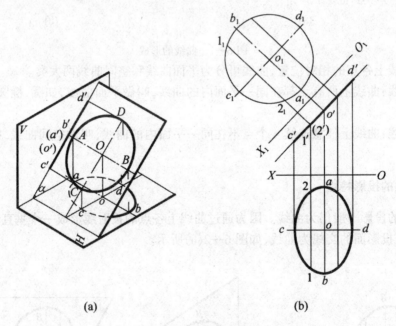

(a)　　　　　　　　　　　　　(b)

图 6—3　圆的投影

由此可知,当圆在某一投影面上的投影为椭圆时,则椭圆的中心即为圆心在该投影面上的投影;椭圆的长轴是圆内平行于该投影面的直径的投影,其长度等于圆的直径;椭圆的短轴是圆内对该投影面的最大斜度线方向的直径的投影,长度由作图决定。

作图方法如下〔图 6—3(b)〕:

当正垂面上半径为 R 的圆 O,其圆心的两面投影及圆的正面投影作出之后,在作水平投影的椭圆时,先过圆心的水平投影 o 作一竖直线,它是圆内垂直于 V 面的直径 AB 的水平投影方向,在此竖直线上点 o 的两侧分别截取 $oa = ob = R$,ab 为椭圆的长轴;再过圆心 O 作水平线,它是圆内对 H 面的最大斜度线的水平投影方向,由 $c'd'$ 定出 cd,cd 为椭圆的短轴。

椭圆的长、短轴作出以后,就可以利用几何作图方法作出椭圆,也可以利用辅助投影画出圆的实形,然后作出圆上一些点的水平投影,依次和长、短轴的端点连成椭圆。

四、圆柱螺旋线

一动点在圆柱面上绕圆柱轴线作等速旋转运动,同时又沿轴向作等速直线移动,该动点的轨迹称为**圆柱螺旋线**,如图 6—4 所示。圆柱面的轴线即为螺旋线的轴线,其直径即为螺旋线的直径。

动点旋转一周,其沿轴向上升的高度称为**导程**,用 S 表示。动点绕轴旋转 $2\pi/n$ 角度时,沿轴上升的距离为 S/n。根据动点旋转方向,螺旋线可分为右螺旋线和左螺旋线两种,符合右手四指握旋转方向,动点沿

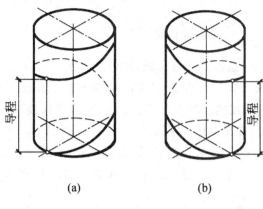

图 6—4 圆柱螺旋线的形成

拇指指向上升的称**右螺旋线**,如图 6—4(a)所示;符合左手四指握旋转方向,动点沿拇指指向上升的称**左螺旋线**,如图 6—4(b)所示。螺旋线的旋转方向称**旋向**。

圆柱螺旋线的直径、导程、旋向是决定其形状的基本要素。根据圆柱螺旋线的这些要素和点的运动规律,即可画出它的投影。如图 6—5 所示,设圆柱螺旋线的轴线垂直于 H 面,作直径为 D、导程为 S 的右旋圆柱螺旋线的两面投影,其步骤如下:

1. 作一轴线垂直于 H 面、直径为 D、高度为 S 的圆柱两面投影,如图 6—5(a)所示。
2. 将水平投影圆周和导程分为相等的等分(通常为 12 等分),如图 6—5(b)所示。
3. 由圆周上各等分点向上作垂直线,与由导程上相应的各等分点所作的水平直线相交,得

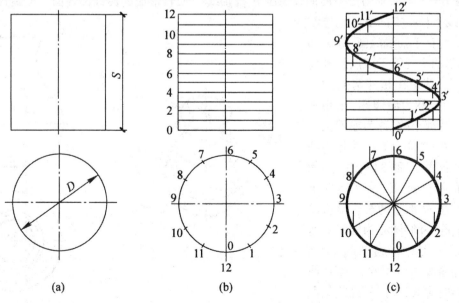

图 6—5 圆柱螺旋线的画法

螺旋线上各点的 V 面投影 $1'$、$2'$、$3'$，……。

4.依次平滑地连接各点，即得到圆柱螺旋线的正面投影——正弦曲线。其水平投影重合于圆周上，如图 6—5(c)所示。

§6—2　曲　面

一、曲面的分类

曲面是一条动线，在给定的条件下，在空间连续运动的轨迹。如图6—6所示的曲面，是直线 AA_1 沿曲线 $A_1B_1C_1N_1$，且平行于直线 L 运动而形成的。产生曲面的动线（直线或曲线）称为**母线**；曲面上任一位置的母线（如 BB_1、CC_1）称为**素线**，控制母线运动的线、面分别称为**导线**、**导面**，在图 6—6 中，直线 L、曲线 $A_1B_1C_1N_1$ 分别称为直导线和曲导线。

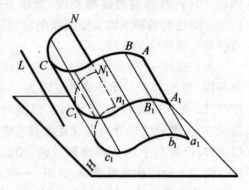

图 6—6　曲面的形成

根据形成曲面的母线形状，曲面可分为：

直线面——由直母线运动而形成的曲面。

曲线面——由曲母线运动而形成的曲面。

根据形成曲面的母线运动方式，曲面可分为：

回转面——由直母线或曲母线绕一固定轴线回转而形成的曲面。

非回转面——由直母线或曲母线依据固定的导线、导面移动而形成的曲面。

二、回转面

图 6—7(a)所示为由平面曲线 $ABEF$ 绕轴线O 回转形成的曲线回转面。按旋转运动的特性，母线上任一点的旋转轨迹都是一个垂直于轴线的圆，称为纬圆，纬圆的半径等于该点到轴线的距离。其中比相邻两侧的纬圆都大的，称为**赤道圆**，比相邻两侧纬圆都小的，称为**喉圆**。

图 6—7(b)所示为上述曲线回转面的两面投影图。曲面轴线垂直于 H 面，该回转面上各纬圆在 H 面上的投影是反映实形的同心圆，圆心为轴线的水平投影 o，其中赤道圆的 H 面投影是曲线回转面的 H 面投影的外形轮廓线，喉圆的投影是曲线回转面的 H 面投影的内轮廓线。这些纬圆的 V 面投影不必

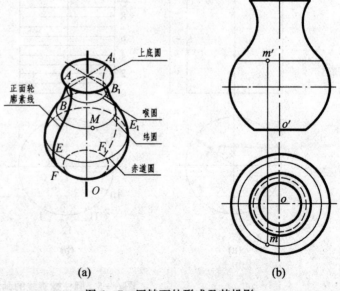

(a)　　　　　　　　(b)

图 6—7　回转面的形成及其投影

画出,特殊情况下,用细线标出其位置。回转面 V 面投影的轮廓线是回转面内平行于 V 面的两条素线的投影,反映曲母线的实形,它们在 H 面上的投影不必画出,其余素线在两投影面上都不画。回转面上纬圆的 V 面投影为与轴线 O 垂直的水平线段,长度等于各纬圆直径的实长。纬圆上点 M 的投影 m、m',一定在该纬圆的同面投影上。

画回转面的投影时,在轴线所平行的投影面上用细点画线画出轴线的投影;在轴线所垂直的投影面上,过轴线积聚为点的投影作两条互相垂直的细点画线,以确定回转面上纬圆投影的圆心,称为圆的中心线。

(一)圆柱面

1.圆柱面的形成及其投影

直母线绕与其平行的直线回转而形成的曲面,称圆柱面,如图 6—8(a)所示。

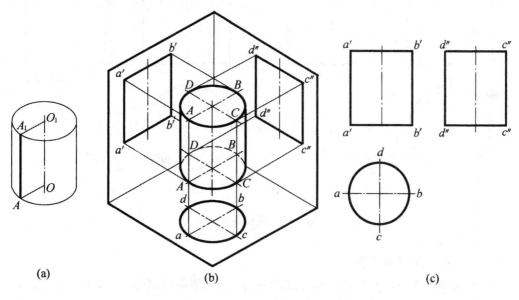

图 6—8 圆柱面

图 6—8(b)所示为一轴线垂直于 H 面的圆柱面及其在三个投影面上的投影。图 6—8(c)是该圆柱面的三面投影图。由于圆柱面上所有素线都垂直于 H 面,所以圆柱面的水平投影是一个圆,每条素线的水平投影都积聚成为该圆周上的一个点。V 面投影的轮廓线是最左素线 AA 和最右素线 BB 的 V 面投影,它们是圆柱面前半部和后半部的分界线。圆柱面在 V 面上的投影,前半部可见,后半部不可见。圆柱面的 W 面投影的轮廓线是最前素线 CC 和最后素线 DD 的 W 面投影,即圆柱面左半部和右半部的分界线。圆柱面在 W 面上的投影左半部可见,右半部不可见。因此,圆柱面在不同的投影面上的投影,有不同的轮廓线。在各面投影上,除轮廓线外,其余素线均不必画出。在投影图中应用点划线画出轴线的投影和底圆投影的中心线。

2.圆柱面上的点

在圆柱面上确定点的投影,可以利用圆柱面在某一投影面上的积聚性进行作图。

【例 6—1】 已知点 A、B、C 为圆柱面上的点,根据图 6—9(a)所给的投影,求它们的其余两投影。

【分析】 因为圆柱面的水平投影为有积聚性的圆,所以 A、B、C 三点的水平投影必落在该圆周上,根据所给投影的位置和可见性,可以判定点 A 在圆柱面的右前部分,点 B 在圆柱面的左后部分,点 C 在圆柱面的最后素线上。因此,点 A 的水平投影 a 应位于圆柱面水平投影的前半圆周上,点 B、C 的水平投影 b、c 则位于后半圆周上。

【作图】〔图 6—9(b)〕

由 a'、b' 先作出 a、b 再利用点的三面投影关系,分别作出 a''、b''。

因为点 C 在侧面投影的轮廓线上,可以由 c'' 分别直接作出 c' 和 c。

【判定可见性】 因为点 A 在圆柱面右半部,故 a'' 不可见;点 B 在左半部,故 b'' 为可见;点 C 在后半部,故 c' 为不可见。

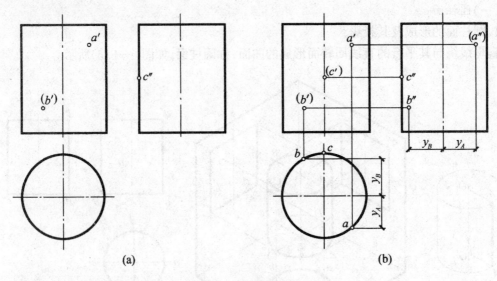

图 6—9 圆柱面上的点

(二)圆锥面

1.圆锥面的形成及其投影

直母线绕与其相交的直线回转而形成的曲面,称为**圆锥面**,如图 6—10(a)所示。锥面所有的素线与轴线交于一点 S,称为**锥顶**。

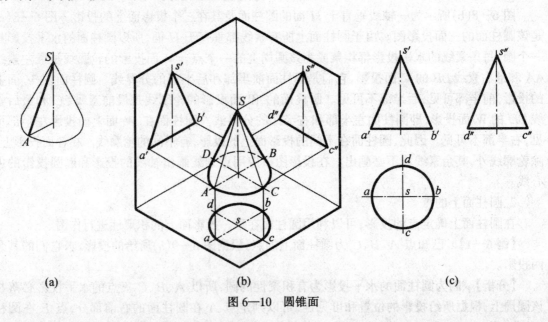

图 6—10 圆锥面

当圆锥面的轴线垂直于 H 面时,它的三面投影如图 6—10(c)所示。圆锥面的正面投影轮廓线是其最左素线 SA 和最右素线 SB 的 V 面投影。素线 SA、SB 是圆锥面前半部和后半部的分界线,在圆锥面的 V 面投影中前半部可见,后半部不可见。W 面投影的轮廓线是最前、最后素线 SC、SD 的 W 面投影。素线 SC、SD 是圆锥面左半部和右半部的分界线,在 W 面投影中,圆锥面左半部可见,右半部不可见。H 面投影反映锥底圆的实形,素线投影重合在圆内,一般不必画出,整个锥面的 H 面投影全可见。

2.圆锥面上的点

确定圆锥面上点的投影,需用辅助线法。根据圆锥面的形成特点,其中以用素线和纬圆作为辅助线进行作图最为简便。利用素线和纬圆作为辅助线来确定回转面上点的投影的作图方法,分别称为**辅助素线法**和**辅助纬圆法**。

【**例 6—2**】 已知圆锥面上点 A、B 的投影 a'、b,如图 6—11(a)所示,求作点 A、B 的其余两投影。

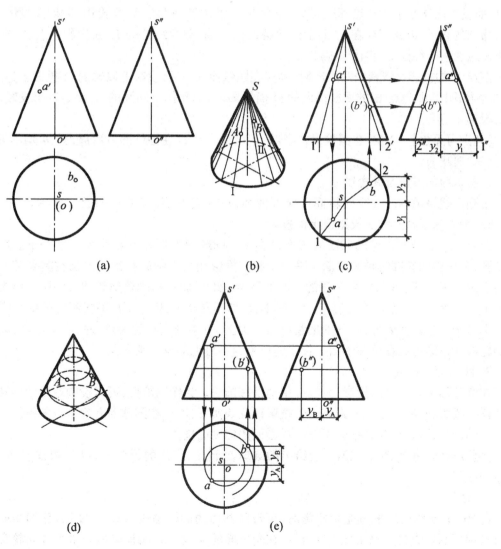

(a)　　　(b)　　　(c)

(d)　　　(e)

图 6—11 圆锥面上的点

【分析】 由点 A、B 的已知投影 a'、b 可以判定,点 A 位于前半锥面的左半部,点 B 位于后半锥面的右半部。

【作图】

(1)辅助素线法:如图 6—11(b)所示,过点 A、B 分别作素线 $S\text{I}$、$S\text{II}$ 为辅助线,利用直线上点的投影特性作出所求投影。

在投影图上作图,如图 6—11(c)所示,可先分别在 V 面、H 面投影上过点 A、B 的已知投影 a'、b 作素线 $S\text{I}$、$S\text{II}$ 的投影 $s'1'$、$s2$,再由此作出两素线的其余两投影 $s1$、$s''1''$、s'、$'2'$、$s''2''$,然后利用点的投影规律在 $s1$、$s''1''$ 上作出 a、a'';在 $s'2'$、$s''2''$ 上作出 b'、b'',即分别为所求点 A、B 的其余两投影。

(2)辅助纬圆法:如图 6—11(d)所示,圆锥面上点 A、B 的回转纬圆的 V 面投影为垂直于轴线的水平线,H 面投影反映实形,纬圆直径为点 A、B 到轴线的距离。点 A、B 的投影在纬圆的同面投影上。

在投影图上作图的步骤见图 6—11(e)。先过点 A 的已知投影 a',在圆锥面的 V 面投影和 W 面投影内作水平线与轮廓线相交,即为点 A 的回转纬圆的 V 面投影和 W 面投影,由此确定纬圆的直径,以此直径在 H 面上作底圆的同心圆,即为纬圆的 H 面投影。点 A 的 H 面投影 a 应在前半纬圆上,再由 a 确定 a''。

由点 B 的投影 b 作其余两投影时,是先在圆锥面的 H 面投影上以轴的 H 投影 o 为圆心,ob 为半径画圆,即为点 B 的回转纬圆的 H 面投影,再由此作出纬圆的 V 面、W 面投影,及点 B 的投影 b'、b''。

【判定可见性】 点 A 在圆锥面左半部,a'' 可见。点 B 在圆锥面右后部,b'、b'' 均不可见。

(三)圆球面

1.圆球面的形成及其投影

由圆母线绕圆内一直径回转而形成的曲面,称为**圆球面**,如图 6—12(a)所示。图 6—12(b)所示为圆球面及其在三投影面上的投影。

图 6—12(c)所示为该圆球面的三面投影图。圆球面的三面投影均为直径等于圆球面直径的圆,各投影的轮廓线是圆球面上平行于相应投影面的大圆的投影。各圆在其余两投影面上的投影均为直线,且和投影中圆的中心线重合,如 V 面投影的轮廓线圆 A、其 H 面投影与水平中心线重合,W 面投影与竖直中心线重合,都不必画出,但应画出各投影图的中心线。

平行于三投影面的大圆,分别把圆球面分为上、下半球,前、后半球,左、右半球,所以各投影的轮廓线是圆球面在该投影面上投影的可见与不可见的分界圆。

2.圆球面上的点

在圆球面上确定点的投影,只能应用辅助纬圆法。为作图简便,可以设圆球面的回转轴线垂直任一投影面,纬圆在该投影面上的投影即反映实形,所以在圆球面上确定点的投影所应用的辅助纬圆法,可以认为是平行于任一投影面的辅助圆法。

【例 6—3】 根据图 6-13(a)所给出的圆球面上点 A、B 的投影 a'、(b),求作点 A、B 的其余两投影。

【作图】

(1)由 a' 求作点 A 的其余两投影时,可设圆球面的回转轴线垂直于 H 面,作图步聚如图 6—13(b)所示。先过点 A 的已知投影 a' 在圆球面的 V 面、W 面投影内作水平线与轮廓线相交,即为过点 A 的纬圆的 V 面、W 面投影,其长度也即纬圆的直径,以此直径作出纬圆的 H

面投影,反映实形。然后由 a' 在纬圆的前半部作出点 A 的 H 面投影 a,再由 a 作出点 A 的 W 面投影 a''。

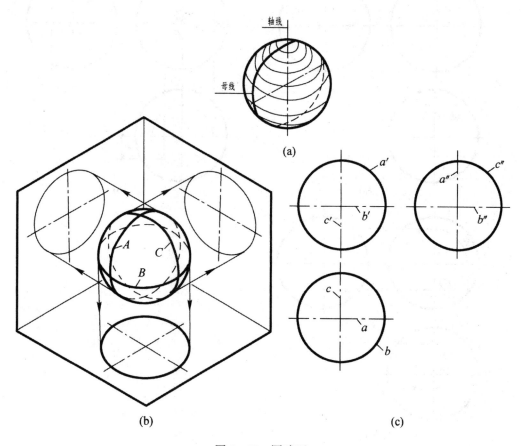

图 6—12　圆球面

(2)当由 b 求作点 B 的其余两投影时,也可设圆球面的回转轴线垂直于 V 面,点 B 的纬圆在 V 面上的投影反映实形。作图步聚如图 6—13(c)所示。过点 B 的已知投影 b,作水平线与圆球面的 H 面投影轮廓线相交,即为点 B 的回转纬圆的 H 面投影,以其长度为直径作纬圆的 V 面投影,纬圆的侧面投影为一竖直线,由 b 向上作垂直线、交纬圆的下半部得 b',由 b' 作出 b''。

【判定可见性】　点 A 在圆球面右前上方,a 可见,a'' 不可见;点 B 在圆球面左后下方,b' 不可见,b'' 可见。

(四)圆环面

1. 圆环面的形成及其投影

由圆母线绕圆外且在同一平面内的一轴线回转所形成的曲面,称为圆环面,如图 6—14(a)所示。靠近轴的半圆母线回转形成内环面,另一半圆母线回转形成外环面。在圆环面上任一位置的圆母线称为素线。

图 6—14(b)所示为一轴线垂直于 H 面的圆环面的三面投影图。H 面投影轮廓线由赤道圆和喉圆的 H 面投影所组成,此外,还应用点划线画出圆的中心线和母线圆心的轨迹圆。圆环面上半部的水平投影可见,下半部的水平投影不可见。V 面、W 面的投影分别由两个平行

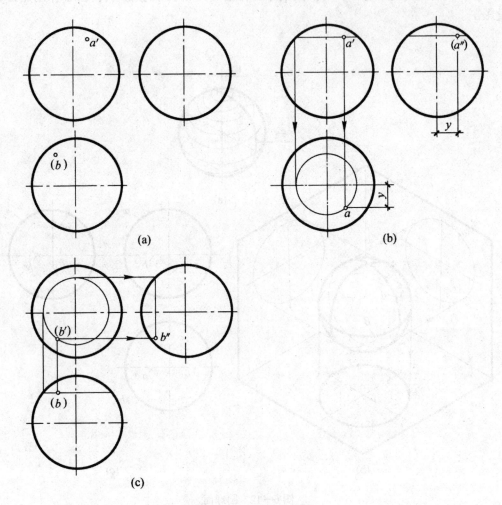

图 6—13　圆球面上的点

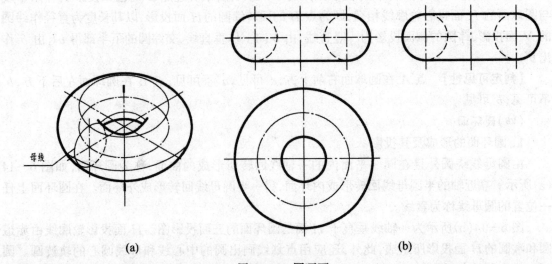

图 6—14　圆环面

于投影面的素线圆和圆环面最上和最下两个纬圆的 V 面、W 面投影所组成。由于内环面不可见,两素线的一部分应画成虚线。

2. 圆环面上的点

【例6—4】 如图6—15(a)所示,已知圆环面上点 A、B 的投影 a、b',求作点 A、B 的另一投影。

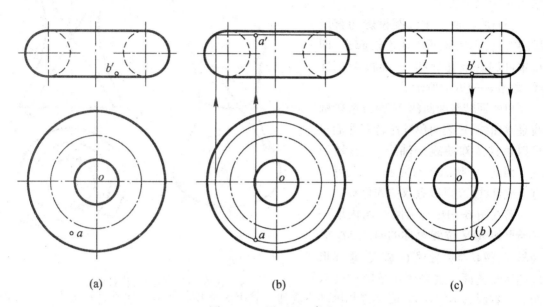

图6—15 圆环面上的点

【分析】 在圆环面上确定点的投影,只能应用辅助纬圆法。

由点 A、B 的已知投影 a、b',可以确定点 A 在外圆环面左前上部,点 B 在外环面右前下部。

【作图】〔图6—15(b)、(c)〕

由点 A 的 H 面投影 a 作其 V 面投影时,可以 o 为圆心,oa 为半径作纬圆的 H 面投影,纬圆的 V 面投影应在圆环面上半部,由 a 作出 a',a' 可见。

由点 B 的 V 面投影 b' 作其 H 面投影时,先过 b' 作水平线与圆环面的 V 面投影轮廓线相交,得过点 B 的纬圆的 V 面投影,由此作出纬圆的 H 面投影,再由 b' 作出 b,b 不可见。

(五)单叶回转双曲面

1. 单叶回转双曲面的形成和投影

由直母线绕与其交叉的轴线回转而形成的曲面,称为**单叶回转双曲面**,如图6—16(a)所示。图6—16(b)所示为其投影图。

当回转轴 O 垂直于 H 面时,母线 MN 上每一点的运动轨迹都是垂直于轴 O 的纬圆,这些圆的 H 面投影为一组同心圆,V 面投影是水平直线段,因此,给出直母线和轴线,即可以作出曲面的投影图。

【例6—5】 如图6—17(a)所示,直母线 MN 绕与其交叉的铅垂线 O 旋转,已知两面投影 mn、$m'n'$ 和 o、o',求作此单叶回转双曲面的两面投影。

【作图】

(1)先在 H 面上画出母线两端点 MN 的纬圆及喉圆的投影。即以轴线的 H 面投影 o 为圆心,分别以 om、on、ok 为半径画圆。其中过点 M 的纬圆和喉圆分别为 H 面投影的外、内轮廓线。它们的 V 面投影为过 m'、k'、n' 的水平线段,长度等于纬圆的直径,如图 6—17(b)所示。

(2)在 mn 上取适当的点 1、2、3,用细线作出这些点的纬圆的两面投影,如图 6—17(c)所示。

(3)在 V 面上把纬圆投影的直线段的端点,用曲线平滑地连接起来,即得单叶回转双曲面的 V 面投影轮廓线,如图 6—17(d)所示。

单叶回转双曲面的 V 面投影轮廓线是双曲线,这表明单叶回转双曲面也可以由这条双曲线绕轴线 O 旋转形成。因此,单叶回转双曲面上,既可以有直线素线,又可以有双曲线素线。

若在图 6—16 所示回转面内取一条与母线 MN 位置对称的直线 M_1N_1 为母线,使其绕原轴线 O 旋转,也能形成此回转曲面。这表明在单叶回转双曲面上有两族不同指向、而斜度相同的直素线。其中同族相邻的两素线都是交叉直线,而与另一族的素线相交。

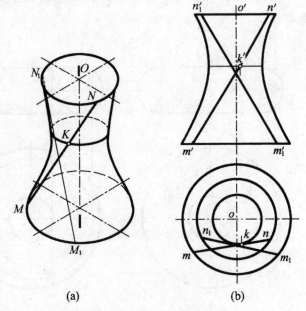

(a)　　　　　　　　　　(b)

图 6—16　单叶回转双曲面

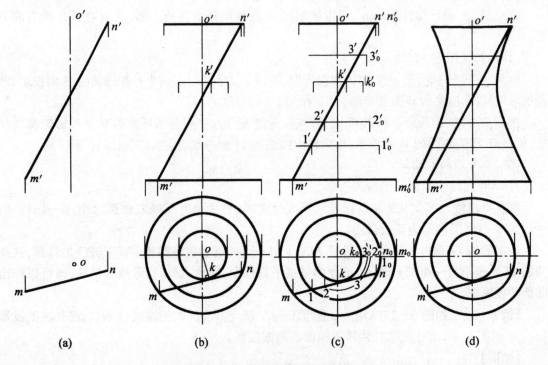

(a)　　　　　　(b)　　　　　　(c)　　　　　　(d)

图 6—17　单叶回转双曲面的投影

图 6—18 所示为由单叶回转双曲面上两族数量相同的素线组成的水塔支架。

2. 单叶回转双曲面上的点

【例 6—6】　如图 6—19(a)所示,已知单叶回转双曲面上的点 A、B 的投影(a')、b,求作其另一投影。

【分析】　根据点 A、B 已知投影的位置,可以确定点 A 在回转面右后半部分,点 B 在回转面的左前半部分。

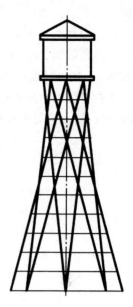

图 6—18　水塔支架

在单叶回转双曲面上确定点的投影,可以采用辅助纬圆法和辅助素线法。由于回转面的轴线垂直 H 面,由 a' 求作 a 时,可以用辅助纬圆法。由 b 求作 b' 时,可应用辅助纬圆法和辅助素线法。

【作图】〔图 6—19(b)、(c)〕

(1)求作 a:过 a' 作水平线与回转面轮廓线相交,为纬圆的 V 面投影,以其长度为直径在 H 面上作同心圆,为纬圆的 H 面投影,点 A 的 H 面投影 a 在圆周的后半部,可见。

(2)求作 b':过点 B 作辅助直素线,即过 b 作喉圆的切线,交上底圆和下底圆于 1、2,由 1、2 向上作垂直线与上底圆和下底圆 V 面投影交于 $1'$、$2'$,直素线的 V 面投影为 $1'2'$,由 b 向上作垂线与 $1'2'$ 相交,交点即为 b',b' 可见。

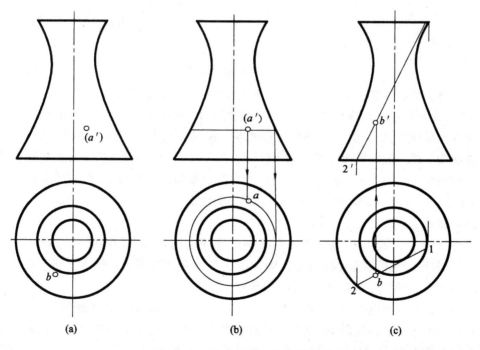

图 6—19　单叶回转双曲面上的点

三、非回转直线面

按照直线面上相邻两素线的相对位置,直线面可分为可展直线面和不可展直线面两类。

可展直线面:当曲面上相邻两素线相互平行或相交,则曲面可以展平在一个平面上,如柱面和锥面。

不可展直线面:当曲面上相邻两素线交叉,则曲面不能展平,如柱状面、锥状面和双曲抛物面。

（一）柱面

由直母线 AA_1 沿着一曲导线 $A_1B_1C_1A_1$,且平行于另一直导线 MN 运动而形成的曲面,如图 6—20(a)所示。曲导线也可以是不闭合的,如图 6—6 所示。

在投影图上应画出直母线、曲导线以及外形轮廓素线和其他必要的素线。因素线和直导线平行,所以直导线一般不必画出,如图 6—20(b)所示。

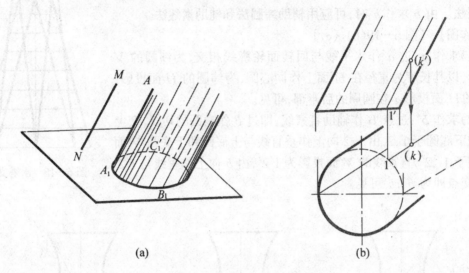

(a)　　　　　　　　　　　　　　(b)

图 6—20　柱面的形成及投影

在柱面上确定点的投影,可以利用辅助素线法。如已知柱面上一点 K 的 V 面投影,要求作其 H 面投影。先过 k' 作柱面素线的 V 面投影 $k'1'$,交曲导线于 $1'$,过点 Ⅰ 的 H 面投影 1 作该素线的水平投影,然后由 k' 向下作垂直线得点 K 的 H 面投影 k,k 也是不可见的。

柱面曲导线一般为平面曲线。如果柱面有两个或两个以上的对称面,则对称面的交线称为柱面的轴线。柱面通常以垂直于柱面素线的截交线的形状来分类,截交线为圆的称为圆柱面,如图 6—21(a)所示;截交线为椭圆的称为椭圆柱面,如图 6—21(b)、(c)所示。

（二）锥面

直母线通过一固定点,且连续经过某一曲导线运动而形成的曲面称为锥面,如图 6—22(a)所示。曲导线也可以是不闭合的。固定点 S 称为锥面的顶点。如果锥面有两个或两个以上的对称面时,则两个对称面的交线称为锥面的轴。

在画锥面的投影图时,必须画出锥顶 S 和曲导线的投影,以及各投影的外形轮廓线。

在锥面上确定点的投影,一般采用辅助素线法。如图 6—22(b)中,已知锥面上一点 K 的 H 面投影 k,利用辅助素线 SⅠ 作出其 V 面投影 k',k' 不可见。

锥面导线一般为平面曲线。有轴的锥面,通常以垂直于轴线的截交线的形状来分类,截交线为圆的称为圆锥面,如图 6—23(a)所示;截交线为椭圆的称为椭圆锥面,如图 6—23(b)、(c)所示。

图 6—24 所示为一个由 4 个等腰三角形和 4 个部分椭圆锥面组成的上底为圆,下底为正方形的变形接头。

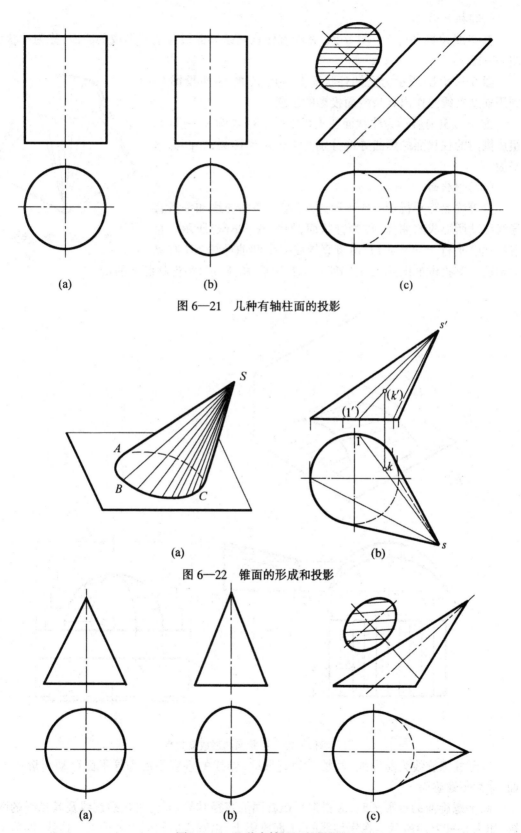

(a)　　　　　　　　　(b)　　　　　　　　　(c)

图 6—21　几种有轴柱面的投影

(a)　　　　　　　　　　　　　　　(b)

图 6—22　锥面的形成和投影

(a)　　　　　　　　　(b)　　　　　　　　　(c)

图 6—23　几种有轴锥面的投影

（三）柱状面

直母线始终平行于一导平面，并沿着任意两条导曲线移动所形成的曲面，称为柱状面，如图 6—25(a)所示。

图 6—25(b)所示为已知柱状面上一点 K 的 H 面投影 k，利用辅助素线法作出其余两面投影的步骤。

图 6—25(c)所示为柱状面在工程中的应用实例——拱门。组成拱门的柱状面的两曲导线分别为半圆和半椭圆，导面为水平面。

（四）锥状面

直母线始终平行于一导平面，并沿着一条曲导线和一条直导线移动所形成的曲面，称为锥状面，如图 6—26(a)所示。直母线 AC 平行于导平面 H，沿着直导线 CD 和曲导线 AB 移动而形成。其投影如图 6—26(b)所示。其中点 $K(k,k')$ 为锥状面上的点。

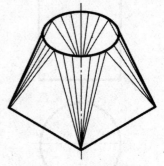

图 6—24　变形接头

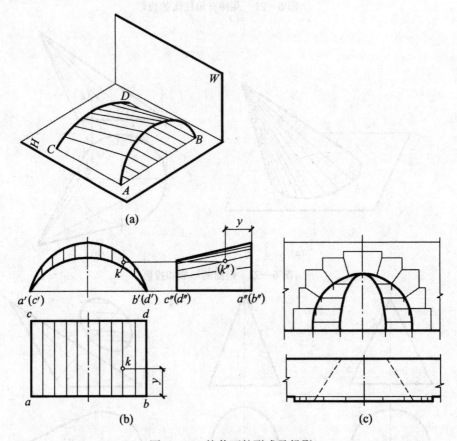

图 6—25　柱状面的形成及投影

以圆柱螺旋线为曲导线，其轴线为直导线，轴线的垂直平面为导平面移动而形成的锥状面，称为平螺旋面。

画平螺旋面的投影图时，应根据平螺旋面的直径和导程，先画出螺旋线及其轴线的两面投影，如图 6—27(a)所示。在螺旋线的 H 面投影上，由圆心向圆周上各分点作连线，即为平螺旋

面上素线的 H 面投影。在 V 面投影上，过螺旋线 V 面投影上各相应点，作水平线与轴线 V 面投影相交，即得相应素线的 V 面投影，如图 6—27(b)所示。

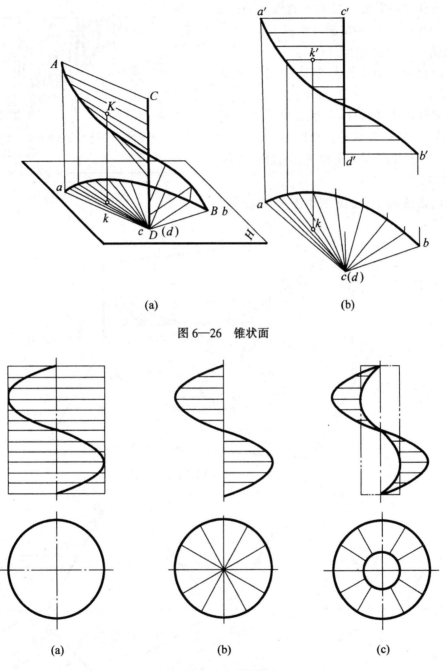

图 6—26　锥状面

图 6—27　平螺旋面

图 6—27(c)为平螺旋面被一个同轴的小圆柱面所截，其交线是一条与平螺旋面曲导线同轴，而且导程相等的螺旋线，其作法与上述曲导线作法相同。

图 6—28 所示为一个螺旋楼梯，它是平螺旋面在工程上的应用实例。

（五）双曲抛物面

直母线 AC 始终平行于一导平面 P，并沿着 AB、CD 两条交叉直线移动所形成的曲面称为双曲抛物面,如图6—29所示。

在投影图上,应画出导平面、两交叉直线及一些素线的投影,作图步骤如图6—30所示。

1．先作出导平面 P 的水平迹线 P_H 和两交叉直导线 AB、CD 的两面投影 ab、cd、$a'b'$、$c'd'$,如图6—30(a)所示。

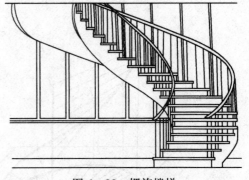

2．将直导线 AB 分为若干等分,并画出各点的两面投影。

3．素线的 H 面投影应平行导平面 P 的水平迹线 P_H 过 a、b 和各分点的 H 面投影作直线平行于 P_H,即为素线的 H 面投影,如图6—30(b)所示。

4．由素线的 H 面投影作出 V 面投影。

图6—28　螺旋楼梯

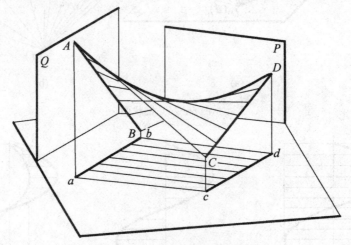

图6—29　双曲抛物面的形成

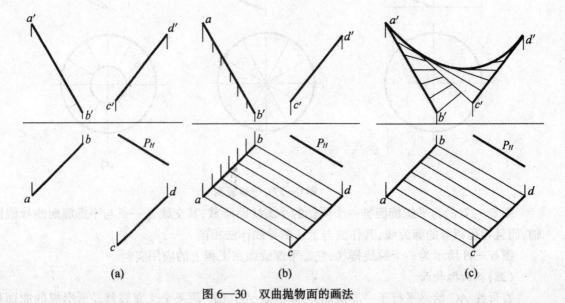

(a)　　　　　　　　　　　(b)　　　　　　　　　　　(c)

图6—30　双曲抛物面的画法

最后作出素线的包络线,即为双曲抛物面 V 面投影的轮廓线,是一抛物线,如图 6—30(c)所示。

在图 6—29 中,若取 AB 作母线,AC、BD 作导线,以平行 AB 的平面 Q 为导面,也可以形成一个与图 6—29 所示完全相同的双曲抛物面。这表明,双曲抛物面也有两族直素线,其中每一条素线与同族素线不相交,与另一族的所有素线相交。图 6—31 为用两族直素线来表示的双曲抛物面的投影。

图 6—32 为由双曲抛物面组成的屋面。图 6—33 为双曲抛物面护坡。

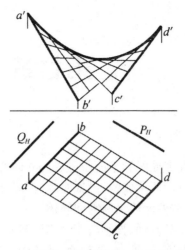

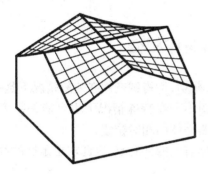

图 6—31　两族直素线表示的双曲抛物面的投影

图 6—32　双曲抛物面屋面

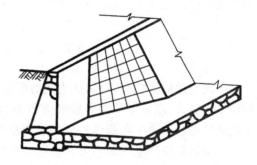

图 6—33　双曲抛物面护坡

第七章 曲 面 体

§7—1 曲面体的投影

由曲面或曲面和平面所围成的立体称为曲面体。工程上常见的曲面体是由回转曲面或回转曲面和平面所围成的,例如圆球、圆环、圆柱面和两个底面围成的圆柱、圆锥面和底面围成的圆锥等,这些曲面体又称为回转体。

因此,回转体的投影与相对应回转面的投影完全相同,即圆柱、圆锥、圆球、圆环等的投影分别与圆柱面、圆锥面、圆球面、圆环面的投影相同;在回转体表面上确定点和线的方法等,也与在相对应的回转面上确定点和线的方法相同。

§7—2 平面与曲面体相交

平面与曲面体相交,可以认为是曲面体被平面所截切,所得截交线在一般情况下是一条封闭的平面曲线,或是由平面曲线和直线组合而成的图形。在特殊情况下也可能是一多边形。截交线的形状取决于曲面体表面的形状和截平面与曲面体的相对位置。

曲面体截交线上的每一点都是截平面和曲面立体表面的共有点,因此求出足够的共有点,依次连接起来即得截交线。

本节将主要讨论平面与回转体表面相交时,截交线投影的画法。

一、平面和圆柱相交

平面截切圆柱体时,根据截平面与圆柱轴线的相对位置不同,所得截交线有矩形、圆、椭圆三种形式,如表 7—1 所示。

【例 7—1】 求图 7—1(a)所示圆柱被正垂面 P 截切后的侧面投影及截面的实形。

【分析】 由于正垂面 P 倾斜于圆柱轴线,截交线是一椭圆,如表 7—1 所示第 3 种情况。截交线的 V 面投影应与截平面具有积聚性的 V 面投影重合,是一直线段;截交线的 H 面投影与圆柱面具有积聚性的 H 面投影重合,是一圆。截交线的 W 面投影仍是一椭圆。由于截平面与圆柱轴线的夹角小于 45°,椭圆长轴的投影仍为椭圆投影的长轴。

【作图】 〔图 7—1(b)〕

1. 求特殊点:首先作出椭圆的长、短轴端点。P_V 与圆柱 V 面投影轮廓线的交点,即为长轴端点 A、B 的 V 面投影 a'、b',P_V 与圆柱 V 面投影轴线的交点 c'、d',即为短轴端点 C、D 的 V 面投影。由此可以直接作出长、短轴端点的 W 面投影 a''、b''、c''、d''。它们也分别是截交线上的最高、最低和最前、最后点。c''、d'' 同时也是圆柱 W 面投影轮廓线上的点。

2. 求中间点:为了使截交线的形状比较准确,需要作出截交线上一些中间点,如在截交线 V 面投影上取点 $1'$、$2'$,作出 Ⅰ、Ⅱ 的 H 面投影 1、2,再由 $1'$、$2'$、1、2 作出 $1''$、$2''$。用同样方法还可以作出 Ⅲ、Ⅳ 等所需求的点的侧面投影。

表 7—1 圆柱体的截交线

截平面位置	截交线形状	投 影 图
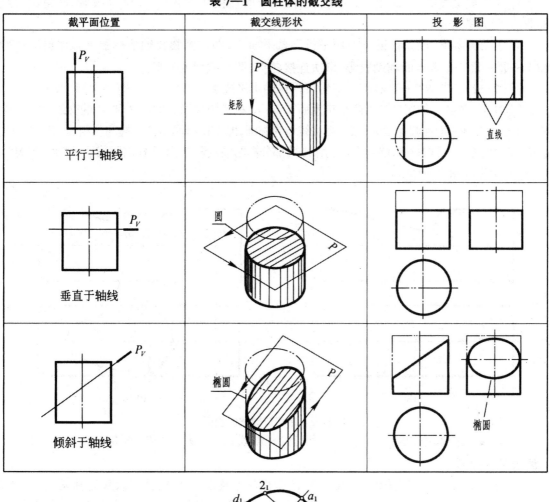		

平行于轴线 — 矩形 — 直线

垂直于轴线 — 圆

倾斜于轴线 — 椭圆

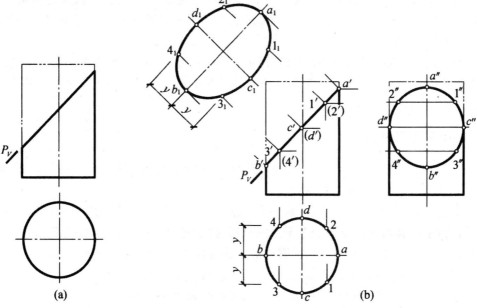

(a)   (b)

图 7—1 圆柱的截切

　　3.完成截交线的 W 面投影:用曲线板依次平滑连接所求各点的 W 面投影,即得截交线椭圆的 W 面投影。

　　4.求截面实形:设立辅助投影面平行于截平面 P,即作椭圆长轴平行于 P_V,作出 ABCD 和Ⅰ—Ⅱ—Ⅲ—Ⅳ等点的辅助投影,依次连接各点,即为截面的实形。

　　【例7—2】 求图7—2(a)所示带切口圆柱的水平投影。

　　【分析】 该圆柱的切口是由两个正垂面 P 和 R 截切圆柱形成的。P 和 R 的交线为一正垂线。由于两个截平面和圆柱轴线倾斜,截交线均为椭圆,即切口由两个部分椭圆所组成,其 V 面投影有积聚性,在 H 面投影中,除需要分别作出两部分椭圆的投影外,还应作出两截平面交线的投影。

　　【作图】〔图7—2(b)〕

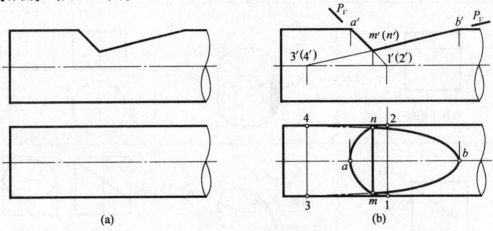

图7—2　带切口圆柱的投影

　　1.在 V 面投影中,延长 P_V、R_V 分别与圆柱轴线相交,即得两椭圆短轴的投影 $1'2'$、$3'4'$,和半长轴的投影。

　　2.由 a'、$1'$、$2'$ 向下作垂线,得截平面 P 截出的半椭圆的半长轴端点和短轴两端点的 H 面投影 a、1、2。由 b'、$3'$、$4'$ 向下作垂线得截平面 R 截出的半椭圆的半长轴端点和短轴两端点的 H 面投影 b、3、4。

　　3.由短轴两个端点和半长轴端点,分别作出截平面 P、R 与柱面截交线半椭圆的投影。两个半椭圆交点的连线 mn 即为两个截平面交线的 H 面投影。相交于 mn 的两部分椭圆,即为切口的 H 面投影。

二、平面和圆锥相交

　　平面和圆锥相交时,由于平面与圆锥轴线的相对位置不同,其截交线有圆、椭圆、抛物线、双曲线、素线五种形状,如表7—2所示。

　　椭圆、抛物线、双曲线的投影,一般仍为椭圆、抛物线、双曲线。作图时,可以采用辅助素线法和辅助纬圆法,在圆锥面上确定若干点的投影,依次光滑连接各点的同面投影即可。

　　【例7—3】 求图7—3(a)所示的圆锥被正垂面截切后的水平和侧面投影。

　　【分析】 由于截平面平行于圆锥的一条素线,故其截交线为抛物线(如表7—2中所示第四种情况),V 面投影有积聚性,H 面、W 面投影仍为抛物线。截平面与圆锥底面的交线是一直线段,和抛物线组成一个封闭平面图形。截交线的 H 面、W 面投影可以根据已知的 V 面投影用在曲面上定点的方法求出。

表 7—2 圆锥的截交线

截平面的位置	截交线的形状	投影图
P_V 通过锥顶	P 三角形	过锥顶直线 过锥顶直线
P_V 垂直轴线	圆	
P_V θ α $\theta < \alpha$	椭圆 P	椭圆 椭圆
P_V α θ $\theta = \alpha$	P 抛物线	抛物线 抛物线
P_V α θ $\theta > \alpha$	P 双曲线	双曲线

【作图】〔图7—3(b)〕

1．求特殊点：在 V 面投影中，截平面与最右轮廓线的交点 1′是抛物线最高点的 V 面投影，与圆锥底圆的交点 2′、3′是最低点的 V 面投影，根据 1′、2′、3′分别求出它们的 H 面投影 1、2、3 和 W 面投影 1″、2″、3″。5′、4′为圆锥的最前、最后素线（侧面投影轮廓线）上点的 V 面投影。由 4′、5′可直接求出 4″、5″。4、5 可用纬圆法求出。

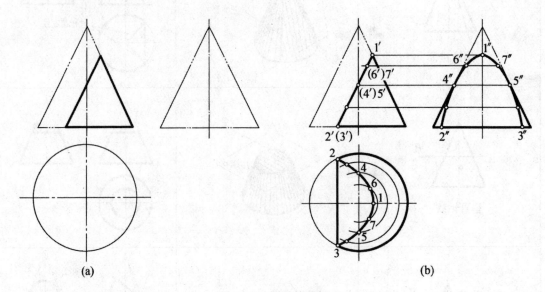

图7—3　圆锥的截切

2．求中间点：在截交线的 V 面投影上选取位置适当的点，然后过点在圆锥面上作辅助线求出其他投影。如在点 1′、5(4′)之间选点 7′(6′)，过点 7′(6′)作纬圆的 V 面投影，并由此作出纬圆的 H 面、W 面投影及点Ⅶ(Ⅵ)的同面投影 7(6)、7″(6″)。

3．完成截交线的各面投影：求出一定数量的中间点后，依次光滑连接所求出的各点的同面投影，即为所求截交线的投影。

【例7—4】　已知图7—4(a)所示切口圆锥的正面投影，求作其他两面投影。

【分析】　圆锥的切口可以看成是由一个水平面 P 和一个正垂面 R 相交截切圆锥形成的。水平面 P 垂直于圆锥轴线，与锥面的截交线为水平圆，正垂面 R 与圆锥轴线斜交，与锥面的截交线为椭圆，所以切口由一部分水平圆和一部分椭圆组成。根据切口的正面投影，水平圆部分可以直接作出，椭圆部分可以利用辅助线法来作图。

【作图】

1．延长 P_V 与右侧轮廓线相交，并作 P_W 与圆锥面侧面投影相交，分别得截交线（水平圆的 V 面、W 面投影有积聚性），以其长为直径在 H 面投影上作底面的同心圆，得截交线的 H 面投影，如图7—4(b)所示。

2．延长 R_V 与左侧轮廓线相交，1′—2′为截交线椭圆的 V 面投影及长轴的实长，其中点为短轴的投影 3′—4′。5′—6′为侧面轮廓线上点的 V 面投影，轮廓线上各点Ⅰ、Ⅱ、Ⅴ、Ⅵ和 MN 的其余两面投影可以直接作出。点Ⅲ、Ⅳ和其他中间点的另外两投影需利用辅助纬圆法或辅助素线法来作。依次连接各点的同面投影并加深侧面投影中 5″、6″以下的轮廓素线和底圆，即得带切口圆锥的水平和侧面投影，如图7—4(d)所示。

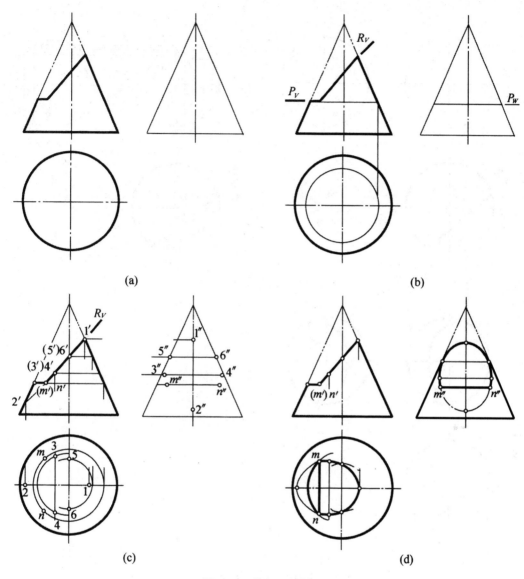

图 7—4 带切口的圆锥

三、平面和圆球相交

平面截切圆球时，无论截平面和球的相对位置如何，截交线的空间形状都是圆。根据截平面对投影面的相对位置，截交线圆的投影可以是圆、直线段或椭圆。当截平面平行于投影面时，截交线圆在该投影面上的投影反映真实形状；当截平面垂直于投影面时，截交线圆在该投影面上的投影为长度等于圆的直径的直线段；当截平面倾斜于投影面时，截交线圆在该投影面上的投影成为椭圆。

【例 7—5】 求图 7—5(a)所示圆球被铅垂面 P 截切后的投影。

【分析】 由于平面 P 垂直于 H 面，与 V 面、W 面倾斜，截交线的 H 面投影为 P_H 上的直线段，长度等于圆的直径，V 面、W 面投影是椭圆。椭圆长轴是截交线圆中垂直于 H 面的直径的投影，短轴是圆中平行于 H 面直径的投影。

【作图】〔图7—5(b)、(c)〕

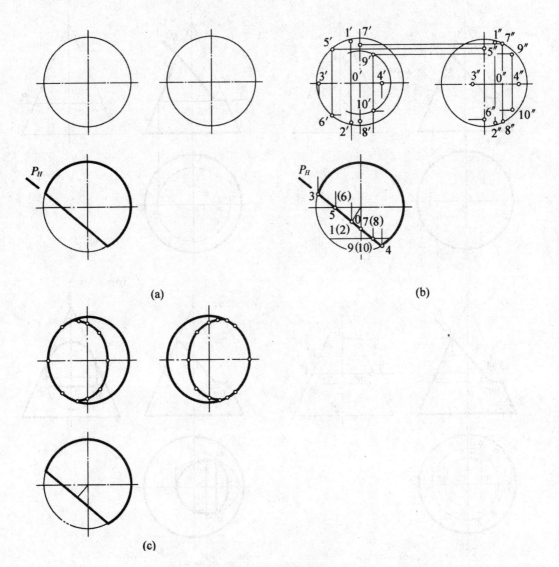

(a)

(b)

(c)

图7—5　球的截切

1. 求特殊点：V 面、W 面投影椭圆的长短轴的端点，在 H 面投影中，自球心投影向截交线圆的投影作垂直线，交点 0 即圆心的投影，由 0 作出圆心的 V 面、W 面投影 0′、0″，并过 0′、0″作截交线圆内铅垂直径Ⅰ—Ⅱ的投影 1′—2′、1″—2″，即为投影椭圆的长轴、作圆内平行于 H 面的直径Ⅲ—Ⅳ的 V 面、W 面投影 3′—4′、3″—4″，即为椭圆的短轴。

椭圆长轴的两个端点Ⅰ、Ⅱ即为截交线上的最高点和最低点，短轴的两个端点Ⅲ、Ⅳ即为最左点和最右点，同时也是最后点和最前点。

在水平投影中，圆的中心线与 P_H 的交点 5、6 和 7、8 分别是球的 V 面、W 面投影轮廓素线与铅垂面 P 的交点的投影，由 5、6 和 7、8 可直接作出 5′、6′、5″、6″和 7′、8′、7″、8″。

2. 求中间点：如在 4、7、8 之间选点 9、10，用辅助纬圆法，求出 9′、10′和 9″、10″。

3. 依次用曲线光滑连接各点的同面投影，即为截交线圆的同面投影。

【例7—6】 已知图7—6(a)所示半球被截切后的 H 面投影，求作其余两投影。

【分析】　图 7—6(a)给出的是一个半球被两对对称的投影面平行面截切后的 H 面投影。其中一对正平面截切半球所得截交线的 V 面投影反映圆弧的实形，W 面投影成为两竖直线，一对侧平面截切半球所得截交线的 W 面投影反映圆弧的实形，V 面投影成为两竖直线。

4 个截平面的交线为四条等长的铅垂线，如图 7—6(b)所示。

【作图】

1. 在 H 面投影中延长长方形前后边，与半球的 H 面投影轮廓线相交，求得截交圆弧的直径 ab，在 V 面投影上以球心投影 0′ 为圆心，a′b′ 为直径作半圆。前后两半圆 W 面投影积聚为两竖直线段，如图 7—6(c)所示。

2. 在 H 面投影中延长长方形左右两边与半球的 H 面投影轮廓线相交，求得截交圆弧的直径 cd。在 W 面投影上以 0″ 为圆心，c″d″ 为直径作半圆，求出截交圆弧的 W 面投影。左右截交圆弧的 V 面投影为两段竖直线〔图 7—6(d)〕。

3. 完成半球被截切后的 V 面和 W 面投影，如图 7—6(e)所示。

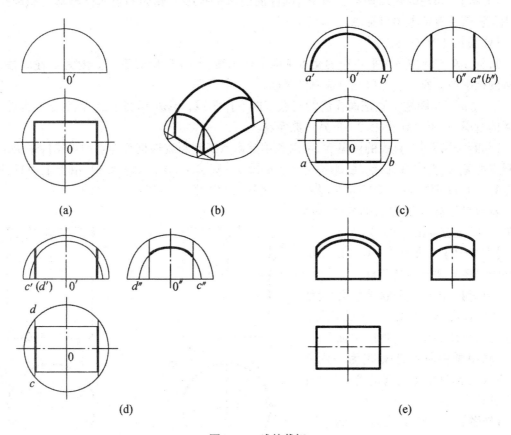

图 7—6　球的截切

§7—3　直线与曲面体相交

直线与曲面体相交，在一般情况下有两个交点，即入点和出点，如图 7—7 所示。直线与曲面体的交点，也称为贯穿点。显然求贯穿点也是求直线和曲面体表面的共有点，一般方法是：(1)包含已知直线作一辅助平面；(2)求出辅助平面与曲面体的截交线；(3)已知直线与截交线

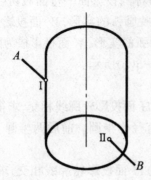

图 7—7　直线与立体相交

的交点,即为贯穿点。

【例 7—7】　求图 7—8(a)所示直线与圆柱的贯穿点。

【分析】　圆柱的轴线垂直于 H 面,圆柱面的水平投影和底面的正面投影都有积聚性,可利用其积聚性直接求出贯穿点。

【作图】　〔图 7—8(b)〕

1. 过 ab 与圆柱面水平投影的交点 1 向上作垂线,与 $a'b'$ 相交于 $1'$。因为 $1'$ 在圆柱正面投影的范围内。所以点 Ⅰ$(1,1')$是一贯穿点。

2. 过 $a'b'$ 与圆柱下底正面投影的交点 $2'$ 向下作垂线,与 ab 相交于 2。因为 2 在圆柱水平投影的范围内,所以点 Ⅱ$(2,2')$是另一贯穿点。

【判断可见性】　直线的可见性,可以利用重影点来判断或根据贯穿点的可见性来决定,即贯穿点可见,则直线可见,反之,则不可见。如图 7—8(b)中,在正面投影中,由于 $1'$ 可见,则 a' $1'$ 可见。在 H 面投影中,2 不可见,则 $2b$ 与圆柱 H 面投影的重影部分不可见。

直线贯穿在立体内的部分和立体视为一体,不应画出。

【例 7—8】　求图 7—9(a)所示的水平线 AB 与圆锥的贯穿点。

【分析】　水平线和圆锥相交,直线和锥面的投影均无积聚性,求贯穿点时需包含水平线 AB 作一辅助平面P,平面 P 截切圆锥所得截交线为一水平圆,直线 AB 与截交线圆的交点Ⅰ、Ⅱ即为贯穿点,如图 7—7(b)所示。

【作图】　在 V 面投影上,过 $a'b'$ 作P_V,并作出截交线圆的水平投影,ab 与截交线圆的交点为 1、2,再由 1、2 作出 $1'$、$2'$。1、2、$1'$、$2'$即为贯穿点的 H 面、V 面投影。

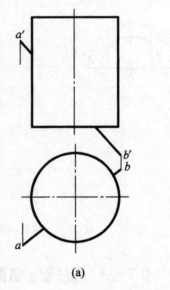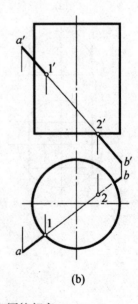

(a)　　　　　　　　(b)

图 7—8　直线与圆柱相交

【判别可见性】　点Ⅰ处于圆锥表面的后半部,其 V 面投影 $1'$ 不可见,$a'1'$ 与圆锥 V 面投影的重影部分不可见;$2'$、1、2 均可见,所在线段的同面投影也可见。

【例 7—9】　如图 7—10(a)所示直线 AB 与斜柱的贯穿点。

【分析】　如图 7—10(b)所示,直线 AB 与柱面对投影面均处于一般位置,求贯穿点应用辅助平面法。为了作图简便起见,可通过点 A 作一直线 AM_1,平行于柱面素线,则由 AB、AM_1 所决定的辅助平面,将在柱面上截得素线 Ⅰ—Ⅳ、Ⅱ—Ⅲ,AB 与 Ⅰ—Ⅳ、Ⅱ—Ⅲ 的一对交点 D、E,即为对斜柱的贯穿点。

【作图】〔图 7—10(c)〕

1. 作 $a'm_1'$ 平行于柱面素线的同面投影,$M_1(m_1,m_1')$ 为 AM_1 的 H 面迹点。

2. 求 AB 的 H 面迹点 M_2 (m_2,m_2')。

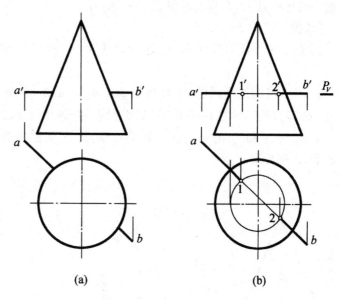

图 7—9　水平线与圆锥相交

3. 连 m_1m_2 与柱底面相交于点 1、2,过 1、2 作柱面素线的 H 面投影 1—4、2—3,ab 与 1—4、2—3 的交点 d、e,即为贯穿点 D、E 的 H 面投影。由 d、e 可在 $a'b'$ 上求出 d'、e'。

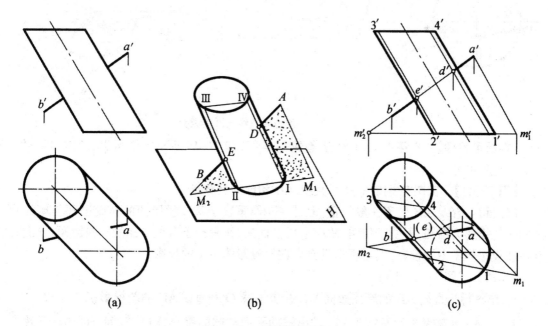

图 7—10　直线与斜柱相交

【判断可见性】　由于 e 不可见,故 be 与斜柱 H 面投影的重影部分不可见,ad、$a'd'$、$b'e'$ 均可见。

【例 7—10】　求图 7—11(a)所示直线 AB 与正圆锥的贯穿点。

【分析】　如图 7—11(b)所示,求作一般位置直线和圆锥面的贯穿点,也须应用辅助平面法,即包含直线过锥顶作辅助平面 SM_1M_2,它与圆锥的截交线为三角形 S—Ⅰ-Ⅱ,直线 AB 与截交线的交点 D、E 即为贯穿点。

【作图】〔图 7—11(c)〕

1. 在 $a'b'$ 上任取两点 $3'$、$4'$,连 s'、$3'$ 和 s'、$4'$,并延长与圆锥底所在平面的 V 投影面相交于 m_1'、m_2'。

2. 求出辅助截平面的 H 面投影 sm_1m_2。m_1m_2 与底圆的 H 面投影交于 1、2,三角形 s—1—2 即为截交线的 H 面投影(V 面投影为三角形 $s'1_1'2_1'$)。

3. ab 与 $s1$ 和 $s2$ 的交点 d、e 即为直线 AB 与圆锥的贯穿点的 H 面投影。由此可求得贯穿点的 V 面投影 d'、e'。

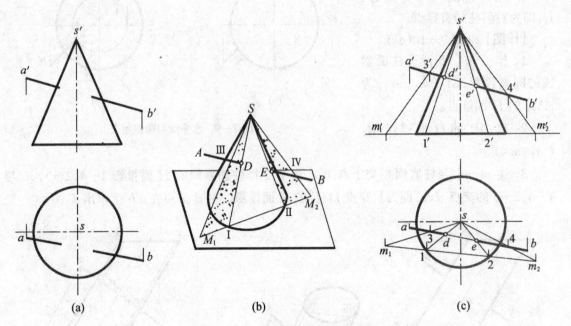

图 7—11 一般位置直线与圆锥相交

【判断可见性】 贯穿点Ⅰ、Ⅱ位于圆锥前半部,其 H、V 面投影均可见,所以 ab、$a'd'$ 和 be、$b'e'$ 也均可见。

【例 7—11】 求图 7—12(a)所示直线 AB 和球的贯穿点。

【分析】 直线 AB 处于一般位置,但过 AB 作垂直于某一投影面的辅助平面与球的截交线的其他投影为椭圆,不便于作图,故应采用换面法,作平行于直线 AB 的新投影面,求出贯穿点在新投影体系中的投影,然后再求贯穿点在原投影体系中的投影。

【作图】〔图 7—12(b)〕

1. 作平行于直线 AB 的新投影面 V_1,并求出球 O 和直线 AB 的新投影 o_1'、$a_1'b_1'$。

2. 过 AB 作辅助平面平行于 V_1,求出辅助平面与球的截交线在 V_1 面的投影(反映圆的实形)。此圆与 $a_1'b_1'$ 的交点 d_1'、e_1' 即为贯穿点在 V_1 面的投影。

3. 根据 d_1'、e_1' 求出 d、e 和 d_1'、e_1'。

根据贯穿点 D、E 的位置,可以判定 ab 与球的 H 面投影的重影部分为不可见。be、$a'd'$、$b'e'$ 均为可见。

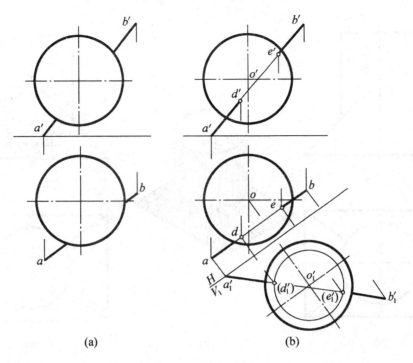

(a) (b)

图 7—12 直线与球相交

§7—4 平面体与曲面体相贯

平面体与曲面体相贯,其相贯线为由若干段的平面曲线组合而成的封闭曲线。每段平面曲线是平面体上一棱面与曲面体的截交线。每两段平面曲线的交点,就是平面体的棱线与曲面体的贯穿点,称为相贯线上的结合点。因此,求平面体与曲面体的相贯线可归结为求截交线和贯穿点的问题。

【例 7—12】 求作图 7—13(a)所示四棱锥和圆柱的相贯线。

【分析】 图 7—13(b)因为四棱锥锥顶和圆柱的轴线重合,其相贯线是由棱锥的四个棱面截切圆柱面所得的四段椭圆弧组合而成的封闭曲线。四条棱线与圆柱面的四个贯穿点就是这些椭圆弧的结合点,四个贯穿点的高度相同。由于圆柱表面垂直于 H 面,相贯线的水平投影就位于圆柱的 H 面投影上,所以只需要求出 V 面投影。

【作图】 〔图 7—13(c)〕

1. 求结合点:在 H 面投影中,4 条棱线的投影与圆柱面投影的交点 1、2、3、4 为结合点的投影,其 V 面投影为 1′、2′、3′、4′。点 Ⅰ、Ⅱ、Ⅲ、Ⅳ同时也是曲线的最高点。

2. 曲线最低点是圆柱面上与棱锥底边最接近的素线对棱锥的贯穿点,H 投影为 5、6、7、8,利用辅助正平面求得 V 面投影 5′、6′、7′、8′。

为连线需要,可以利用辅助正平面求得适当的中间点与特殊点依次平滑连接起来。

【例 7—13】 求图 7—14(a)所示正三棱柱与半圆球的相贯线。

【分析】 图 7—14(b)为正三棱柱与半圆球的相贯线由 3 个棱面与球面的三条截交线组成,它们的空间形状都是圆弧,其中棱面 BC 是正平面,它与球面截交线的 V 面投影反映圆弧的实形,另外两个棱面倾斜于 V 面,所以它们的截交线的 V 面投影是椭圆的一部分。

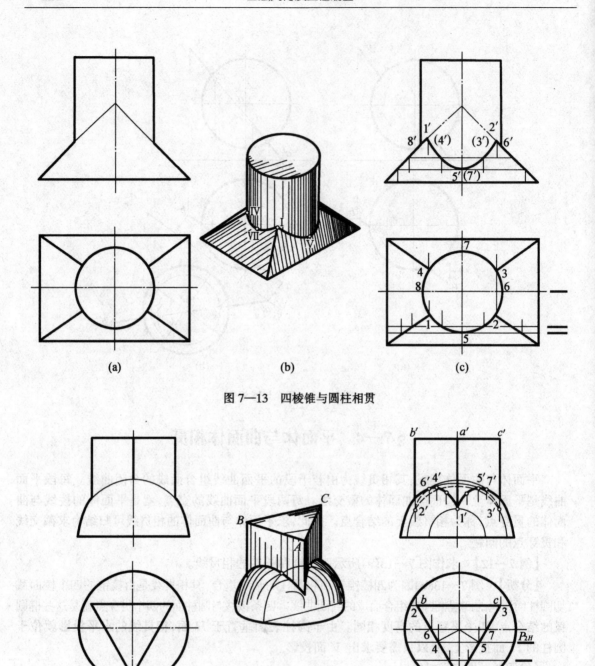

图7—13 四棱锥与圆柱相贯

图7—14 正三棱柱和半球相贯

【作图】 见图7—14(c)经过棱线 A 作辅助正平面P_1，与球面的截交线为半圆，棱线 A 的 V 面投影与半圆的 V 面投影的交点 1′，即为棱线 A 与球面的贯穿点的 V 面投影。延伸棱面 BC，与球面的截交线的 V 面投影是半圆，它与 $b′$、$c′$ 交于点 2′、3′，即为棱线 B、C 与球面贯穿点的 V 面投影。点Ⅰ、Ⅱ、Ⅲ是各段弧线的最低点，2′、3′之间的一段圆弧是棱面 BC 与球的截交线的 V 面投影(为不可见)。棱面 AB、AC 与球的截交线的 V 面投影是两个相同的椭圆弧，

H 面投影为两段直线 ab、ac。ab、ac 上离球心 O 最近的点 4、5 是截交线上最高点的 H 面投影,过 4、5 作辅助正平面 P_2,求出 V 面投影 $4'$、$5'$。

点 6、7 是球的 V 面投影轮廓线与棱面 AB、AC 交点的 H 面投影;点 $6'$、$7'$ 在 V 面投影轮廓线上,是相贯线 V 面投影可见与不可见的分界点。

作出适当的中间点后,依次平滑连接相贯线上各点的 V 面投影,即得相贯线的 V 面投影。

§7—5 两曲面体相贯

两曲面体的相贯线,在一般情况下为封闭的空间曲线,在特殊情况下,相贯线也可以是平面曲线,或直线。相贯线是两曲面体表面的共有线,相贯线上的点是两形体表面的共有点,所以求相贯线的作图同样可归结为求两曲面体表面的共有点问题。求两曲面体表面的共有点的一般方法是辅助面法,即利用三面共点的原理,作一辅助面,使与两个曲面体的表面相交,所得辅助截交线的交点,即为两曲面体表面的共有点,选用辅助面的原则是使辅助截交线的投影为圆或直线,以便于作图。

如果相交曲面体表面的某投影有积聚性,利用积聚性进行作图方法更为简便。

【例 7—14】 求作图 7—15(a)所示两圆柱的相贯线。

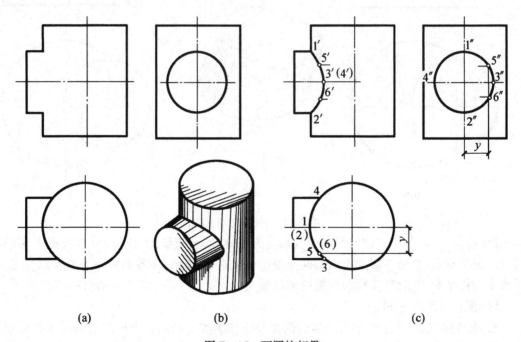

(a) (b) (c)

图 7—15 两圆柱相贯

【分析】 两圆柱轴线正交,水平圆柱贯入竖放圆柱,相贯线是一封闭的空间曲线,如图 7—15(b)所示。在投影图中,由于两圆柱轴线分别垂直 H 面、W 面,所以竖放圆柱面的 H 面投影和水平圆柱面的 W 面投影有积聚性,故相贯线的 W 面投影是圆,H 面投影是水平圆柱投影内的一段圆弧。故可采用在立体表面上定点的方法,由相贯线的 H 面投影和 W 面投影求其 V 面投影。由于两个圆柱的轴线所决定的平面平行于 V 面,相贯线前、后对称,投影重合,且两圆柱 V 面投影轮廓线的交点,就是相贯线上点的投影。

【作图】〔图 7—15(c)〕

1．求特殊点：两圆柱的 *V* 面投影轮廓素线的交点 1′、2′就是相贯线上点Ⅰ、Ⅱ的 *V* 面投影，*W* 面投影为 1″、2″。点Ⅰ、Ⅱ也是相贯线上的最高、最低和最左点。水平圆柱 *H* 面投影轮廓线上的点 3、4 是相贯线上的最前、最后和最右点的 *H* 面投影，对应的 *V* 面投影 3′、4′重影在水平圆柱轴线的 *V* 面投影上。

2．求中间点：欲求特殊点Ⅰ—Ⅲ、Ⅲ—Ⅱ之间的点Ⅴ、Ⅵ，可先确定其 *H* 面投影 5、6 和 *W* 面投影 5″、6″，然后利用投影关系由 5、6 和 5″、6″求出 5′、6′。

3．用曲线依次平滑地连接各点的 *V* 面投影，即为所求相贯线的 *V* 面投影。

【例 7—15】　求作图 7—16(a)所示圆球和圆锥的相贯线。

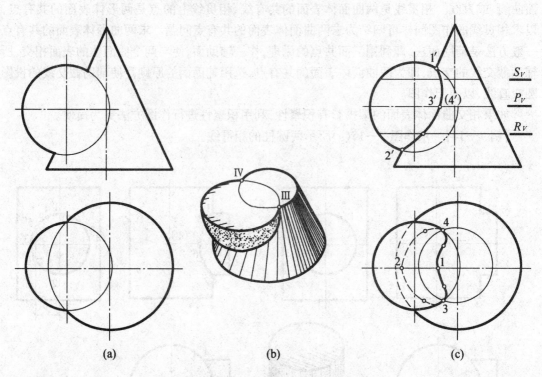

图 7—16　圆球与圆锥相贯

【分析】　圆球面和圆锥面的两面投影均无积聚性，相贯线的 *V* 面、*H* 面投影需用辅助平面法求出共有点，然后连接共有点的同面投影。根据球和圆锥的形状特征及其相对位置，可选择水平面作辅助平面，它与球和圆锥的辅助截交线均为水平圆，如图 7—16(b)所示。

【作图】〔图 7—16(c)〕

1．求特殊点：主要是位于两立体的两面投影轮廓线上的点。由于球心和圆锥体轴线所决定的平面平行于 *V* 面，所以球和圆锥的 *V* 面投影轮廓线的交点 1′、2′，就是相贯线上点Ⅰ、Ⅱ的 *V* 面投影，其 *H* 面投影 1、2 在圆锥最左轮廓素线的 *H* 面投影上。点Ⅰ是相贯线上的最高点；点Ⅱ是相贯线上的最低点和最左点。

过球心作水平辅助面 *P*，*P* 与球面的截交线为球的 *H* 面投影轮廓线，与圆锥面的截交线为水平圆。两圆 *H* 面投影的交点 3、4 即为相贯线上点Ⅲ、Ⅳ的 *H* 面投影。点 3、4 是相贯线在 *H* 面投影中的可见与不可见的分界点。其 *V* 面投影重合在球的 *V* 面投影的水平中心线上。

2．求中间点：在以上特殊点之间，作一些必要的辅助平面，如 *S*、*R*，用以上作图步骤，即可求得一些连线需要的中间点。

3. 依次连接各共有点的同面投影,并根据可见性连成虚、实线。在 H 面投影中,锥面投影全可见,圆球上半部投影可见,故相贯线投影 3—1—4 可见。而圆球下半部的相贯线的投影不可见。

两曲面体相交时,在特殊情况下,相贯线可能是平面曲线或直线。

1. 当两相交的二次曲面同时外切于同一球面时,它们的相贯线是平面曲线,如图 7—17 所示。

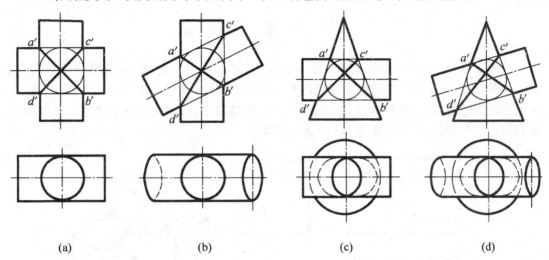

(a)　　　　(b)　　　　(c)　　　　(d)

图 7—17　相贯线为椭圆的情况

两个直径相等的圆柱,其轴线相交成直角时,它们的相贯线是两个相同的椭圆。当两轴线平行于 V 面时,其 V 面投影为两条相交且等长的直线段,H 面投影与直立圆柱的投影重影〔图 7—17(a)〕。两直径相等圆柱的轴线斜交时,其相贯线为两个短轴相等,长轴不等的椭圆。若两轴平行于 V 面,椭圆的 V 面投影为两条相交而不等长的直线段〔图 7—17(b)〕。

相交的圆柱和圆锥同时外切于一球面,其相贯线可能为两个大小相同的椭圆〔图 7—17(c)〕或大小不同的椭圆〔图 7—17(d)〕。

2. 当两相交的回转体共轴时,其相贯线一定是垂直于轴线的圆,如图 7—18 所示。

3. 当两个相交柱面的素线平行或两个相交锥面是共一顶点时,其相贯线是直线,如图 7—19 所示。

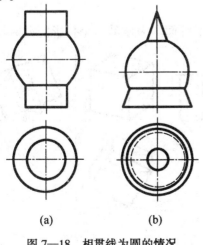

(a)　　　　(b)

图 7—18　相贯线为圆的情况

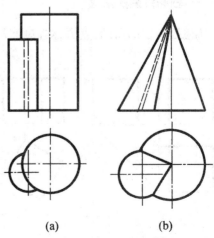

(a)　　　　(b)

图 7—19　相贯线为直线的情况

第八章 轴测投影

§8—1 基本概念

按照正投影原理所画出的物体三面正投影图,如图 8—1(a)所示,可以完全确定物体的形状。但是,由于获得每一个投影所采用的投影方向都与物体的长、宽、高三个向度中的一个相一致,每个投影只能反映物体长、宽、高三个向度中的两个,因而它缺乏立体感。对这种图,只有懂得正投影原理,并有读图素养的人才能看懂。

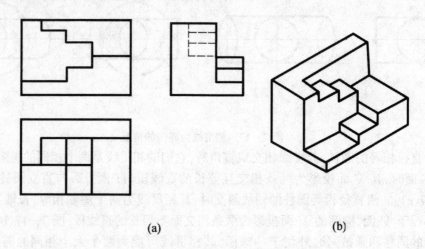

(a)   (b)

图 8—1 三面图与轴测图立体效果之比较

如果能使物体的一个投影同时反映出物体的长度、宽度和高度,那么这样的投影就比较富有立体感。如图 8—1(b)所示,即为图 8—1(a)所示物体的轴测投影,亦称轴测图。

一、轴测投影的形成

如图 8—2(a)所示,立方体各侧面均为投影面平行面。为使其一个投影能同时反映它的

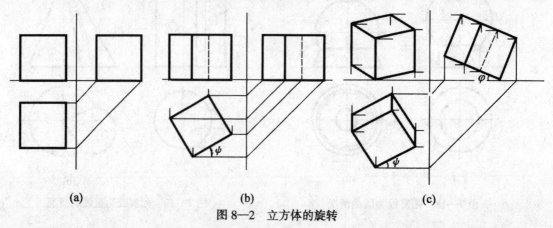

(a)   (b)   (c)

图 8—2 立方体的旋转

长、宽、高 3 个向度,保持投影面和投射方向都不变(即投射方向仍垂直于投影面),可以先将立方体绕铅垂轴旋转一个角度 ψ,如图 8—2(b)所示,再将图 8—2(b)绕侧垂轴旋转一个角度 φ,如图 8—2(c)所示。这时,立方体的长、宽、高 3 个方向都倾斜于投影面 V(和 H),其正面(和水平)投影,就有立体感。这相当于图 8—3(a)所示的立方体在平面 P(称为轴测投影面)上的正投影。如此在轴测投影面 P 上得到的投影称为正轴测投影。

欲达到上述目的,也可以保持立方体和投影面的相对位置不变,而使投射方向倾斜于轴测投影面,如图 8—3(b)所示。如此在轴测投影面 P 上得到的投影称为斜轴测投影。

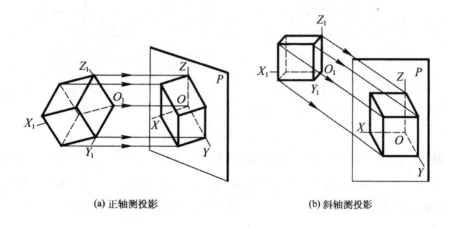

(a) 正轴测投影 (b) 斜轴测投影

图 8—3 轴测投影的形成

二、轴间角和轴向伸缩系数

为了便于初学者理解正投影与轴测投影之间的关系,我们对空间物体从适当一点出发,引入相互垂直的 3 个坐标轴 O_1X_1、O_1Y_1、O_1Z_1,如图 8—3 所示。在投射物体时,把 3 个轴 O_1X_1、O_1Y_1、O_1Z_1 一起投射到投影面 P 上,这时在投影面 P 上除了物体的投影外,还有坐标轴的投影 OX、OY、OZ。

如图 8—4 所示,空间坐标轴 O_1X_1、O_1Y_1 和 O_1Z_1 在轴测投影面 P 上的投影 OX、OY 和 OZ 称为轴测轴;两轴测轴之间的夹角 $\angle ZOY$、$\angle ZOX$ 和 $\angle YOX$ 称为轴间角。

假设在空间三坐标轴上各取单位长度 E_1,向 P 面投影后得相应的投影长度分别为 E_X、E_Y 和 E_Z。由于各轴与轴测投影面 P 倾斜的角度不同,单位长度的投影长度也不同,投影长度与空间长度之比称为轴向伸缩系数,即

$$p = \frac{E_X}{E_1}; q = \frac{E_Y}{E_1}; r = \frac{E_Z}{E_1}$$

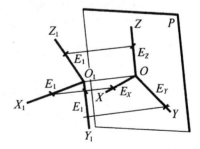

图 8—4 轴间角与轴向伸缩系数

其中 p 称为 X 轴向伸缩系数;q 称为 Y 轴向伸缩系数;r 称为 Z 轴向伸缩系数。

三、轴测投影的性质

由于轴测投影采用的是平行投影,因此,轴测投影必定具备平行投影的特性。

1. 空间互相平行的直线,其轴测投影仍互相平行。如图8—1的轴测图中,台阶的棱线仍互相平行。在绘制轴测图时,应用这一投影特性可使作图简便迅速。

2. 平行于坐标轴的线段的轴测投影与线段实长之比,等于相应的轴向伸缩系数。

【例8—1】 如图8—5(a)所示,已知轴测轴 OX、OY、OZ(轴向伸缩系数分别为 $p=1,q=0.5,r=1$)和点 M 的正投影图,画点 M 的轴测投影。

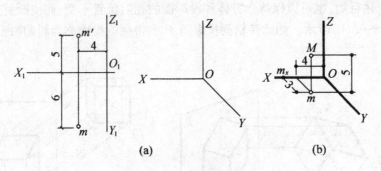

图8—5 点的轴测投影

【作图】 见图8—5(b)自原点 O 沿轴测轴 OX 量取 $om_x=4\times p=4\times 1=4$ 单位,得 m_x 点;再从点 m_x 作 OY 的平行线,并量取 $m_x m=6\times q=6\times 0.5=3$ 单位,得 m 点;自 m 作 OZ 的平行线,在其上量取 $mM=5\times r=5\times 1=5$ 单位,即得点 M 的轴测投影。

四、轴测投影的分类

由轴测投影的形成可知,轴测投影可分为正轴测投影和斜轴测投影两类。它们各自又可根据其轴间角和轴向伸缩系数的不同,分为若干种。如果用计算机绘图,则可根据物体表达的需要,选择任意的轴间角和轴向伸缩系数。为了手工绘图的方便起见,在工程图样中,经常采用下列几种:

(一)正轴测投影(投射方向垂直轴测投影面 P)

1. 正等轴测投影(简称正等测)。轴向伸缩系数 $p=q=r$。

2. 正二等轴测投影(简称正二测)。轴向伸缩系数 $p=r,q=\dfrac{p}{2}$。

3. 一般正轴测投影。轴向伸缩系数 $p\ne q\ne r$。

(二)斜轴测投影(投射方向倾斜于轴测投影面)

1. 正面斜轴测投影。常用的轴向伸缩系数有 $p=q=r=1$ 和 $p=r=1,q=\dfrac{1}{2}$ 两种。

2. 水平斜轴测投影。常用的轴向伸缩系数有 $p=q=r=1$ 和 $p=q=1,r=\dfrac{1}{2}$ 两种。

本章主要介绍常用的正等轴测投影图和斜轴测投影图的画法。

§8—2 正等轴测投影

一、正等轴测投影的形成及其轴间角和轴向伸缩系数

由图8—2正轴测投影的形成可以看出,它们的轴间角和轴向伸缩系数完全取决于两次旋转的角度 ψ 和 φ。如图8—6所示,若将图8—2的立方体绕铅垂轴旋转的角度 $\psi=45°$,绕侧垂轴旋转的角度 $\varphi=35°16'$。如此在正投影面 V 上的投影即为正等测投影。这时,如图8—4

所示的空间坐标轴 O_1X_1、O_1Y_1、O_1Z_1 与轴测投影面间的倾角均相等,故它的轴向伸缩系数 $p = q = r = 0.82$,其轴间角均等于 $120°$(证明从略)。

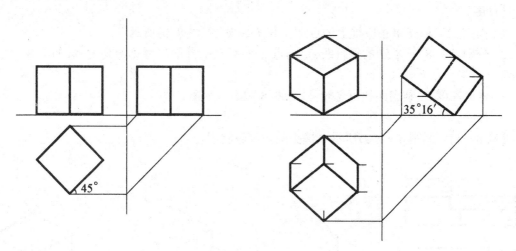

图 8—6 正等轴测投影的形成

由于物体沿坐标轴方向的线段,其正等测投影均为原长的 0.82 倍。画图时,如果都逐一计算,则不胜其繁。为了方便作图,常将上述数值简化,即取 $p = q = r = 1$。采用简化的轴向伸缩系数画出的轴测图,在轴向长度上,较物体的真实投影大 1.22 倍($1 : 0.82 = 1.22$),这并不影响物体的形状。

画轴测图时,通常将轴测轴 OZ 放置成竖直位置,如图 8—7 所示。

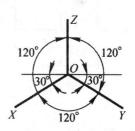

图 8—7 正等测
投影的轴测轴

二、平面立体的正等轴测图的画法

画轴测图的基本方法是坐标法,但在实际作图中,还应根据物体的形状特征而灵活运用。

因轴测图一般只用作正投影图的辅助图,所以在轴测图中,不可见的轮廓线一般不予画出。

【例 8—2】 画图 8—8(a)所示正六棱柱的正等轴测图。

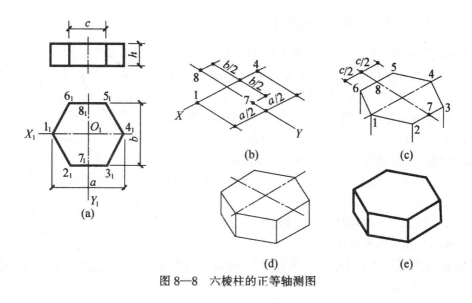

图 8—8 六棱柱的正等轴测图

【分析】 由于六棱柱的前后、左右都有对称轴线,故可把坐标原点设在顶面的中心处,由上向下作图较为简便。

【作图】

1. 作 X、Y 轴,定出相应轴上的点 1、4 和 7、8,如图 8—8(b)所示。

2. 分别过 7、8 作 X 轴的平行线,定出点 2、3 和 5、6,并画出可见的高度线,如图 8—8(c)所示。

3. 量取高度 h,画底面的可见轮廓,如图 8—8(d)所示。

4. 加深,如图 8—8(e)所示。

【例 8—3】 画图 8—9(a)所示木榫头的正等轴测图。

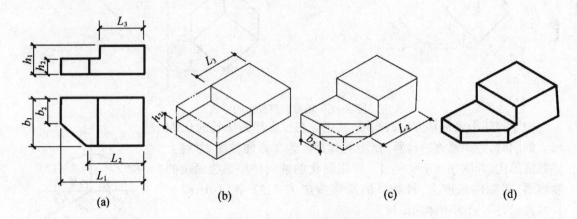

图 8—9 木榫头的正等轴测图

【分析】 木榫头可视为由一长方体切割而成,画轴测图时,也可采用切割法。

【作图】

1. 画出长方体的正等轴测图,并在左上方切去一块,如图 8—9(b)所示。

2. 切去左前方的一个角(一定要沿轴向量取 b_2 和 L_2,来确定切平面的位置),如图 8—9(c)所示。

3. 擦去多余的作图线,加深可见部分的轮廓线,如图 8—9(d)所示。

三、平行于坐标面的圆的正等轴测图

因形成正等轴测图时,3 个坐标面与轴测投影面的倾角相等,所以平行于 3 个坐标面,并且直径相等的圆的正等轴测图,是 3 个形状、大小相同的椭圆。但必须注意,3 个椭圆的长、短轴方向各不相同。平行于 XOY 面的椭圆,其长轴垂直于轴测轴 OZ,短轴平行于轴测轴 OZ;平行于 XOZ 面的椭圆,其长轴垂直于轴测轴 OY,短轴平行于 OY 轴,平行于 YOZ 面的椭圆,其长轴垂直于轴测轴 OX,短轴平行于轴测轴 OX,如图 8—10 所示。

现以水平圆为例,说明圆的正等轴测图(椭圆)的画法。

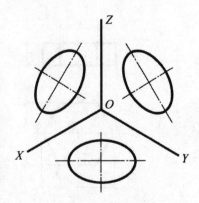

图 8—10 平行坐标轴的圆的正等轴测图

(一)根据坐标定点画椭圆

为作图方便,可以圆心 O_1 作为坐标原点,并定出圆周上若干点的坐标,如图 8—11(a)所

示。

原点定出后,画出正等测轴 OY、OX,如图 8—11(b)所示,并在轴上用圆的半径截取 1、2、3 和 4 点,再量取 y,并作线平行于 X 轴,用 x 坐标定出 5、6 两点,利用椭圆的对称特点定出 7、8 两点。最后将各点用光滑曲线连成椭圆。

(二)近似画法(四心偏圆法)

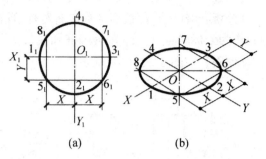

图 8—11 坐标定点法画椭圆

如图 8—12(b)所示,先画出圆的外切正方形〔图 8—12(a)〕的正等轴测图——菱形 $abcd$,连接两锐角顶点 a、c,从钝角顶点 b 向对边中点 3、4 连线,与 ac 交于 O_3、O_4。b、d、O_3、O_4 点即为椭圆近似画法的 4 个圆心。先以 b、d 为圆心,$b3$ 为半径,分别作圆弧 $\widehat{34}$ 和 $\widehat{12}$;再以 O_3、O_4 为圆心,$O_3 4$ 为半径,分别作圆弧 $\widehat{14}$ 和 $\widehat{23}$,这就是所求的近似椭圆。

【例 8—4】 画如图 8—13(a)所示带有三个相同圆柱孔的立方体的正等轴测图。

【分析】 3 个圆柱孔的顶圆,分别位于立方体 3 个相邻的侧面上,如果将坐标原点设在立方体的左前上角,各坐标轴与棱线重合,那么 3 个圆柱孔的顶圆即为 3 个坐标面的圆。3 个底圆则分别平行于相应的坐标面。这些圆的正等轴测图,都是

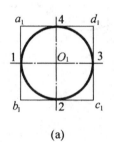

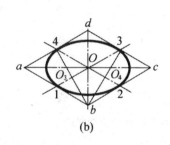

图 8—12 近似画法

形状和大小相同的椭圆,它们的长轴应与相应的棱线垂直。

【作图】 〔图 8—13(b)、(c)〕

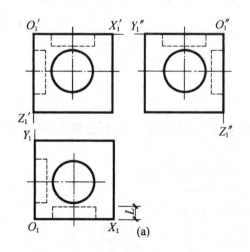

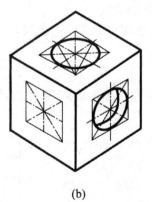

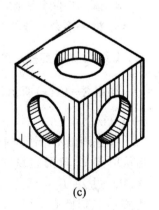

图 8—13 作带圆柱孔的立方体的正等测图

1. 根据正投影图的尺寸(直接量取),画出立方体的正等轴测图。

2. 在立方体正等轴测图的相应侧面上定出椭圆的中心,采用近似画法作出 3 个顶面椭圆。

3. 将用近似画法绘制 3 个顶面椭圆的圆心,沿相应的轴向移动孔深 L,画出底面椭圆的

可见部分。

4．擦去多余的作图线，加深可见的图线。

【例8—5】 画图8—14(a)所示的被切圆柱正等轴测图。

【分析】圆柱上半部被切部分左右对称，顶面和中间截面都是水平圆的一部分。以顶圆的圆心作为坐标原点(Q_1Z_1轴为圆柱轴线)，由上向下作图，可省去不可见部分的作图线。

【作图】〔图8—14(b)、(c)〕

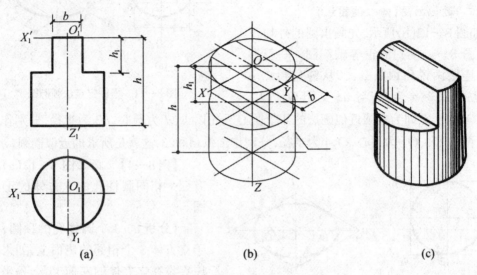

(a)　　　　　　　　　　(b)　　　　　　　　　　(c)

图8—14　被切圆柱的正等测图

1．用近似画法画出顶面椭圆。

2．将用近似画法绘制顶面椭圆的圆心，分别向下移动h_1和h，画出中间和底面椭圆的可见部分。

3．从顶面椭圆中心沿X轴向左右各量取$\frac{b}{2}$，作Y轴的平行线，与顶面椭圆相交，求出两竖直截平面与圆柱面、水平截面的交线。

4．画出中间和底面椭圆的切线。

5．擦去多余的作图线，加深可见部分的图线。

(三)$\frac{1}{4}$圆角的近似画法

如图8—15(a)所示，带有$\frac{1}{4}$圆角的底板，其圆角的正等轴测图的近似画法如下〔参见图8—15(b)〕。

首先画出不带圆角底板的轴测图，然后从顶点C向两边量取半径R，得切点A、B。过A、B点作边线的垂线，交点即为圆心1，以圆心至切点的距离为半径，作弧便是$\frac{1}{4}$圆的轴测图。画底板下表面的DE弧，可将圆心和切点向下平移到底板厚度画出。右边圆角画法与左边相同，但

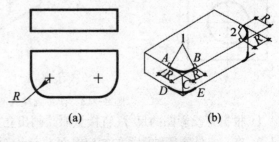

(a)　　　　　　(b)

图8—15　圆角的画法

须注意半径的变化。

§8—3 斜轴测投影

在斜轴测投影中,以铅垂面作为轴测投影面的称为立面斜轴测投影;以水平面作为轴测投影面的,则称水平斜轴测投影。

一、立面斜轴测投影

(一)立面斜轴测投影的轴间角和轴向伸缩系数

在立面斜轴测投影中,当使空间坐标轴 O_1X_1 和 O_1Z_1 平行于轴测投影面 P 时(为便于说明,将上述两坐标轴直接置于 P 面上,如图 8—16 所示),不论投射方向如何,两坐标轴本身就是轴测轴 OX 和 OZ,因此,轴间角 $\angle XOZ = 90°$,轴向伸缩系数 $p = r = 1$,而空间坐标轴 OY_1 的投影,则因投射方向 S 的变化而不同,其轴间角与轴向伸缩系数也无制约关系。如图 8—16 所示,投射方向为 S_1 和 S_2 时,投影后可得到同样的轴间角,而它们的轴向伸缩系数则不相同。考虑到作图方便,一般取 OY 轴与水平线成 45°(或 30°、60°)角,其轴向伸缩系数取 1 或 $\frac{1}{2}$,如图 8—17(a)所示。当 $q = 1$ 时,则称正面斜等测投影;当 $q = \frac{1}{2}$ 时,则称正面斜二测投影。

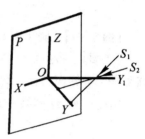

图 8—16 两坐标轴直接安置在 V 面上

在绘制斜轴测图时,OY 轴的方向可灵活安置,以便画出不同方向的轴测图,如图 8—17(b)所示。由于轴间角 $\angle XOZ = 90°$,故平行该坐标面的平面图形轴测投影后形状不变,这一特性使斜轴测投影图的绘制明显地简便易行。

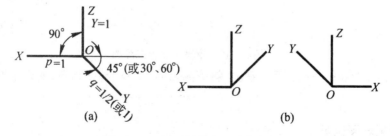

图 8—17 正面斜轴测投影的轴测轴

【例 8—6】 画图 8—18(a)所示挡土墙的正面斜等测图。

【作图】

1. 使端面平行于轴测投影面,画出左端面的实形,过各顶点作 45°线,画出竖墙和底板的立面斜等测图,如图 8—18(b)所示。

2. 画出两扶壁(三角形板),擦去不可见的图线,加深可见部分的轮廓线,如图 8—18(c)所示。

(二)平行于坐标面的圆的立面斜轴测图

当圆平行于坐标面 $X_1O_1Z_1$ 时,其立面斜轴测图仍为圆。当圆平行于另外两个坐标面时,其正面斜轴测图为椭圆,按§8—2中的坐标定点法可作出椭圆。

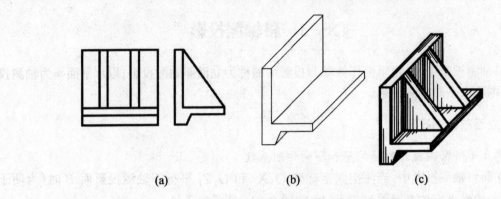

(a)　　　　　　　　　(b)　　　　　　　　　(c)

图8—18　挡土墙的正面斜等测图

【例8—7】　画出图8—19(a)所示钢箍的立面斜二测图。

【作图】　将坐标面 $X_1 O_1 Z_1$ 设在钢箍的前端面上,原点设在圆心处,这样钢箍上所有的圆都平行坐标面 $X_1 O_1 Z_1$,其立面斜轴测图均为圆。作图方法如图8—19(b)所示。

由此可见,绘制某一方向上有较多圆弧的物体时,采用斜轴测投影作图比较简便。

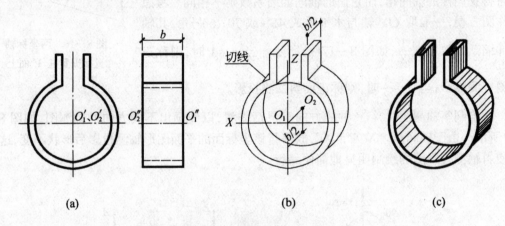

(a)　　　　　　　　　(b)　　　　　　　　　(c)

图8—19　钢箍正面斜二测图

比较图8—18和图8—19可以看出,斜等测图的 y 方向显得过宽,所以常被采用的是斜二测图。

二、水平斜轴测投影

当以 H 面为轴测投影面时,使坐标轴 $O_1 X_1$ 和 $O_1 Y_1$ 平行于 H 面,则轴间角 $\angle XOY =$ 90°。一般将 OZ 轴放置成竖直位置,OZ 轴的轴向伸缩系数可采用1或 $\frac{1}{2}$,当采用 $p = q = r$ =1时,称水平斜等测投影;当采用 $p = q = 1$,$r = \frac{1}{2}$ 时,称水平斜二测投影。水平斜轴测轴的画法如图8—20所示。这种轴测图常用于表示建筑群的总平面布置。

【例8—8】　画图8—21(a)所示建筑群的水平斜二测图。

【作图】　〔图8—21(b)〕

将平面布置图〔图8—21(a)〕旋转30°画出,然后在每幢房屋平面图的竖高度上(按房屋高

度的 $\frac{1}{2}$)画出每幢楼房。房屋轮廓线画中粗线,道路边线画细实线。这种轴测图亦称鸟瞰图。

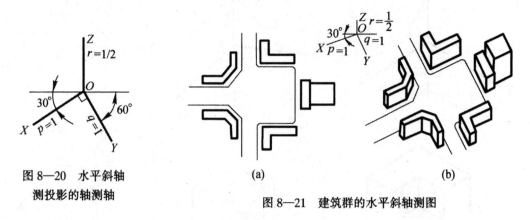

图 8—20 水平斜轴
测投影的轴测轴

图 8—21 建筑群的水平斜轴测图

§8—4 轴测图的剖切

为了表达物体的内部构造,可假想用剖切平面将物体切开,画出剖切后的轴测图。剖切平面应选择与坐标面平行的平面,对于回转体,剖切平面应通过轴线,一般情况是剖去挡住视线的 $\frac{1}{4}$ 。

在剖切的断面上应画出其材料图例线。如以 45°斜线为材料图例线时,各种轴测图上的图例线方向应按断面所平行的坐标面上的 45°线的轴测投影方向绘制,如图 8—22 所示。断面的轮廓用粗实线画出,不可见的轮廓线一般不画。

画剖切的轴测图时,一般先画出物体的整体外形,然后切去挡住视线的部分,画出剖切后的轴测图。如图 8—23 所示为空心圆柱剖切后的正等轴测图的画法。

【例 8—9】 画图 8—24(a)所示压盖的剖切正面斜二测图。

【分析】 压盖上所有圆和圆弧所在平面都与 V 面平行,它们的正面斜二测图都反映实形。画图时,可先画出剖切 $\frac{1}{4}$ 后的前端面和剖切断面的形状,然后再画内、外的可见轮廓线。

【作图】

1.沿 Y 轴方向确定各圆心的位置,画前端面的 $\frac{3}{4}$ 圆和剖切断面,如图 8—24(b)所示。

2.沿 X、Y 轴方向确定其他圆的圆心,画出可见轮廓,如图 8—24(c)所示。

3.作相应圆和圆弧的切线。并按图 8—24(c)在剖切断面上画出材料图例线;最后擦去多余图线,加深可见的轮廓线,如图 8—24(d)所示。

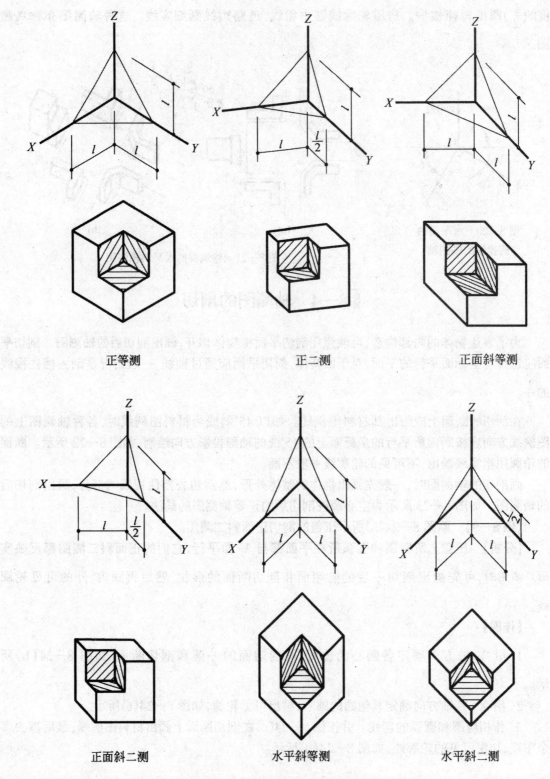

正等测 正二测 正面斜等测

正面斜二测 水平斜等测 水平斜二测

图 8—22 轴测图断面图例线画法

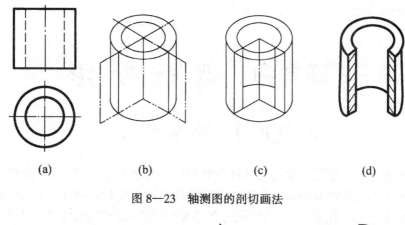

(a) (b) (c) (d)

图 8—23 轴测图的剖切画法

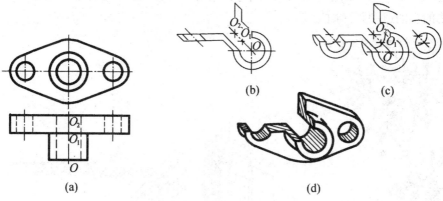

(a) (d)

图 8—24 压盖斜二测图的剖切画法

第九章 透视投影

§9—1 基本概念

透视投影属于中心投影。就是把物体投影到投影面上时,所有的投射线都是从一个称为投射中心的点出发。所得到的透视投影与观察物体所得到的印象基本一致,富有立体感和真实感,如图9—1所示。在建筑设计过程中,常用这种投影来表现建筑物建成后的外貌,用以研究建筑物的空间造型和立面处理。

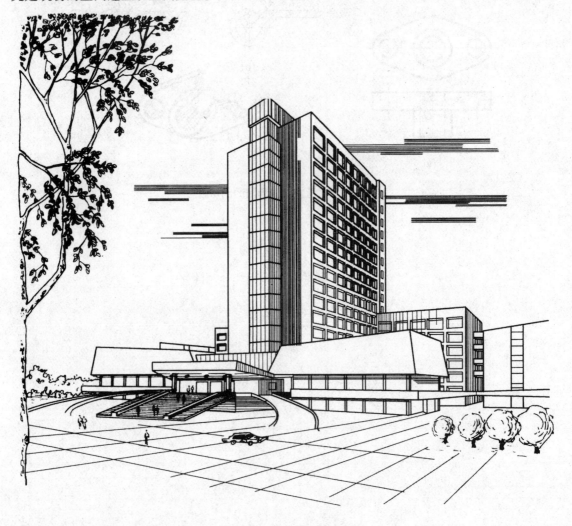

图 9—1 透视图

在图9—2中,以水平面 H 作为地面,与其相垂直的 V 面作为画透视图的画面。地面 H 与画面 V 的交线 OX 称为基线(地平线)。

通常把物体置于画面之后,而投射中心(视点 S)则位于画面之前。视点 S 在地面 H 上的正投影 s 称为站点,在画面 V 上的正投影 s' 称为主点。视点 S 与主点 s' 的连线是主视线,其长度称为视距。

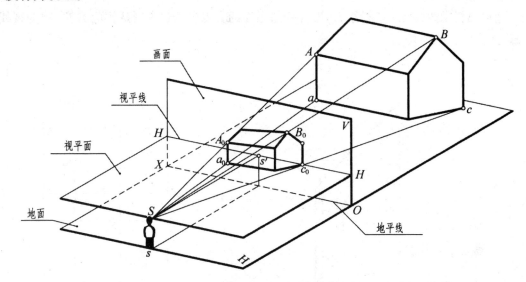

图9—2　透视投影概念

过视点 S 且平行于地面 H 的平面是视平面,视平面与画面 V 的交线 HH 称为视平线。所以视平线 HH 是画面上一条平行于地平线 OX 的水平线,与 OX 的距离等于视点 S 的高度。主点 s' 位于视平线上。

物体的透视是由该物体上的点和线的透视所围成的。由视点 S 向物体上某一点 A 引视线 SA(图9—2),SA 与画面 V 的交点 A_0 就是 A 点的透视。由 S 引线至 A 点在 H 面上的水平投影 a,Sa 与画面 V 的交点 a_0 是 a 点的透视。a_0 称为 A 点的次透视。

如果已知地面 H,画面 V 和视点 S 的位置,除根据 A 点本身的透视 A_0 外,还需要知道它的次透视 a_0 才能确定 A 点的空间位置。

§9—2　点和直线的透视

一、点的透视

点的透视即为通过该点的视线与画面的交点(迹点)。

如图9—3(a)所示,视线 SA 与画面 V 的交点 A_0,即为空间 A 点的透视。由于 Aa 垂直于地面,则自视点 S 引向 Aa 线上各点的视线所形成的视线平面 SAa 必然垂直于地面。因此,它与画面的交线 A_0a_0 必然垂直于地面,也垂直于基线 OX。

结论:一点的透视与次透视,位于一条垂直线上。

A_0a_0 长度称为 A 点的透视高度,它是 A 点的高度 Aa 的透视,一般与实际高度不相等。

图9—3(b)是应用视线迹点法,在投影图上求作空间点的透视。为了便于作图和图线清晰起见,把画面和地面分开画出。

作图方法:

1. 在地面 H 上,连 s、a,得视线 SA 和 Sa 的水平投影 sa。

2. 在画面 V 上，连点 s'、a' 及 s'、a_x，得视线 SA 和 Sa 的正面投影 $s'a'$、$s'a_x$。

3. 由 sa 与基线 OX 的交点 a_{0x} 向上引垂线，与 $s'a'$ 相交，得 A 点透视 A_0，与 $s'a_x$ 相交，得 A 点的次透视 a_0。

这种根据视线的 H、V 投影，作出视线与画面的交点(迹点)求得透视的方法，称为视线迹点法。

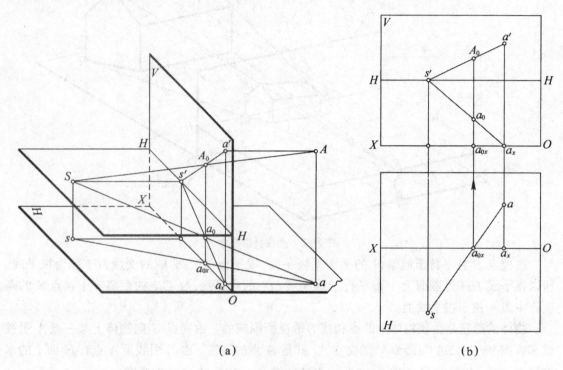

(a)　　　　　　　　　　　(b)

图 9—3　用视线迹点法求作点的透视

二、直线的透视

直线的透视，是通过直线的视线平面与画面的交线。在一般情况下，直线的透视是直线。因此，直线的透视可用求直线上两个点的透视的方法作出。当直线通过视点 S 时，其透视为一点。

由图 9—3(b)可以看出，用视线迹点法作透视图时，在画面 V 上的点(或物体)的正面投影和透视图都在画面上，使画面不清晰。这里在介绍视线迹点法的基础上介绍画直线透视的灭点法，使画面上只有透视图。

(一)水平线

1. 水平线的灭点和迹点

直线上无限远点的透视称为该直线的灭点，如图 9—4(a)所示。当水平线 AB 在画面 V 之后延长到无限远时，过此线无限远点的视线 $S\infty$ 与 AB 直线平行，这一与 AB 平行的视线与画面的交点，即为 AB 直线的灭点 F。因为 AB 为水平线，SF 亦为水平线，故 F 必在视平线 HH 上。水平线 AB 及其水平投影 ab 具有公共的灭点 F。

延长 BA 与画面相交，得交点 N，其水平投影 ba 与 OX 相交于 n，点 N 称为直线 AB 的迹点。FN 称为画面后直线 AB 的全长透视，它的次透视为 Fn。直线 AB 上所有点的透视均在

FN 上,次透视都在 Fn 上。因此,无限长的直线其透视为有限长。

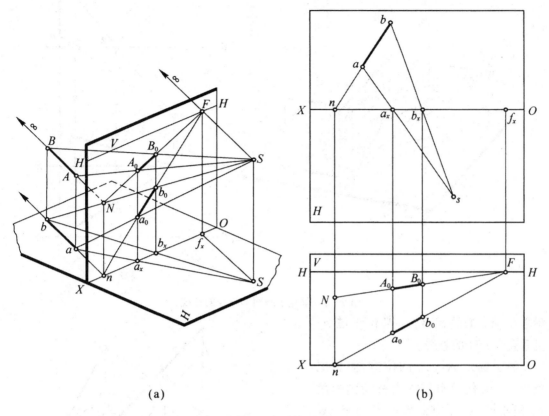

(a)　　　　　　　　　　　　(b)

图 9—4　水平线的透视

2．应用灭点法求作水平线的透视〔参见图 9—4(b)〕

(1)求灭点:为了作图清晰,将地面 H 与画面 V 分别画出。在地面 H 上过站点 s,作 sf_x∥ab,sf_x 与 OX 线交于 f_x 点,f_x 即为灭点 F 的水平投影。过 f_x 引铅垂线,与画面上视平线 HH 相交,交点即为 AB 的灭点 F。

(2)求全长透视:在地面 H 上延长 ab 与 OX 线相交得直线 AB 的迹点 N 的水平投影 n,过 n 引铅垂线与画面上的基线 OX 相交于 n,根据水平线 AB 的高度 nN,定出迹点 N,FN 即为直线 AB 的全长透视,而 Fn 即为 AB 全长的次透视。

(二)垂直于画面 V 的直线

因为垂直于画面 V 的直线也平行于 H 面,显然它的灭点就是主点 s',如图 9—5(a)所示,其透视图的作法如图 9—5(b)所示。

(三)平行于画面 V 的直线

设直线 AB 平行于画面 V,如图 9—6 所示,过视点 S 及 AB 的平面与 V 面的交线应平行于直线本身,即 A_0B_0∥AB。同理 a_0b_0∥ab∥HH。所以,平行于 V 面的直线的透视与直线本身平行,它们的次透视平行于视平线 HH。这类直线的灭点在无限远处。

由此可见,平行于 V 面的水平线(即侧垂线)的透视仍为水平线。

在画面上的直线的透视就是直线本身,长度不变。

(四)铅垂线

铅垂线的透视应垂直于视平线 HH。在图 9—7(a)中,过站点 s 作直线 sa,与 OX 交于 a_x。

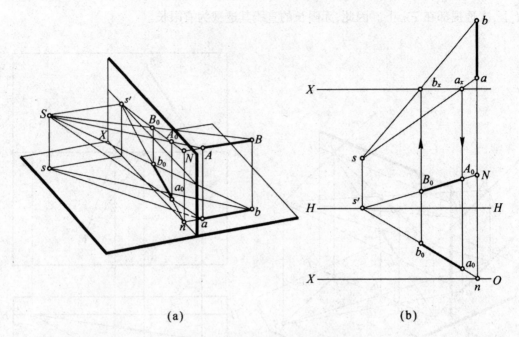

(a)　　　　　　　　　　　　　　　　(b)

图 9—5　垂直于画面的直线的透视

铅垂线 Aa 的透视 A_0a_0 必位于过 a_x
且垂直于 HH 的直线上。

　　为了确定 A_0、a_0 的位置，假想把
直线 Aa 沿任一水平方向移动到画面
上，例如将 Aa 平移到画面 V 上的 Dd
位置。线段 Dd 的长度就等于 A 点的
高度。作出移动方向 AD 的灭点 F。
直线 DF、dF 与过 a_x 垂直于 HH 的直
线交于 A_0a_0，即为 Aa 的透视。作图过
程如图 9—7(b)所示。

　　移至画面上的直线 Dd，用来测定

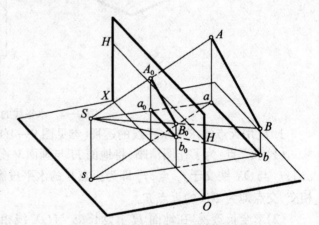

图 9—6　平行于画面的直线的透视

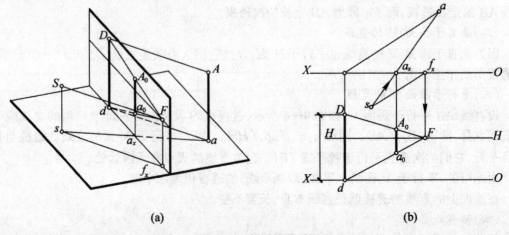

(a)　　　　　　　　　　　　　　　　(b)

图 9—7　铅垂线的透视

空间点的高度,故称为测高线。

【例 9—1】 已知图 9—8 所示 AB 直线的水平投影和 A、B 两点的高度 h_1、h_2,求线段 AB 的透视。

【作图】

1. 过站点 s 作 ab 的平行线,与 OX 相交于 f_x,并延长 ab 与 OX 相交,据此在 HH 上求得灭点 F,在画面的基线 OX 上求得 d。

2. 分别连接 s、a,s、b 和 F、d,据此求得 $a_0 b_0$。

3. 在过 d 点的竖直线上截取 $dD_1 = h_1$,$dD_2 = h_2$,连接 F、D_1 和 F、D_2,与过 a_0、b_0 竖直线的交点 A_0、B_0 即为高度为 h_1 的点 A 和高度为 h_2 的点 B 的透视,连接 A_0、B_0 即得线段 AB 的透视 $A_0 B_0$。

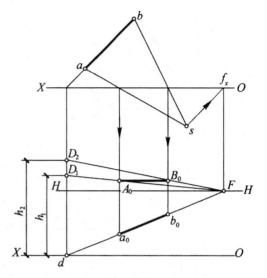

图 9—8 利用测高线确定点的透视高度

§9—3 平面体的透视

求平面体的透视,实际上就是求点、直线及平面多边形的透视。

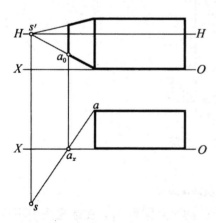

图 9—9 利用主点作长方体的透视

【例 9—2】 已知图 9—9 所示长方体,其正面重合于画面,作出透视图。

【作图】 长方体的正面重合于画面,其透视不变形。两侧面垂直于画面,侧面上下棱边的透视消失于主点 s'。所以过左边反映真实高度的上、下两个端点作直线消失于主点 s',即为左侧面上下棱边的全长透视(右侧面不可见,可不必画出)。然后在 H 面上,由站点 s 到长方体的左后角点 a 作视线的水平投影,与 OX 相交于 a_x,自 a_x 向上引垂线与左侧面上、下边线的全长透视线相交,得长方体左侧面的透视宽度。

【例 9—3】 已知图 9—10(a)所示的长方体,高度为 h,站点 s,视平线 HH,求长方体的透视图。

【分析】 使 a 角靠在画面上,即使 $A_0 a$ 为真高〔图 9—10(c)〕。由于长、宽方向都与 OX 倾斜,故有 F_1、F_2 两个灭点(这种透视称为两点透视)。

【作图】

1. 求 F_1、F_2 和底面的透视〔图 9—10(b)〕。在 H 面上过站点 s 作 $sf_1 /\!/ ac$ 与 OX 交于 f_1,过 f_1 引铅垂线与 HH 线相交,即得长度方向的灭点 F_1。再过 s 点,作 $sf_2 /\!/ ab$,与 OX 交于 f_2,过 f_2 引铅垂线与 HH 相交,得宽度方向的灭点 F_2。求出 $a_0 b_0 c_0 d_0$,即为底面的透视。

2. 求透视高度〔图 9—10(c)〕。由点 a_0 向上引铅垂线,量取高度 h 得点 A_0,连接 F_1、A_0 和 F_2、A_0,过 b_0、c_0 分别作铅垂线与 $F_2 A_0$ 和 $F_1 A_0$ 相交,即得 $B_0 b_0$、$C_0 c_0$。因为一组平行线

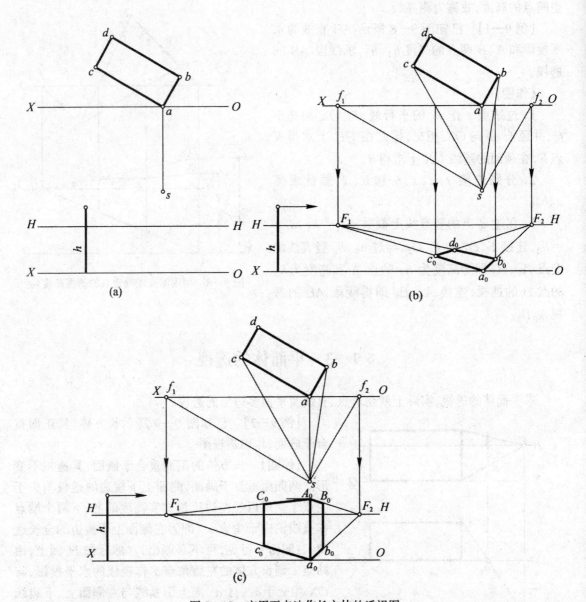

图9—10 应用灭点法作长方体的透视图

有同一个灭点,所以 CD 和 AB 的灭点同为 F_2、BD 和 AC 的灭点同为 F_1。在透视图中不可见部分一般不画线。

【例 9—4】 已知图 9—11(a)所示两坡顶房屋的三面图,求作透视图。

【作图】 〔图 9—11(b)〕

1. 先定出画面与房屋的相对位置,通常使一墙角靠在画面上,使其反映真高。现选用两点透视,使房屋的正面与画面的夹角为 30°,侧立面与画面的夹角为 60°,即在地面上使 ac 与 OX 线成 30°,ab 线与 OX 成 60°角。

2. 选定站点 s。一般视锥角为 30° 左右时观看物体最清晰。视距约为透视图宽度的 1.5~2 倍,站点 s 到画面所作垂线的垂足位于 b_x 与 c_x 中间 1/3 处为佳。

3. 确定视平线高度。一般定为 1.6~1.8 m。

4. 求 F_1、F_2（作法同例 9—3）。

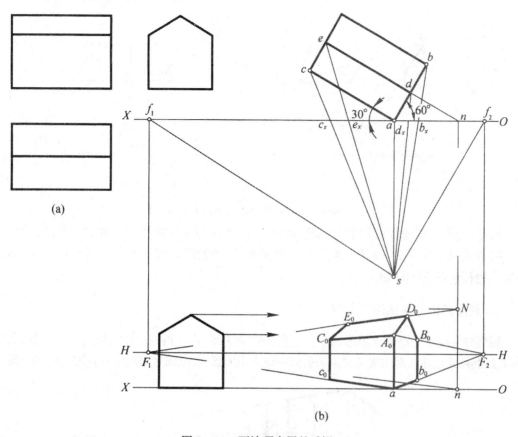

图 9—11　两坡顶房屋的透视

5. 作墙身部分的透视（作法同例 9—3 长方体的透视）。

6. 求坡屋面的透视。先求出屋脊线 DE 的透视。延长 de 与 OX 交于 n，n 即为直线 DE 的画面迹点的水平投影，过 n 引铅垂线在画面上量 nN 等于屋脊高定出迹点 N。因 $DE /\!/ AC$，所以连 F_1N 即为 DE 的全长透视。过 d_x、e_x 引铅垂线与 F_1N 交于 D_0、E_0 即得 DE 的透视长度。再连接 A_0、D_0，B_0、D_0 和 C_0、E_0，即完成坡屋面的透视图。

由此可知，物体上若有倾斜线时，只要求出斜线端点的透视，然后连接两端点，即得倾斜线的透视。

§9—4　透视图中的分割

在画建筑物的透视图时，通常是选画出它的主要轮廓，然后将主要轮廓透视进行分割，画出建筑细部的透视。下面介绍几种常用的分割方法。

一、分线段为已知比

在透视图中，只有当直线平行于画面时，该直线上各段之比才等于这些线段的透视之比。如图 9—12(a)所示，直线 AB 的透视是 A_0B_0，次透视为 a_0b_0。由于 $a_0b_0 /\!/ HH$，所以 AB 平行于画面。在视平线 HH 上任取一点 M 作为辅助灭点，把 a_0b_0 和 A_0B_0 引至画面上，得线段

AB 实长 A_1B_1。因为 $A_0B_0 /\!/ A_1B_1$，$a_0b_0 /\!/ a_1b_1$，所以 $\dfrac{A_1C_1}{C_1B_1}=\dfrac{A_0C_0}{C_0B_0}$，$\dfrac{a_1c_1}{c_1b_1}=\dfrac{a_0c_0}{c_0b_0}$。

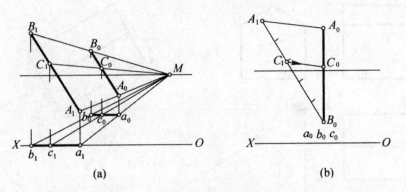

(a)   (b)

图 9—12　平行于画面的线段分割

因此，把平行于画面的线段分为已知比，可在透视图中直接进行。在图 9—12(b)中表示了把铅垂线 AB 分为 2:3 两段，求分点 C 的透视 c_0 的情况。利用这种方法，也可以在透视图中把一般位置线分为已知比。

二、利用矩形对角线进行分割

矩形对角线的交点是该矩形的中心。利用这个关系，可在透视图中把矩形等分。如图 9—13 所示，是利用经过矩形对角线的交点而引向相应灭点的直线，以确定该矩形的各边中点的作图。

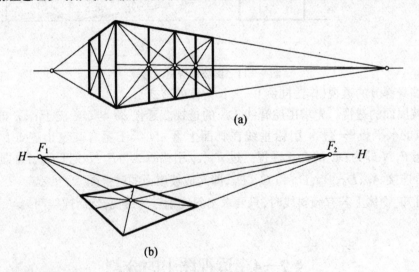

(a)

(b)

图 9—13　利用矩形对角线分割

三、利用辅助灭点进行分割

(一)水平线的分割

利用辅助灭点分割正平线的方法，也可以用于透视图中水平线的分割。

当需要分割的线段不平行于画面时，可把分割比先转移到平行于画面的线段上，然后进行所需的分割。图 9—14(b)所示是一建筑物轮廓的透视。经 A_0 点引水平线，并在其上截取各线段，使它们的比等于图 9—14(a)中 AB 上各段之比。把最后一点 B_1 与 B_0 连接起来，延长

后交 HH 于辅助灭点 M。利用灭点 M 就可以在 A_0B_0 上得到所需的各分点。

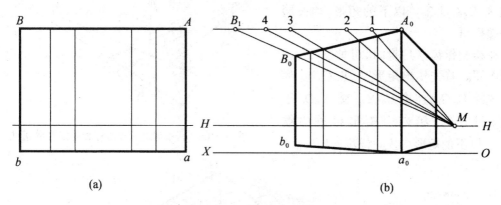

图 9—14 水平线分割

(二)铅垂线的分割

这种分割方法多用在画层高和门窗洞横线,如图 9—15(a)所示。

如果使墙角与画面接触,则该墙角的透视反映墙角线的实际高度。可直接在这墙角线上作出各分点,然后与相应的灭点 F_1 相连,即得正立面上各水平向分格线的透视,如图 9—15(b)所示。

如果墙角与画面不接触,则可先在任一墙角的透视上按比例进行分割。从图 9—12(b)中可知:在平行于画面的直线上各分点的比,等于该直线的透视上各分点的比。所以过分点引线至灭点 F_1,即可得图 9—15(d)所示各水平格线的透视。

如果灭点超出图纸范围之外,可同时在两墙角上按比例作出分点,然后相连,如图 9—15(c)所示。

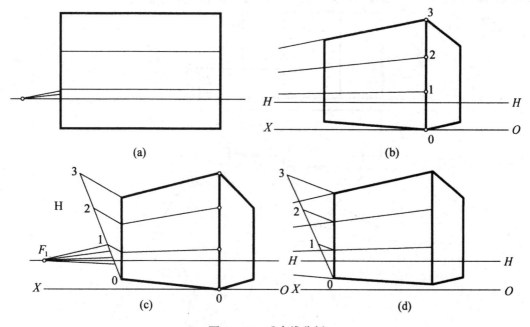

图 9—15 垂直线分割

(三)作相等矩形的透视

如图 9—16 所示,是已知水平面上的矩形透视 $A_0B_0C_0D_0$。要求连续地作出几个相等的矩形。延长对角线 A_0C_0 交视平线于辅助灭点 M。连接 D_0M,在 B_0F_2 上截得 1_0。引线

$F_1 1_0$，就可以作出与已知矩形相等的矩形的透视 $D_0 C_0 1_0 2_0$。以下的矩形，均按同样步骤作出。

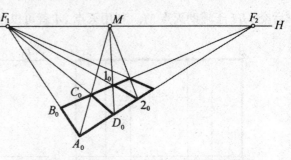

图 9—16　利用辅助灭点法作相等矩形的透视

在绘制锯齿形厂房时，可按图 9—17 所示作图。首先作出矩形 $A_0 B_0 C_0 D_0$ 的水平中线 $E_0 G_0$，连接 B_0、G_0 交 $A_0 D_0$ 于 J_0 点；过 J_0 作第二个矩形铅垂边线 $J_0 K_0$。以下的矩形均按同样步骤作出。

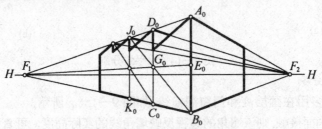

图 9—17　作锯齿形厂房的透视

§9—5　画透视图的基本方法

一、视点和画面位置的选择

绘制建筑物或其细部的透视图时，视点和画面不能随意假设，否则，可能表达不充分或失去真实感。在例 9—4 中已简单地作了说明。现进一步说明如下。

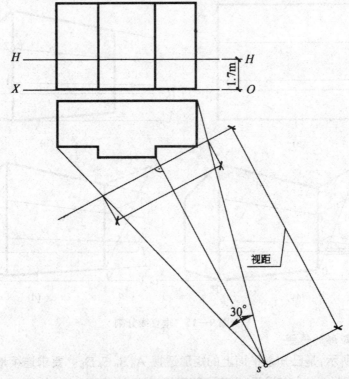

图 9—18　画面、视距和视角的关系

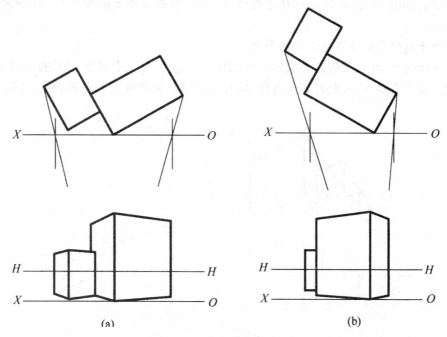

图 9—19 突出建筑物的主体

（一）视点选择的一般规则

为了得到较满意的透视图，应使物体位于一个以视点为顶点、主视线为轴线的直圆锥面所包围的空间内，这个圆锥的顶角（即视角）应为 20°至 60°，最好是 30°左右，如图 9—18 所示。

同时还应使视点处于这样的位置，使画出的透视图能反映出物体的主要轮廓和主要立面，如图 9—19 所示。

因为透视图的大小与视距有关，所以，必须处理好画面宽、视距和视角这三者之间的关系。一般情况下可使主视线成为视角 α 的分角线。在作图时，可经物体平面图轮廓的顶点（即墙角与画面的接触点）引基线 OX，使之垂直于分角线。

（二）画面与房屋主立面的夹角选择

如前所述，一般取 30°左右。但有时为了更突出主立面，夹角可小些，如 20°～25°左右。为了兼顾主立面和侧立面，则夹角也可取大些，如 40°左右。

（三）考虑透视图的大小

当视点、画面、画面与建筑物主立面的夹角确定之后，若使画面前后平移，将会影响到画出来的透视图大小，但透视图

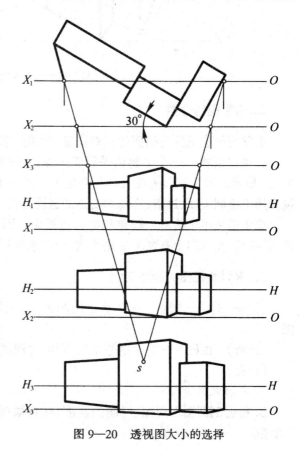

图 9—20 透视图大小的选择

的形象不变，如图 9—20 所示。选择透视图的大小，取决于图纸幅面大小，并考虑配景所占的位置。

（四）视平线的高低对透视效果的影响

在一般情况下，可取观察者的眼睛高度，即 1.7 m 左右（注意要按房屋图的比例量度）。但还可根据不同的需要，将视点升高或降低，即可得到俯视和仰视图的透视效果，如图 9—21 所示。

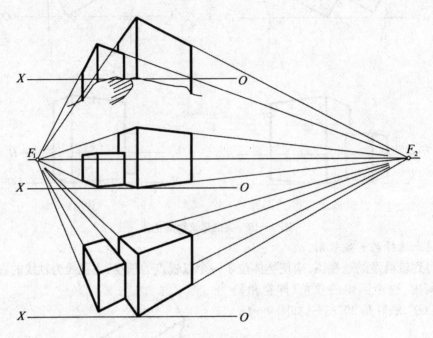

图 9—21   视平线高度对透视效果的影响

二、透视图的分类

根据所画建筑物与画面的相对位置，常用的透视图有正面透视和成角透视两种。

如果建筑物的一个主要面平行于画面，则所得的透视称为正面透视（或平行透视），如图 9—24 所示。因为正面透视只有一个位于主点 s' 处的主要灭点，所以也叫一点透视。这种透视多用于绘制大厅、过道、广场和街道的透视图。

成角透视用于绘制一般建筑物的透视图。因建筑物的一个主要立面与画面相交成一角度，故在长、宽方向上有两个主要灭点，所以也称两点透视。

三、房屋透视图的画法实例

【例 9—5】 已知图 9—22 所示门洞的平面图和剖面图，站点 s 和视平线 HH，求作透视图。

【分析】 由图 9—22 中的平面图可知，过雨篷前角和迹点 n 的铅垂线均为真高线。

【作图】

1. 求出灭点 F_1、F_2。

2. 根据剖面图上雨棚、门洞的高度，在过雨篷前角和 n 的真高线上分别量取真高 A_0a_0（雨棚高）、n_0n（门洞高）。

3.将 F_1、F_2 分别与 A_0、a_0、n_0、n 和 A_0、a_0 连接起来,得连线 F_1A_0、F_1a_0、F_1n_0、F_1n、F_2A_0、F_2a_0

4.分别过 c_x、d_x、e_x、g_x 和 b_x 向下引垂线,求得 C_0c_0、d_0、E_0e_0、G_0g_0 和 B_0b_0,即得门洞和雨棚的透视。

5.连接 F_2、E_0 和 F_2、e_0,过 f_x 向下引垂线,求得 F_0f_0,即为门洞宽度的透视。

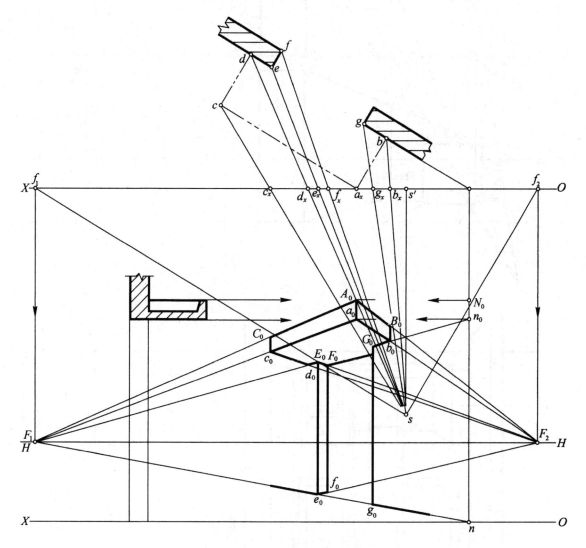

图 9—22　门洞及雨篷透视图画法

【**例 9—6**】　已知图 9—23 所示建筑物的平面图和正立面图,求一点透视图。

【**分析**】　作一点透视时应使建筑物体的正面平行于画面,此时与 OX 轴平行的直线的灭点在 HH 上的无限远处。垂直于画面的所有直线的灭点就是主点 s'。图 9—23 中右边主体建筑的正立面靠的画面上,所以各角点就是主体建筑各垂直于画面直线的迹点。

【**作图**】

1.在画面上定出基线和视平线 HH,并在基线上用轻淡细线画出正立面图。

2.求正垂棱线全长透视。过立面上各角点与 s' 相连,即得一组画面垂直线的全长透视,如 $s'a'$、$s'b'$、$s'd'$、$s'c'$……。

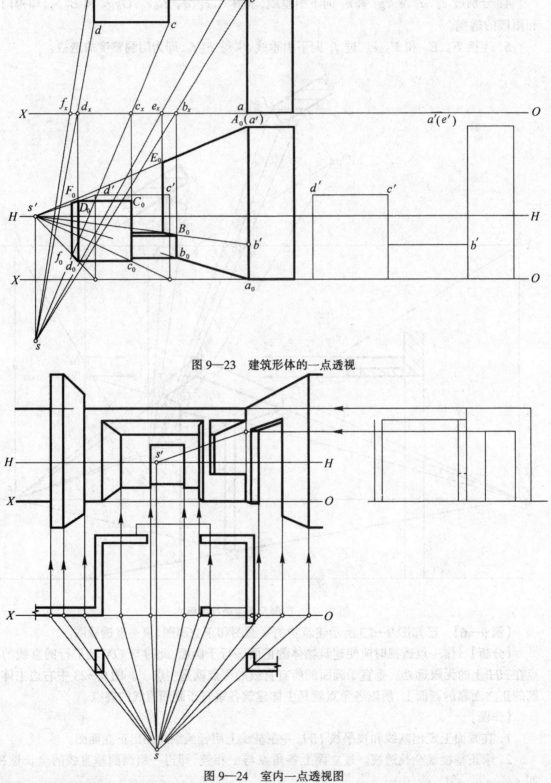

图 9—23　建筑形体的一点透视

图 9—24　室内一点透视图

3. **求端点透视** 在地面上连接 sb、sc、sd……，与 OX 线相交得 b_x、c_x、d_x、e_x……，过这些点引垂线与 $s'a'$、$s'b'$……相交得 B_0、b_0、C_0、c_0、D_0、d_0、E_0……各点。连接各点即完成建筑形体的透视图。

图 9—24 为一室内的透视，由平面图可以看出，画面与一正面墙重合，故在画面前的柱、门等，其透视较其平、剖面所示尺寸大。门、柱等透视都是利用画面上的真高线确定的。

第十章 标高投影

§10—1 基本概念

无论是房屋建筑工程,还是道路(铁路和公路)工程,水利工程,它们都要与地面发生关系。地面的形状是很复杂的,如果仍用普通的三面正投影,是很难表达清楚的,这就要寻求一种新的投影方法来解决。

在多面正投影中,一旦形体的水平投影确定,其立面投影主要是表示形体各部分的高度。显然,在形体的水平投影上标注出它各部分的高度,同样也可以确定形体的空间形状。这种用水平投影和标注高度来表示形体形状的投影,称为标高投影。

§10—2 点和直线的标高投影

一、点的标高投影

标高投影是以水平面 H 为投影面,称为基面,并约定其高度为零。作点的标高投影,就是先将点向 H 面作正投影,然后在其旁边标出该点离 H 面的距离。高于 H 面者标为正值,但省去"＋"号,低于 H 面者标为负值,加注"－"号,其数值称为该点的标高,单位以米计。图 10—1(a)中空间点 A、B、C 的标高投影如图 10—1(b)所示。为了表示几何元素间的距离或线段的长度,标高投影图中都要附以比例尺。在图 10—1(b)中,如果用所附比例尺丈量,即可知 A、B、C 任意两点间的实际水平距离。

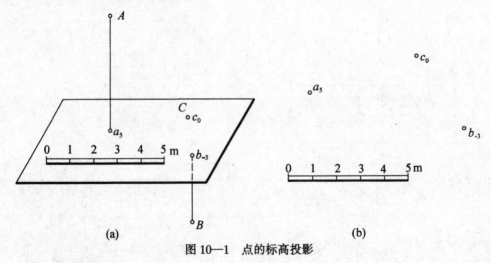

图 10—1 点的标高投影

二、直线的标高投影

1. 直线的表示法

直线的标高投影,可用连接两端点的标高投影的线段表示,如图 10—2(a)中倾斜直线 AB

和水平线 CD 的标高投影,可表示成图 10—2(b)中的 a_3b_4 和 c_3d_3。

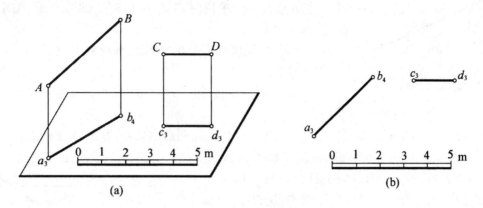

图 10—2 直线的表示法

直线标高投影还可用直线上一点的标高投影,并标注直线的坡度和方向表示。如图 10—3 所示,箭头表示下坡方向。

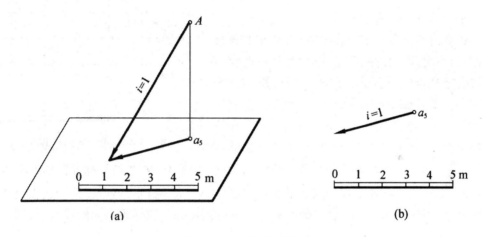

图 10—3 直线的表示法

2. 直线的坡度和平距

直线的坡度是指直线上两点的高差与两点间水平距离之比,用 i 表示,即 $i = I/L = \tan \alpha$。当取水平距离为一个单位时,两点的高差值 i 即为坡度,如图 10—4(a)所示。平距则是两点

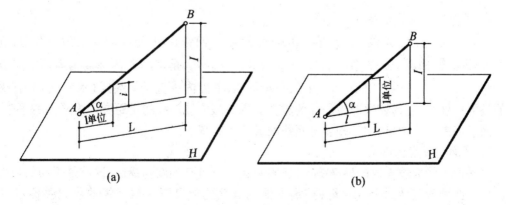

图 10—4 直线的坡度和平距

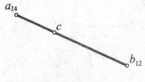

0　5　10　15　20　25 m

图 10—5　求 C 点的标高

水平距离与它们的高差之比,用 l 表示,即 $l = L/I = \cot \alpha$。当取两点的高差为一个单位时,其水平距离 l 即为平距,如图 10—4(b)所示。

由此可知,坡度和平距互为倒数,坡度愈大,平距愈小,坡度愈小,平距愈大。

【例 10—1】　求图 10—5 中 AB 直线的坡度和平距,并求 C 点的标高。

【解】　直线的坡度 $i = I_{AB}/L_{AB}$。其中 I_{AB} 为 A、B 两点的高差,即 $I_{AB} = 24 - 12 = 12$。L_{AB} 为 A、B 两点间的水平距离,用比例尺量得为 36,所以 $i = 12/36 = 1/3$。直线的平距 $l = 1/i = 3$。

因为 $i = I_{AB}/L_{AB} = I_{AC}/L_{AC} = 1/3$,所以 $I_{AC} = 1/3 \times L_{AC}$。$L_{AC}$ 由比例尺量得为 15,由此得 $I_{AC} = 1/3 \times 15 = 5$,所以 C 点的标高为 $24 - 5 = 19$,标为 C_{19}。

3. 直线上的整数标高点

一条直线的标高投影,其两端点常常是非整数标高点,而在实际工作中,很多场合需要知道直线上各整数标高点的位置。这样的点可以用辅助平面法求得。欲求图 10—6 所示 AB 直线的整数标高点,可先假想过直线 $a_{3.3} b_{8.6}$,作一铅垂面,在该面上按比例,分别作出低于和高于直线上最低点

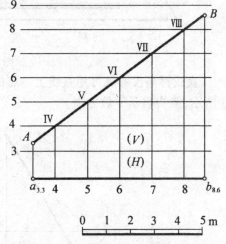

0　1　2　3　4　5 m

图 10—6　求直线的整数标高点

$a_{3.3}$ 和最高点 $b_{8.6}$ 之间的若干条整数标高的水平线,如 3、4…9,并按其标高作出两端点 A、B,连成直线,则得 AB 与各整数标高水平线的交点 Ⅳ、Ⅴ、Ⅵ、Ⅶ、Ⅷ,然后将这些点投至直线的标高投影上,即得到 4、5、6、7、8 各整数标高点。此时两相邻整数标高点间的线段长,即为该直线的平距。

§10—3　平面的标高投影

一、平面的坡度和平距

1. 平面的等高线和最大坡度线

平面 P 内平行于迹线 P_H 的直线都是水平线,它们各自距 H 面的高度为一等值,故称为平面的等高线,如图 10—7 中的 Ⅰ—Ⅰ、Ⅱ—Ⅱ…等。P_H 是平面 P 内标高为零的等高线。显然,同一平面的等高线互相平行。由 §3—4 可知,平面内垂直于等高线(水平线)的直线为平面的最大坡度线,它的坡度即为平面的坡度。因此最大坡度线的平距亦即为平面的平距,它反映平面上高差为一个单位时,相邻等高线间的水平距离。

2. 平面的坡度比例尺

将平面的最大坡度线的标高投影,按整数标高点进行刻度和标注,这就是平面的坡度比例尺。为了区别于直线的标高投影,规定平面的坡度比例尺以一粗一细的双线并标以"P_i"表示,如图 10—8(d)。

二、平面的表示法

1.在§2—3中所述平面的五种几何元素表示法,都可换用其标高投影表示。

2.以一组平行线,即平面内的等高线表示,如图10—8(a)。

3.以平面内一条等高线及其带箭头和坡度值的坡度线表示,箭头朝下坡方向,如图10—8(b)。

4.以平面内的一般位置直线及平面的坡度线表示,如图10—8(c)。这种情况下,坡度的方向尚未严格确定,故用带箭头的虚线或波折线表示,图中箭头的指向只是平面的大致下坡方向,准确方向可通过作图求得(见例10—3)。

5.以坡度比例尺表示,如图10—8(d)。因为坡度比例尺的线段垂直于平面内的水平线,所以这种表示法与图10—8(b)所示类同。

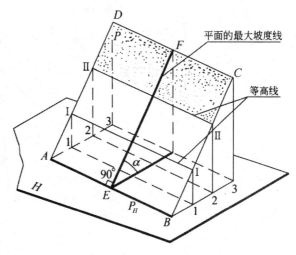

图 10—7 平面的坡度和平距

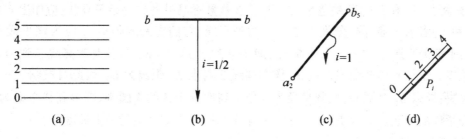

图 10—8 平面的表示法

三、求作平面的等高线

在解决标高投影中的交线问题时,常常要在平面上作出一系列等高线。下面通过两个例题,介绍平面上等高线的作法。

【例 10—2】 如图10—9(a)所示,已知 A、B、C 三点的标高投影 a_1、b_6、c_2。求由这3点所决定的平面的平距和倾角。

【分析】 平面的平距及与基面的倾角就是平面上最大坡度线的平距和倾角。而平面的最大坡度线又垂直于平面内的等高线,所以本例要解决的问题,就是在平面上求作等高线。

【作图】〔图10—9(b)〕

1.连接三点得三角形 $a_1b_6c_2$。

2.分别求 a_1b_6 和 c_2b_6 两边上的整数标高点。

3.连接相同整数标高点,即得平面上的等高线。

4.过平面上任一点(如 b_6)作等高线的垂线(即最大坡度线),它的平距 l 即为平面的平距。

5.以平距为一直角边,以单位高差(即比例尺的单位长度)为另一直角边作直角三角形,

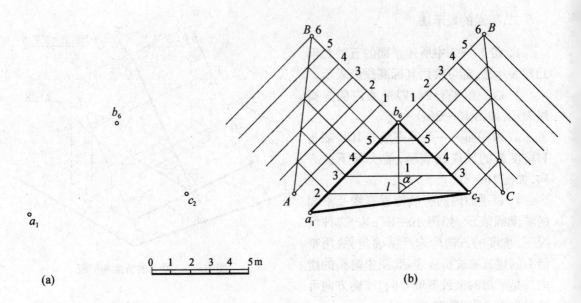

图 10—9　求平面的平距和倾角

即求得平面的倾角 α。

【**例 10—3**】　求作图 10—10(a)所示平面的等高线。

【**分析**】　A 和 B 的高差是 $5-2=3$,若在整数标高处各作一条等高线,应作出 4 条。其中过 a_2 和 b_5 各有一条标高分别为 2 和 5 的等高线,它们之间的距离 L 应为该平面平距的三倍。而平面的平距 $l=1/i=1/0.5=2$,即 $L=3l=3\times2=6$。这就是等高线 5 到等高线 2 的水平距离。于是问题就变成过点 a_2 作等高线 2 与点 b_5 距离为 6。因此可按图 10—10(c)的思路解决:即以 b_5 为圆心,底圆半径为 6 作一高度等于 3 的正圆锥,则等高线 2 必为过 a_2 向锥底圆所作的切线。锥顶 B 与切点 K 的连线 BK,即为该平面的最大坡度线。

【**作图**】〔图 10—10(b)〕

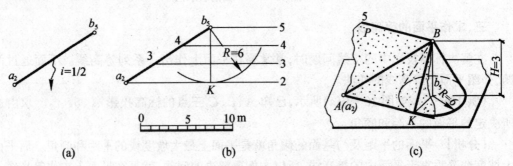

图 10—10　求作平面上的等高线

1. 以 b_5 为圆心,$R=6$ 为半径,在平面倾斜一侧画弧(R 应以图中比例量取)。

2. 过 a_2 向弧作切线,即得等高线 2。

3. 过各整数标高点 3、4、5 作等高线 2 的平行线,即得等高线 3、4、5。

四、求平面的交线

【**例 10—4**】　求图 10—11(a)中所示 P、Q 二平面的交线。

【分析】　两平面的交线是两平面内同高等高线交点所连的直线。从题所给条件可知,两等高线 5 的交点 a_5 即为交线上的一点,根据 $l=2$(因为 $i=1/2$)可求出平面 P 的另一等高线(如等高线 2),从而求出另一交点。

【作图】〔图 10—11(b)〕

1. 延长 P 平面的等高线 5 与 Q 平面的等高线 5 交于 a_5。

2. 在 P 平面的坡度延长线上,按比例量取 $L=2\times(5-2)=2\times3=6$,求得点 m。

3. 过 m 作 P 平面上的等高线 2 与 Q 面上等高线 2 交于点 b_2。

4. 连 a_5、b_2 为所求之交线。

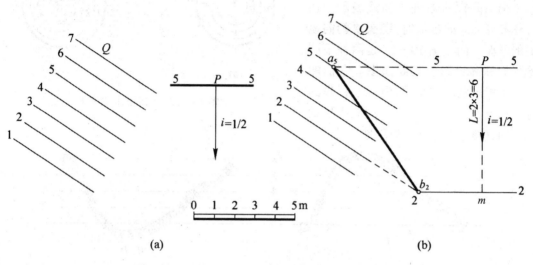

(a)　　　　　　　　　　　　　(b)

图 10—11　求两平面的交线

【例 10—5】　如图 10—12(a)所示,已知平台顶面标高为 3、底面标高为零和各坡面的坡度,求平台的标高投影图。

【分析】　平台顶面的四角是四个坡面上标高为 3 等高线的交点。因此,只要作出各坡面标高为零的水平线即可。

【作图】〔图 10—12(b)〕

1. 求各坡面上高度为零的等高线与等高线 3 之间的水平距离,它们分别是 $L_3=3\times1/(1/3)=9$;$L_2=3\times1/(2/3)=4.5$;$L_1=3\times1/(3/2)=2$。

2. 根据 L_1、L_2 和 L_3 作与顶面周边相应的平行线,连接相应交点就得到各坡面间的交线。

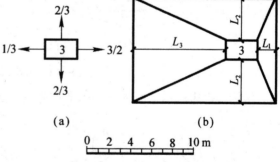

(a)　　　　　　　　(b)

图 10—12　求平台的标高投影图

§10—4　曲面和地面的表示法

一、曲面的表示法

曲面在标高投影中是以一系列等高线表示的。如图 10—13 所示,两个圆锥面被一系列等高距相等的水平面截切,所得一系列的截交线,即为锥面的等高线。作出它们的基面投影,并标以标高值,就是锥面的标高投影。由图可以看出,锥面坡度相等时,其等高线的平距相等〔图 10-13(a)〕。坡度愈陡,等高线愈密;坡度愈缓,等高线愈稀〔图 10-13(b)〕。

二、地面的表示法

地面是一个不规则曲面,在标高投影中仍然是以一系列等高线表示。在标注各等高线的数值时,字头要朝向地面的上坡方向。图 10—14 是两种不同地形的标高投影及其断面图。它们的标高投影形状基本相同,但由于标高的标注情况不同,它们所表示的地面形状也不同,(a)为山丘,(b)为洼地。

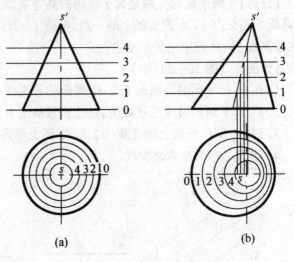

图 10—13　锥面的标高投影

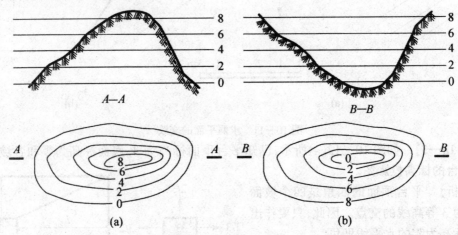

图 10—14　山丘和洼地的标高投影

用标高投影表示地面形状的图形称为地形图。如图 10—15 为基本地形的等高线特征。

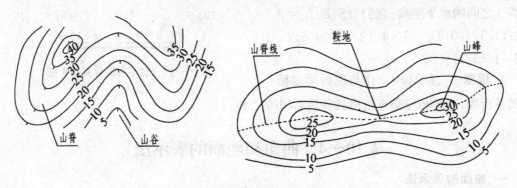

图 10—15　基本地形的等高线特征

§10—5 标高投影的应用举例

【例10—6】 如图10—16所示,已知直管线两端 A、B 的标高分别为 21.5 和 23.5,求管线 AB 与地面的交点。

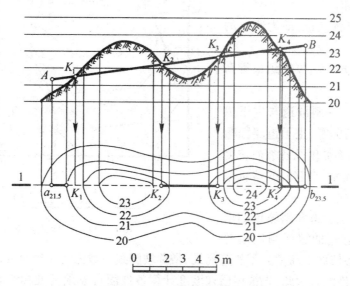

图 10—16 求管线与地面的交点

【分析】 本例实际是求直线与地面的贯穿点。解决这类问题的原理与§7—4 求直线与曲面立体的贯穿点相似。即先包含直线作一辅助平面与地面相交,从而得到地形的断面轮廓(叫作地形断面图),再求直线(管线)与断面轮廓的交点。

【作图】

1．包含 AB 作辅助铅垂面 1—1,其水平投影即直线 $a_{21.5}b_{23.5}$ 本身,也是铅垂面与地面交线的水平投影。

2．在立面图的位置上,以一定比例作出辅助铅垂面上若干条等高线,如 20～25。

3．由辅助铅垂面与地面交线的各交点(即 $a_{21.5}b_{23.5}$ 与各等高线的交点)引垂线,按其标高分别求出它们的正面投影,并连成平滑曲线,即得地形断面图。

4．求出 AB 的正面投影。AB 与断面轮廓的交点 K_1……K_4,即为交点的正面投影。

5．从而可在标高投影图中求得 K_1～K_4(此处 K 的脚标 1、2、3、4 是点的编号,并非是点的标高)。

本例的直线 AB 若为某线路的设计纵向坡度线,则由断面图可以看出 K_1K_2 及 K_3K_4 段为挖方,而 AK_1、K_2K_3 和 K_4B 各段为填方。且填挖高度可用与等高距相同的比例,直接从图上量得。

【例10—7】 求图 10—17 所示地面与坡度为 2/3 的坡面的交线。

【分析】 平面与地面的交线,即先求出平面与地面上标高相同等高线的交点,然后顺次连成平滑曲线。

【作图】

1．按给出的等高线 36 和坡度 $i=2/3$,算得平面的平距为 3/2,作出平面上 35、34…等一系列等高线。

2. 求平面与地面高度相同的等高线的交点,如 32、33…35 等。

3. 用内插等高线法和断面法,分别求得平面和地面上等高线 35 和 36 之间的 m、n 点和 e 点。

4. 平滑连接各交点,即为所求的坡面范围。

图中 K_1 和 K_2 点,可用延长等高线法近似求出。

【例 10—8】 一斜坡道与主干道相连,设地面标高为零,主干道路面标高为 5,斜坡道路面坡度及各坡面坡度如图 10—18(a)所示,求它们的填筑范围及各坡面的交线。

【分析】 求主干道和斜坡道的填筑范围,就是求它们的坡面与地面的

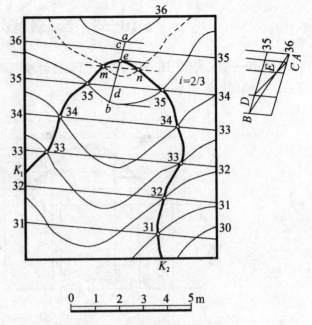

图 10—17 求平面与地面的交线

交线,亦就是求各坡面上高度为零的等高线,俗称坡脚线。坡面间交线是各相交坡面上高度相同等高线交点的连线。为此,先根据已知坡度计算各坡面自坡顶至坡脚线间的水平距离。其中 $L_1 = l_1 \times 5 = 1/(1/5) \times 5 = 5 \times 5 = 25$;$L_2 = l_2 \times 5 = 1/(2/3) \times 5 = 1.5 \times 5 = 7.5$;$L_3 = l_3 \times 5 = 1/1 \times 5 = 5$。

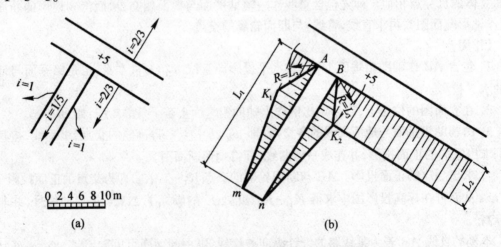

(a)　　　　　　　　　　　(b)

图 10—18 求道路的填筑范围及坡面的交线

【作图】 〔图 10—18(b)〕

1. 根据 L_1 作出斜坡道起坡线 mn,并完成斜坡道路面。

2. 根据 L_2 作出主干道坡脚线(另一侧略)。

3. 分别以 A、B 为圆心,以 $R = L_3$ 为半径作圆弧,过 m、n 分别作圆弧的切线,得斜坡道之坡脚线,并求得与主干道坡脚线的交点 K_1 和 K_2。

4. 连 AK_1 和 BK_2,即完成作图。

【**例 10—9**】　如图 10—9(a)所示,已知道路路基的边坡坡度均为 1/2,试求作此路基边坡与地形面的交线。

【**分析**】　因为路面高程为 250,所以,地形面高于路面的部分要挖去(称为挖方),低于路面的部分要填上(称为填方),挖方与填方的分界线就是 250 等高线。路基边缘与地形面 250 等高线的交点 m_{250} 和 n_{250},就是路基边缘线上挖方与填方的分界点。

除保证路面的宽度和高程 250 外,路基两侧还要有坡度为 1/2 且逐渐上升(挖方路段)或逐渐下降(填方路段)的边坡,这些边坡与地形面的交线,分别是路基的挖方与填方在地形面上的施工范围线。

【**作图**】〔图 10—19(b)〕

1. 在挖方路段路基边缘线两侧,按 $l=4$ 单位(因为地形面上相邻两条等高线高程之差为 2 单位),作出路基边坡上 252、254 和 256 等高线,并求出它们与地形面相同高程等高线的交点,分别用曲线依次连接这些交点,得路基边坡与地形面的交线。

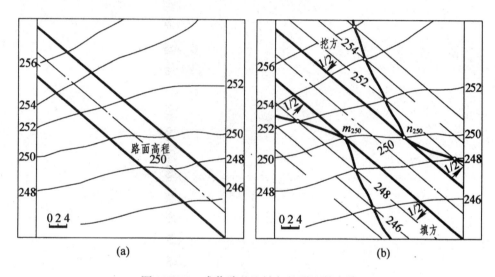

图 10—19　求作路基边坡与地形面的交线

2. 在填方路段,也按 $l=4$ 单位,作出路基边坡上的 248 和 246 等高线,并求出它们与地形面相同高程等高线的交点,分别用曲线依次连接这些交点,得路基边坡与地形面的交线。

【**例 10—10**】　如图 10—20(a)所示,已知广场的填方边坡坡度为 1/2,挖方边坡坡度为 1/1,求作广场一角的边坡与地形面的交线。

【**分析**】　从图中可以看出,地形面一部分低于广场高程(58),为填方;一部分高于广场高程,为挖方。根据填、挖方边坡坡度得出平距,填方时 $l_1=2$ 单位,挖方时 $l_2=1$ 单位。

应该注意,与广场圆弧线相连的边坡为圆锥面,其等高线为圆弧。

【**作图**】〔图 10—20(b)〕

1. 广场边线与地形面 58 等高线的交点,为填、挖方分界点。

2. 在填方部分,以平距为 2 单位作 57 和 56 等高线(圆弧),分别求出它们与地形面相同高程等高线的交点,并用曲线依次连接这些交点,得填方边坡与地形面的交线。

3. 在挖方部分,以平距为 1 单位作 59、60 和 61 等高线,分别求出它们与地形面相同高程等高线的交点,并用曲线依次连接这些交点,得挖方边坡与地形面的交线。

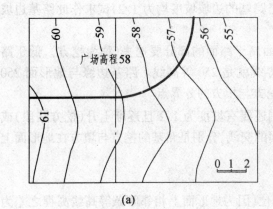
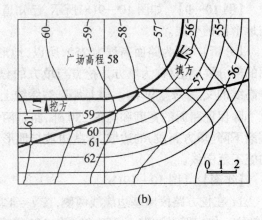

图 10—20　求作广场的边坡与地形面的交线

制 图 基 础

第十一章 制图基本知识

§11—1 制图的基本规定

为适用生产需要和技术交流,作为工程技术语言的图样,必须有统一标准。也就是对图样的内容、格式和表达方法作出统一要求,以保证图样的画法一致、图面清晰简明。

本节主要介绍和讲述《房屋建筑制图统一标准》GB/T 50001—2001 中的图纸幅面和规格、比例、字体、图线及尺寸标注等内容。

一、图纸幅面和格式

1. 基本幅面

图纸幅面是指绘制图样时所采用的幅面。绘制技术图样时,应优先采用表 11—1 所规定的基本幅面。必要时可按规定加长幅面。

表 11—1 基本幅面类别及尺寸(mm)

尺寸 \ 代号	A0	A1	A2	A3	A4
$B \times L$	841×1189	594×841	420×594	297×420	210×297
e	20			10	
c	10			5	
a	25				

图 11—1 为图纸的基本幅面。

2. 图框格式

绘制技术图样时,必须在图纸上用粗实线画出图框,其格式分为不留装订边和留有装订边两种,但同一套图纸只能采用一种格式。

不留装订边的图纸,其图框格式如图 11—2 所示,尺寸按表 11—1 的规定。

留有装订边的图纸,其图框格式如图 11—3 所示,尺寸按表 11—1 的规定。

3. 标题栏

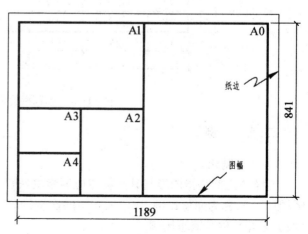

图 11—1 图纸的基本幅面

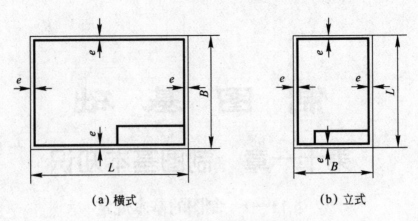

（a）横式　　　　　　　　　　　　（b）立式

图11—2　不留装订边的图框格式

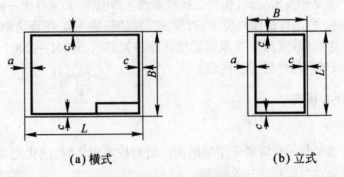

（a）横式　　　　　　　　　　　　（b）立式

图11—3　留装订边的图框格式

图纸的标题栏简称图标，用来填写设计单位、工程名称、图名、图纸编号、比例、设计者和审核者等内容。它应位于图纸的右下角。学生作业用的标题栏，建议采用图11—4所示的格式和尺寸。

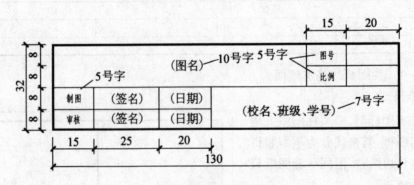

图11—4　标题栏的格式和尺寸

二、比　　例

1. 基本概念

图样的比例是指图形与其实物相应要素的线性尺寸之比。它有3种情况：比值为1的比例（即1:1），称为原值比例；比值大于1的比例（如2:1等），称为放大比例；比值小于1的比例（如1:2等），称为缩小比例。

在土建图中一般用的都是缩小比例。所谓比例的大小是指比值的大小而言,如 1:50 的比例大于 1:100 的比例。

2. 比例系列

需要按比例绘制图样时,应由表 11—2 的常用比例中选取适当的比例。必要时,也允许选取可用比例中的比例。

表 11—2 比 例 系 列

种 类		比 例
常用比例	原值比例	1:1
	放大比例	$5\times10^n:1$ $2\times10^n:1$ $1\times10^n:1$
	缩小比例	$1:2\times10^n$ $1:5\times10^n$ $1:1\times10^n$
可用比例	放大比例	$4\times10^n:1$ $2.5\times10^n:1$
	缩小比例	$1:1.5\times10^n$ $1:2.5\times10^n$ $1:3\times10^n$ $1:4\times10^n$ $1:6\times10^n$

注:n 为零或自然数。

3. 标注方法

(1)比例符号以":"表示,如 1:1、1:100 等。

(2)比例宜注在图名的右侧,字的基准线应取水平;比例的字高宜比图名的字高小一号或二号,如图 11—5 所示。

(3)必要时,允许同一视图中的铅垂和水平方向采用不同的比例,如:

线路纵断面图　铅垂方向 1:1000
　　　　　　　水平方向 1:5000

平面图 1:100　⑤ 1:20

图 11—5 比例的标注

(4)必要时,图样(如地形图等)的比例可采用比例尺的形式。一般可在图样中的水平或铅垂方向加画比例尺。

三、字 体

为了使图样中的字体整齐、美观、清楚、易认,所有的汉字、数字、字母等书写时,都必须做到字体端正、笔画清楚、排列整齐、间隔均匀。图纸上的文字、数字、字母、符号等用黑墨水书写为宜。

图上的汉字应写成长仿宋体,并采用国家正式公布的简化字。字体的号数即字体的高度(单位为 mm),分为 20、14、10、7、5、3.5、2.5 七种。长仿宋体字宽与字高的关系应符合表 11—3 的规定。

表 11—3 长仿宋体规格

字高	20	14	10	7	5	3.5	
字宽	14	10	7	5	3.5	2.5	

仿宋体各笔画的书写方法示于表 11—4 中。书写的要领是横平、竖直,笔画应挺直有力,主要笔画需顶方格,但切勿笔笔顶格,框形字要略小,笔画少的字要把笔画拉开。图 11—6 所示为长仿宋体的字样。

数字、字母书写时有 A 型字体和 B 型字体两种。两种字体均可写成直体和斜体,如图

11—7 是摘自 GB/T 14691—93 的部分字例。

表 11—4　仿宋体笔画书写方法

笔画	横	竖	撇	捺	点		挑	钩	折
形状									
笔序									

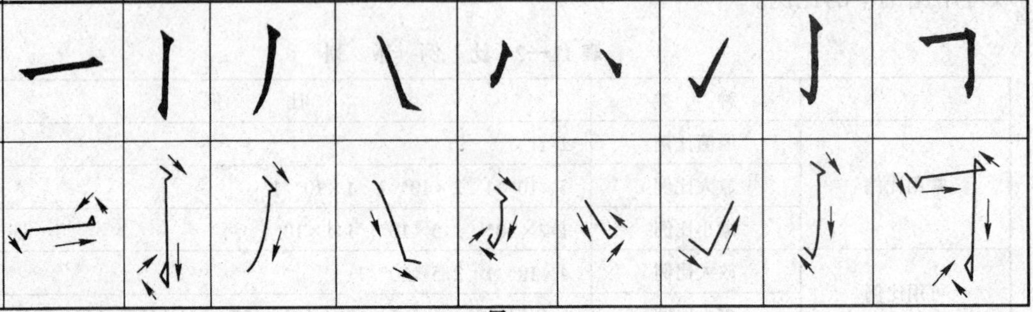

10号

排列整齐字体端正笔划清晰注意起落

7号

字体笔划基本上是横平竖直结构匀称写字前先画好格子

5号

阿拉伯数字拉丁字母罗马数字和汉字并列书写时它们的字高比汉字高小

3.5号

大学系专业班级绘制描图审核校对序号名称材料件数备注比例重共第张工程种类设计负责人平立剖侧切截断面轴测示意主俯仰前后左右视向东西南北中心内外高低顶底长宽厚尺寸分厘毫米矩方

图 11—6　长仿宋体字例

表 11—5　图　线

名　称		线　型	线　宽	一般用途
实线	粗		b	主要可见轮廓线
	中		$0.5b$	可见轮廓线
	细		$0.25b$	可见轮廓线、图例线等
虚线	粗		b	见有关专业制图标准
	中		$0.5b$	不可见轮廓线
	细		$0.25b$	不可见轮廓线、图例线等
单点长画线	粗		b	见有关专业制图标准
	中		$0.5b$	见有关专业制图标准
	细		$0.25b$	中心线、对称线等
双点长画线	粗		b	见有关专业制图标准
	中		$0.5b$	见有关专业制图标准
	细		$0.25b$	假想轮廓线、成型前原始轮廓线

续上表

名　称	线　型	线　宽	一般用途
折断线		$0.25b$	断开界线
波浪线		$0.25b$	断开界线

四、图　线

1. 图线的型式及用途

　　工程图线的线型有实线、虚线、点画线、折断线、波浪线等,每种线型都有 3 种不同的线宽。绘图时所用线型应符合表 11—5 中的规定。

　　图线的线宽有 0.18、0.25、0.35、0.50、0.70、1.00、1.40、2.00 mm,绘图时,应根据图形的复杂程度、比例大小,选用恰当的线宽组。在同一张图纸内,当比例相同时,应选用相同的线宽组。

图 11—7　字母、数字字例

图纸的图框线、图标格线按表11—6规定的线宽绘制。

表11—6　图框、图标格线的线宽

幅面代号	图框线	图标外框线	图标分格线
A0、A1	1.40	0.70	0.35
A2、A3、A4	1.00	0.70	0.35

2．各种线型的画法及要求

(1)画图线时,用力应一致,速度应均匀,画出的线要光滑、圆顺、浓淡应一致。

(2)虚线、点画线、双点画线的线段长度和间隔,对于同类线应保持一致,起止两端应为线段,如图11—8(a)所示。

(3)点画线或双点画线,当在较小的图形中绘制有困难时,可用细实线代替;当作对称线或中心线时,应适当超出图形的轮廓线,如图11—8(b)所示。

(4)虚线及点划线,当各自本身交接或与其他图线交接时,均应为线段相交,但应注意当虚线为实线的延长线时,应留有间隔,如图11—8(c)所示。

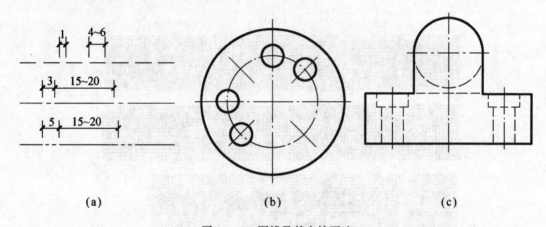

(a)　　　　　　　　　　(b)　　　　　　　　　　(c)

图11—8　图线及其交接画法

(5)相互平行的图线,其间隔不得小于其中的粗线宽度,且不得小于0.70 mm。

五、尺寸标注

用图形表达物体的形状,图上标注的尺寸则表明物体的大小。一个完整的尺寸,应具有尺寸界线、尺寸线、尺寸起止符号、尺寸数字及尺寸单位,如图11—9所示。

标注尺寸应符合下列规定:

1．尺寸线

尺寸线用来标注尺寸,用细实线绘制。尺寸线应与被注长度平行,画在两尺寸界线之间,不超出尺寸界线。轮廓线、轴线、中心线、尺寸界线及它们的延长线均不能作为尺寸线。

2．尺寸界线

尺寸界线应用细实线绘制,一般应与被注长

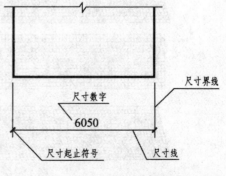

尺寸界线

尺寸数字

6050

尺寸起止符号　　尺寸线

图11—9　尺寸的组成

度垂直,其一端应离开图样轮廓线不小于2 mm,另一端宜超出尺寸线2~3 mm。

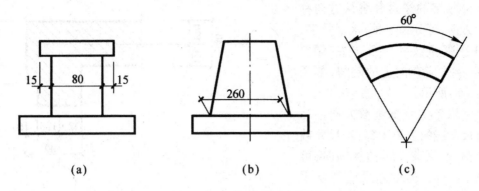

(a)　　　　　　　　　(b)　　　　　　　　　(c)

图 11—10　特殊的尺寸界线

有时尺寸界线也可利用轮廓线代替,如图 11—10(a)所示;尺寸界线与尺寸线画成倾斜的,如图 11—10(b)所示;角度的尺寸线应沿径向引出,如图 11—10(c)所示。

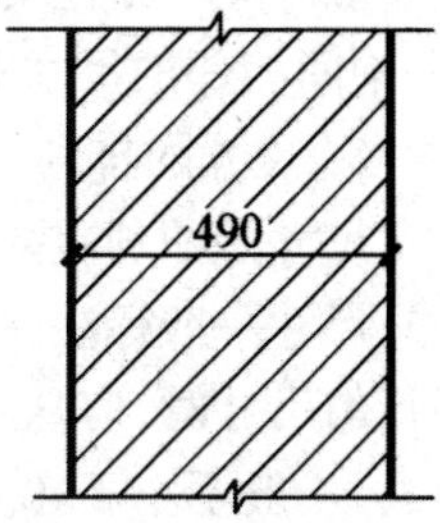

3.尺寸线起止符号

尺寸线与尺寸界线相交点是尺寸的起止点,土木工程图上用倾斜45°的中粗线表示,长度约 2~3 mm,如图 11—10 所示。在标注半径和直径时,用箭头作起止符号,如图 11—14、图 11—15 所示。

4.尺寸数字

图中标注的尺寸数字,表明物体的真实大小、与绘图时采用的比例、图形大小及绘图的准确程度无关。

图 11—11　尺寸数字处
图线断开

任何图线都不得穿过尺寸数字,不可避免时,应将尺寸数字处的图线断开,如图 11—11 所示。

图样上的尺寸单位,在房屋图中,除标高及总平面图以 m 为单位外,其他均必须以 mm 为

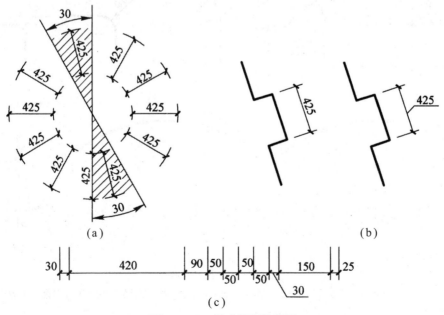

(a)　　　　　　　　　　　　　　(b)

(c)

图 11—12　尺寸数字的书写

单位。在其他土建图中常用 cm 为单位,但在标注尺寸时,数字后均不注单位,只加说明即可。

尺寸数字的注写和辨认方向称为读数方向,可分为三种,水平数字,字头向上;竖直数字,字头向左;倾斜的数字,字头应有向上的趋势,如图 11—12(a)所示。

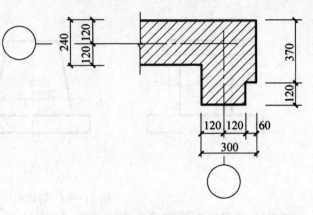

图 11—13　尺寸线的排列

尺寸数字应依据读数方向注写在靠近尺寸线的上方中部,若尺寸数字需要在 30°阴影范围内注写时,可采用图 11—12(b)的形式将数字引出标注,或在尺寸线断开处水平标注。当尺寸密集没有足够位置书写尺寸数字时,可注写在尺寸界线外侧,中间相邻的尺寸数字也可错开注写或引出注写,如图 11—12(c)所示。

5. 尺寸的排列

尺寸是图的重要组成部分,标注尺寸要求整齐、端正、清晰。

尺寸一般标注在图样轮廓线以外,不可与图线、文字及符号等相交。当需要标注若干互相平行的尺寸时,应从被注的图样轮廓线、由小尺寸开始,由里向外整齐排列。离最外轮廓线的距离,一般不小于10 mm,尺寸线间的距离一般为 7~10 mm,如图 11—13 所示。

6. 半径、直径、球径的标注

半径、直径、球径尺寸可根据具体情况进行标注。标注尺寸时,应在数字前冠以符号 R、ϕ、SR、$S\phi$,如图 11—14、图 11—15、图 11—16 所示。

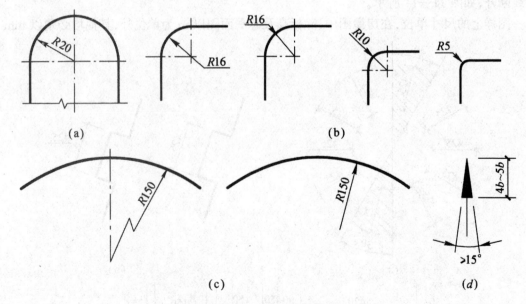

图 11—14　半径尺寸的标注

(a)一般的半径尺寸标注;(b)小半径尺寸的标注;(c)大半径尺寸的标注;(d)箭头画法。

7. 角度、弧长、弦长尺寸的标注

角度尺寸线画成圆弧,起止点用箭头表示。若画箭头的位置不够时,可用小圆点代替,角度数值应水平书写,如图 11—17 所示。

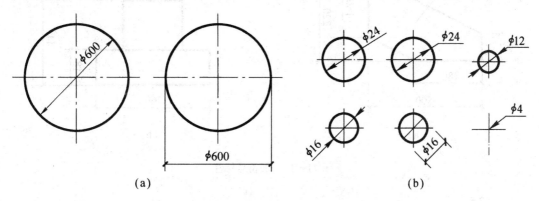

(a)

(b)

图 11—15 直径尺寸的标注
(a)一般直径尺寸的标注;(b)小直径尺寸的标注。

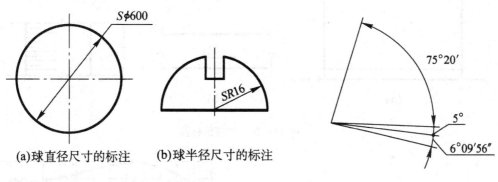

(a)球直径尺寸的标注 (b)球半径尺寸的标注

图 11—16 球径尺寸的标注

图 11—17 角度尺寸的标注

弧长、弦长的尺寸界线应垂直于圆弧的弦。弧长的尺寸线画成同心圆弧;弦长的尺寸线是弦的平行线,工程上用的起止符号用 45°短斜线,如图 11—18 所示。

8.其他尺寸的标注

(1)加符号标注

薄板结构,在数字前加注"t"符号表示板厚;加注"□"表示正方形,如图 11—19 所示。

(2)坡度的标注

坡度可用直角三角形、百分数、比数三种形式标注,如图 11—20 所示。用高度 1 和水平距 2.5 为两直角边的斜边,表示平面的斜坡度;用百分数和比数表示坡度时,数字下面要加画箭头表示下坡方向。2% 表示每 100 单位长抬高 2 单位。1:2 表示每升高 1 单位,水平距离为 2 单位。

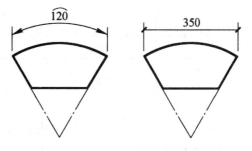

图 11—18 弧长、弦长尺寸的标注

(3)非圆曲线的尺寸标注

较简单的非圆曲线,可用坐标形式标注;较复杂的非圆曲线,也可用网格形式标注,即曲线上各点均由方格上的坐标定出,如图 11—21 所示。

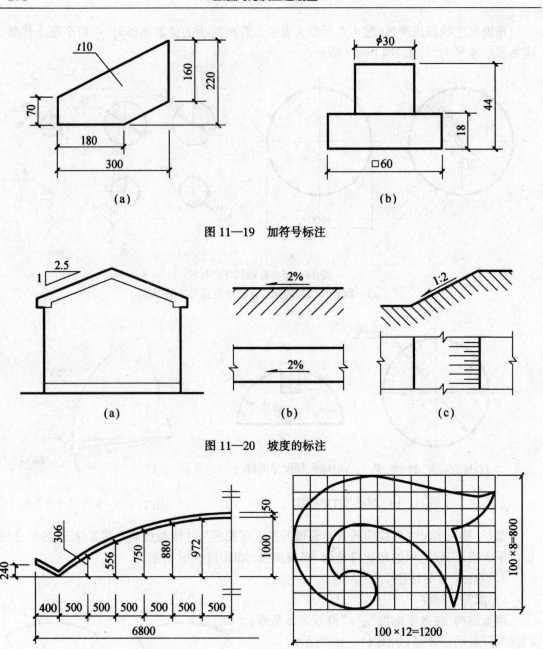

图 11—19　加符号标注

图 11—20　坡度的标注

图 11—21　非圆曲线的标注

(4)简化标注

对于较多相等间距的连续尺寸,可标注成乘积的形式,即个数×等长尺寸＝总长,如图 11—22(a)所示。对于单线条的图,如屋架简图、桁架简图、钢筋图、管线图等,可把长度尺寸数字沿着相应杆件或管线的一侧标注,但数字字头方向仍应遵守读数方向的规定,如图 11—22(b)所示。

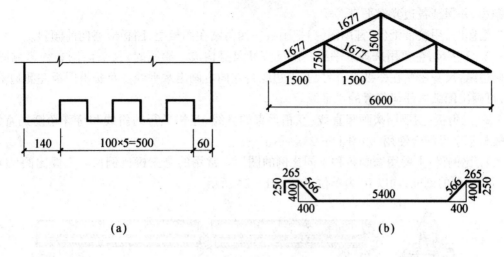

(a)　　　　　　　　　　　　　(b)

图 11—22　简化标注

§11—2　绘图工具、仪器及其用法

在手工绘图时,常用的工具和仪器有丁字尺、三角板、比例尺、铅笔、圆规等。只有了解这些绘图工具和仪器的性能,熟练掌握它们的正确使用方法,才能保证绘图质量,提高绘图速度。

一、绘图工具

1. 图板:绘图时放置图纸用,板面用稍有弹性、平坦无节、不易变形的木材制成;四周用硬

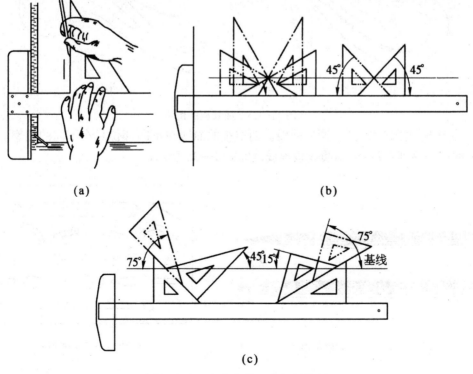

(a)　　　　　　　　　　　　　(b)

(c)

图 11—23　三角板与丁字尺的使用

木镶边,并保证各边光滑平直。

　　绘图时,用胶带纸(不宜用图钉)把图纸的四角贴在图板上,图板应略向前倾斜。

　　2.丁字尺:主要用来画水平线。由尺头和尺身构成。绘图时,尺头内侧必须紧靠图板的左侧边缘,尺身密贴在图纸上,沿尺身上边缘自左向右画出水平线。尺头沿图板左侧边上下移动,可画出图纸内任何位置的水平线。

　　3.三角板:主要用来画竖直线、互相垂直的直线、互相平行的斜线和特殊角度的直线等。一般与丁字尺配合使用,如图11—23所示。

　　4.比例尺:主要用来画各种不同比例的图形。常用的是三棱比例尺。三棱比例尺上有6种不同比例的刻度,均以m为单位,如图11—24所示。

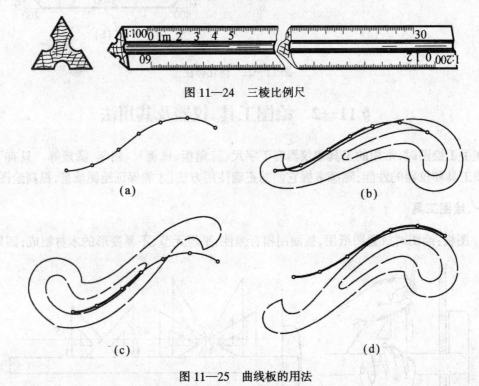

图 11—24　三棱比例尺

图 11—25　曲线板的用法

　　5.曲线板:主要用来画非圆的曲线。曲线板的曲线在不同部位具有不同的曲率。当定出属于曲线的一系列点后,可用曲线板连线,如图11—25所示。

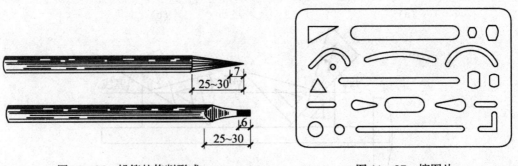

图 11—26　铅笔的修削形式　　　　　　　　　图 11—27　擦图片

　　6.铅笔:绘图应使用绘图铅笔。削铅笔时,应保留铅笔上的硬度符号,以便识别。铅笔的硬度根据字母 H 和 B 来辨别（H 表示硬、B 表示软），常用 3H、2H、H、HB、B 等几种。画细线或写字用的铅笔应削成图 11—26 上图所示的锥形，画粗线用的铅笔可削成图 11—26 下图所示的扁形，b 为线宽。

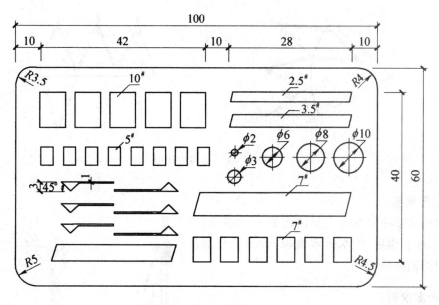

图 11—28　绘图模板

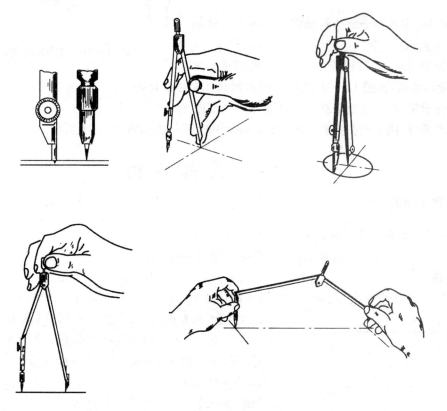

图 11—29　圆规的使用

绘图时也可使用自动铅笔,使用时应根据线宽选用不同粗度的笔。

7.擦图片:用于擦除图纸上多余或需要修改的部分,避免擦除有用部分。擦图片通常是由金属或胶片制成,其形状如图 11—26 所示。

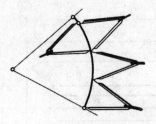

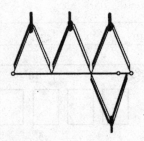

图 11—30　分规的使用

8.绘图模板:

目前已有多种供专业人员使用的专用模板,如建筑模板、水利模板、给水排水模板、虚线板及画各种轴测图的轴测模板等。

二、绘图仪器

绘图仪器是圆规、分规、鸭嘴笔、点圆规等的总称。

1.圆规:主要用于画圆和圆弧。使用的方法如图 11—29 所示。

2.分规:用于量取线段的长度,也可用试分法等分线段和圆弧,如图 11—30 所示。使用时两针尖必须对齐。

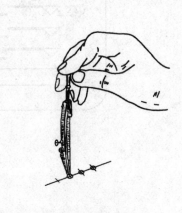

图 11—31　点圆规的用法

3.鸭嘴笔:用于绘制墨线图。其使用方法如图 11—31 所示。

4.点圆规:用于画图上直径小于5 mm的小圆,其用法如图 11—31 所示。

§11—3　几何作图

一、基本作图

(一)等分线段及分线段成定比

【例 11—1】　将已知线段 ab 分为五等分(图 11—32)。

【作图】

1.过 a 作任意直线 ac,用分规在其上截取适当长度的五等分,得 1、2、3、4、5 点。

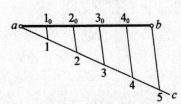

图 11—32　等分线段

2.连接 5 和 b 点,再过 1、2、3、4 点作线段 $5b$ 的平行线,交 ab 于 1_0、2_0、3_0、4_0 各点,这些点即为所求的五等分点。用同样的方法可求得按比例等分的线段。

(二)作斜度线

【例 11—2】　已知直线 ab,过 b 点向左上方作斜度为 7:3的线(图 11—33)。

【作图】

1．自 b 点向左量取三个单位长得 c，并过 c 点作直线垂直于 ab。

2．在垂直线上自 c 点起量取 7 个单位长得 d 点，连接 b、d，则 bd 为所求的斜线。

二、作圆的内接正多边形

（一）正五边形

【例 11—3】 已知圆 O，作出其内接正五边形（图 11—34）。

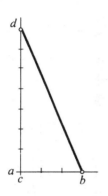

图 11—33 作 7:3 的斜度线

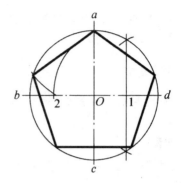

图 11—34 作圆的内接正五边形

【作图】

1．平分半径 Od，得中点 1。

2．以 1 为圆心，$1a$ 为半径画圆弧与 bO 相交于 2 点，$a2$ 即为五边形的边长。

3．从 a 点起，以 $a2$ 为半径顺次在圆周上截出各等分点，依次连接相邻的等分点，所得的图形即为圆的内接正五边形。

（二）正六边形

【例 11—4】 已知圆 O，作出圆的内接正六边形（图 11—35）。

【作图 1】

1．用丁字尺通过圆心 O 作一水平线交圆周于 a、d 两点，然后用 30°三角板的短直角边靠近丁字尺上，并使斜边分别通过 a 和 d，画线交于圆周 b、c；

2．翻转三角板，再使斜边分别通过 a 和 d，画线交圆周于 f 和 e；

3．用丁字尺连接 b、c 和 f、e，即得圆的内接正六边形。

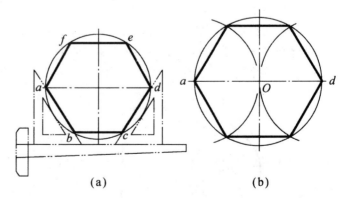

（a）　　　　　　　　（b）

图 11—35 作圆的内接正六边形

【作图 2】

1．分别以 a、d 为圆心，以 aO 为半径画弧交于圆周，把圆周分为六等分。

2．连接各等分点，即得圆的内接正六边形。

（三）正七边形

【例11—5】　已知圆 O，用试分法作圆的内接正七边形（图1—36）。

【作图】

1. 以略小于半径的线段为边长（因正六边形边长等于半径），用分规在圆上截量七次。

2. 若不能恰好等分圆周，则就不足或过长，适当增减边长再行试量。

3. 如此反复试量，直到恰好七等分圆周为止，连接各等分点，即为圆的内接正七边形。

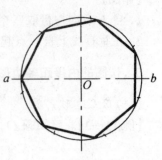

图11—36　作圆的内接正七边形

三、连接圆弧

（一）圆弧与两直线连接

【例11—6】　已知两相交直线 ab、bc 及长度 R，连接 ab、bc 直线（图11—37）。

【作图】

1. 分别作与 ab、bc 相距为 R 的平行线，相交得 O 点；并过 O 点分别作 ab、bc 的垂线，交得 e、f 点。

2. 以 O 为圆心，R 为半径，作圆弧 ef，则圆弧 ef 为所求的连接圆弧。

若为两正交直线，则可按下列方法作图（参见图11—38）。

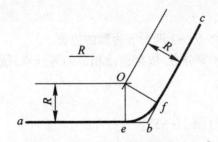

图11—37　圆弧连接二相交直线

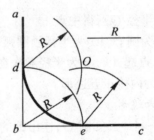

图11—38　圆弧连接二正交直线

1. 以 b 为圆心，R 为半径作弧交 ab 于 d，交 bc 于 e。

2. 分别以 d、e 为圆心，R 为半径作弧相交于 O。

3. 以 O 为圆心，R 为半径，作弧 de，则 de 为所求的连接圆弧。

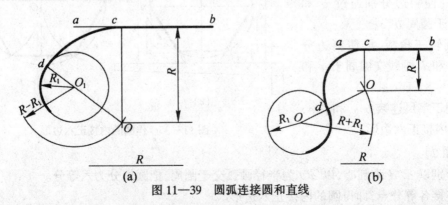

(a)　　　　　　　　　　　　(b)

图11—39　圆弧连接圆和直线

（二）用圆弧连接圆弧与直线

【例 11—7】 已知半径为 R_1 的圆 O_1，圆外直线 ab 及连接弧半径为 R，如图 11—39(a)所示，试作连接圆 O_1 及直线 ab 的圆弧。

【作图】

1．作与 ab 相距为 R 的平行线；

2．以 O_1 为圆心，$R-R_1$ 为半径作弧与平行线相交于 O，

3．过 O 点向 ab 作垂线，得切点 c；连接 OO_1，并延长得切点 d；

4．以 O 为圆心，R 为半径作圆弧 dc，dc 即为所求的连接圆弧。

当所求的连接圆弧与圆 O_1 反向连接时，只需将上述方法中的 $R-R_1$ 改为 $R+R_1$，由此得出的圆弧 cd 即为所求的圆弧，如图 11—39(b)所示。

（三）圆弧与两圆弧连接

【例 11—8】 已知半径为 R_1、R_2 的圆 O_1 和 O_2，连接圆弧的半径为 R，试作圆 O_1 和 O_2 的连接圆弧。

【作图】 〔图 11—40(a)〕

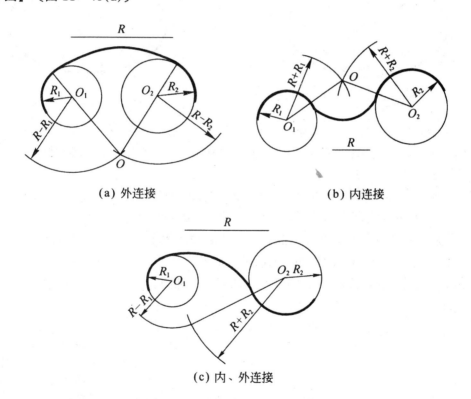

(a) 外连接   (b) 内连接

(c) 内、外连接

图 11—40　圆弧与两圆弧的连接

1．分别以 O_1 及 O_2 为圆心，$R-R_1$ 和 $R-R_2$ 为半径作弧，相交于 O 点。

2．分别连接 OO_1 及 OO_2 并延长之，与圆 O_1、O_2 交于 a、b 点。

3．以 O 为圆心，R 为半径画圆弧 ab，则 ab 为所求的连接圆弧。

当圆弧为反向连接时，只需将上述步骤中的 $R-R_1$、$R-R_2$ 改为 $R+R_1$、$R+R_2$ 即可，如图 11—40(b)所示。

当圆与两圆为一正一反连接时，根据同样道理作出连接圆弧，如图 11—40(c)所示。

四、非圆曲线

(一)椭圆

【例11—9】 已知椭圆长轴 ab、短轴 cd、中心 O,用同心圆法作椭圆。

【作图】〔图11—41〕

1. 以 O 为圆心,分别以长、短轴为直径作圆。

2. 由 O 点作径向线与大圆、小圆相交。

3. 过与大圆的交点作线平行于短轴,过与小圆的交点作线平行于长轴,两线的交点即为椭圆上的点。

4. 用曲线板光滑地连接各点,即为椭圆。

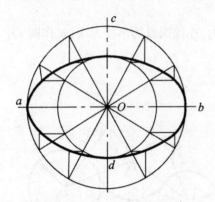

图11—41　同心圆作椭圆

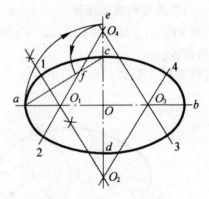

图11—42　四心法作椭圆

【例11—10】 已知椭圆长轴 ab、短轴 cd 及中心 O,用四心法作近似椭圆。

【作图】 (图11—42)

1. 连接 ac,在短轴的延长线上量 $Oe = Oa$,在 ac 上量 $cf = ce$。

2. 作 af 的中垂线,交长轴于 O_1、短轴于 O_2,定出其对称点 O_3、O_4。

3. 分别以 O_1、O_3 和 O_2、O_4 为圆心,以 O_1a、O_3b 和 O_2c、O_4d 为半径作圆弧2—1、4—3 和1—4、3—2,则所画出的图形即为所求的近似椭圆。

【例11—11】 已知共轭直径 ab、cd,用八点法作椭圆。

【作图】 (图11—43)

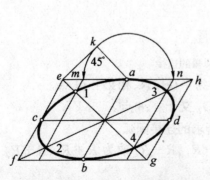

图11—43　用八点法作椭圆

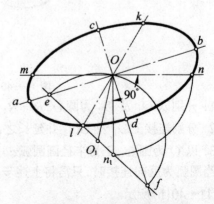

图11—44　求椭圆的长短轴

1．过 a、b、c、d 四点分别作共轭直径的平行线，得平行四边形 $efgh$。

2．过 e、a 两点作与 ea 线成45°角的斜线交于 k 点。

3．以 a 为圆心，ak 为半径作弧，交 eh 线于 m、n。

4．过 m、n 作直线平行于 ab，并与四边形对角线相交于1、2、3、4点，用曲线板连接 $a1c2b4d3$ 各点，则所得的图形为所示的椭圆。

【例11—12】　已知椭圆的共轭直径 mn、lk，求椭圆的长短轴。

【作图】　（图11—44）

1．将 On 转90°到 On_1。

2．连接 ln_1，取 ln_1 的中点 O_1。

3．以 O_1 为圆心，O_1O 为半径画弧交 ln_1 的延长线于 e、f 两点。

4．连 Of 得短轴方向，n_1f 为半短轴长度。

5．连 Oe 得长轴方向，n_1e 为半长轴长度。

6．求出椭圆的长、短轴后，根据四心法或同心圆法作椭圆。

（二）抛物线

【例11—13】　已知抛物线上两点 a、b 和在该两点与抛物线相切的直线 aO、bO，作抛物线。

【作图】　（图11—45）

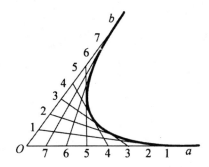

图11—45　根据抛物线上两点及切线作抛物线

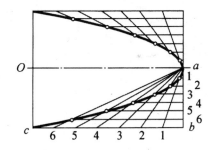

图11—46　根据抛物线上一点及轴作抛物线

1．将 aO 及 bO 作相同数目的等分点，并进行编号。

2．连接相同编号的点，作直线族的包络线，所得的图形即为所求的抛物线。

【例11—14】　已知抛物线的轴 aO，顶点 a 和抛物线上的点 c，求作抛物线。

【作图】　（图11—46）

1．作矩形 $abcO$，并将 ab 及 bc 作相同数量的等分和编号。

2．将 bc 上各点与 a 点相连，过 ab 上各点作与 aO 相平行的直线。

3．各对应线的交点为抛物线上的点，故连接所有交点所得的图形，即为所求的抛物线。

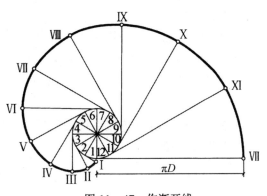

图11—47　作渐开线

(三)渐开线

【例 11—15】 已知一基圆,求作渐开线

【作图】 (图 11—47)

1. 将基圆的圆周分为 n 等分(图中 $n=12$);

2. 自点 1 起,过各分点分别作圆的切线;

3. 在各切线上,截取分别等于绕基圆的展开长度,得一系列点Ⅰ、Ⅱ、Ⅲ、……Ⅻ,将各点用曲线板光滑地连起来,此图形即为渐开线。

五、平面图形分析

有一平面图形,如图 11—48 所示,要求按图中的尺寸画出图形。

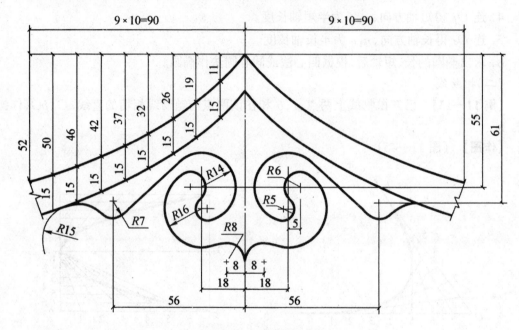

图 11—48 连接作图实例

在画图前,应对平面图形进行分析,然后按分析的步骤作图。

1. 分析图形基线。该图可以以过最高点的水平线和左右对称的中心线作基线;

2. 分析已知线段

(1)根据以坐标形式给出的尺寸,已知左右两段为非圆曲线线段。

(2)根据竖直尺寸 61、水平尺寸 56、左右两段 $R7$ 弧为已知圆弧。

(3)根据竖直尺寸 55、水平尺寸 18 和 18+5,$R14$ 和 $R6$、左右对称各有两段弧为已知圆弧。

(4)$R14$ 和 $R7$ 弧的连接直线为两弧的公切线。

3. 分析各连接圆弧

(1)$R15$ 圆弧是连接 $R7$ 和非圆曲线的连接弧。$R15$ 的圆心由与非圆曲线相距为 15 的平行线和以(61、56)为圆心,($R7+R15$)为半径的圆弧相交后得出。

(2)$R5$ 是连接 $R6$ 和 $R14$ 的圆弧。

(3)$R16$ 是连接 $R6$ 和 $R8$,圆心在与对称线水平距为 18 的直线上。

（4）R8 与 R16 连接，与对称线相切。

根据以上分析，各连接弧的连接点和圆心，可按"连接圆弧"的各种方法找出。

§11—4　绘图的一般方法与步骤

一、徒　手　图

1.徒手图的用途

工程技术人员在调查研究、搜集资料阶段，往往要测量实物，画出徒手图为制定技术文件提供原始资料；在设计时，也常用徒手图进行构思和表达设计思想；在外出参观和技术交流时，也常用徒手图进行记录和交流。因此，徒手图是制图工作的一部分，是工程技术人员必须学习和掌握的基本技能。

2.徒手图的绘制

徒手图的特点是图纸不固定，根据目测物体的形状大小和各部分的比例，按照投影关系徒手绘图。图线要尽量符合规定，做到直线尽量平直、曲线尽量光滑、粗细有别。图形要完整清晰，各部分比例要恰当，绘图要迅速、准确。

画直线要先定出两端点的位置，自起点开始轻轻画出底线，眼睛始终注视终点，然后修正不平直的地方，再沿底线画出所需直线。画水平线时，可把图纸斜放，以手腕动作沿图上水平方向自左向右画出。如线段较长，则手臂要随之移动。画竖直线时，可将图纸放正，沿竖直方向以手指动作自上向下画出，较长的直线，可以分段画。画倾斜的直线时，画法与水平线的画法相同。

画大圆时，应先画出中心线，定出若干点，再依次连接。画小圆时，可先画出中心线及外切正方形，用圆弧连接各切点。画圆角时，先画出 1/4 外切正方形，然后用圆弧连接两切点。

画椭圆时，可先定共轭直径，画出外切平行四边形或先画出长短轴及外切长方形，如图 11—49 所示。

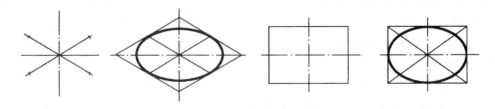

图 11—49　徒手画椭圆

画特殊角度线（15°、30°、45°、75°），可按直角三角形或圆弧等分法定点。如画 15°角线，将 90°圆弧 6 等分，然后徒手连直线；画 45°角线，可将 90°圆弧 2 等分即可。

3.徒手图中各部分的比例

掌握好物体各部分之间的比例是画好徒手图的重要点之一。徒手画图，图与物之间的比例不受限制，只要各部分比例恰当，图形真实感就强。初学时，可用铅笔测定各部分的大小，找出长短间的比例关系，先画出略图，再画细部。

二、仪器绘图

1.绘图前的准备工作

(1)阅读有关文件、资料,了解所要绘制图样的内容和要求。

(2)准备好绘图仪器和工具,把图板、三角板、丁字尺等擦净,铅笔和圆规铅芯修好,各种工具放在固定位置上。

(3)按所绘图形及比例,确定图幅,把选定图幅的图纸用透明胶带纸将四角固定在图板上,图纸下边缘至少要留有一个丁字尺尺身的宽度,以保证画线时丁字尺不幌动。

2．画图幅、图框和标题栏

图框要画在图纸中央,先用图纸对角线找出图纸中心,然后再用丁字尺和三角板配合画出图幅线、图框线、定出标题栏位置。

3．布图

为了使图样能匀称地画在图框内,使图清晰、美观、大方、先用对称线、中心线或基线定出各图形的位置称为布图。现以画三面投影图为例,介绍概略计算布图法,可供其他图形布图参考图11—50。

$$k_1 = \frac{1}{3}(图框长度\ l - 图形总长 - 图形总宽)$$

$$k_2 = \frac{1}{3}(图框的宽度\ B - 图形总高 - 图形总宽)$$

$$l_1 = k_1 + \frac{1}{2}总长$$

$$l_2 = k_1 + \frac{1}{2}总宽$$

$$l_3 = k_2 + \frac{1}{2}总宽$$

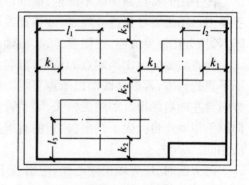

图11—50　布图

根据 l_1、l_2、l_3 值可定出图形对称线的位置。

4．画底稿

图的底稿,要求用轻而细的线条绘出,但应清晰可见,底稿上的虚线、点划线的线段、间隔和交接,要合乎规格。

画图形时,先画对称线、中心线和主要轮廓线,再逐步按照投影关系画出图形的细节,最后画尺寸界线和尺寸线。

5．描深

完成后的底稿要按规定线型描深,图线宽度要符合线宽组的要求,同一类型线,粗细要一致,最好按线宽分批描深。同一方向和宽度的线要一次画完,其次序一般是先曲(线)后直(线);先实(线)后虚(线);先粗(线)后细(线)。描深完毕后再填写尺寸数字和书写文字说明。最后检查全图,如有错误,应及时改正。

第十二章 组 合 体

§12—1 组合体多面正投影图的画法

一、组合体的组成方式

棱柱、棱锥、圆柱、圆锥和球等都称为基本几何体。由基本几何体按一定方式组合而成的物体称为组合体。

组合体可以看作是基本几何体按一定的相对位置经过叠加、切割或相贯而成,也可以是多种方式的组合。如图 12—1(a)所示的台阶,可看作是由 3 个四棱柱叠加而成;图 12—1(b)所示的物体,是由四棱柱切割而形成的,即先在两侧各切去一个小四棱柱,然后用一平面斜切而成;图 12—1(c)所示的物体,是由圆柱与四棱柱相贯而成,表面交线就是前面学过的相贯线;图 12—1(d)所示物体的组成,是既有叠加和切割,又有相贯的综合方式。

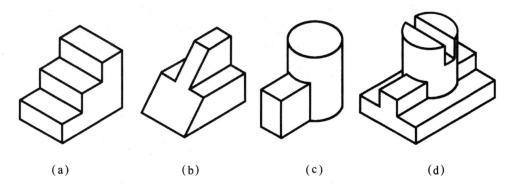

(a)   (b)   (c)   (d)

图 12—1 组合体的组成方式

有些组合体的形成既可分析为叠加方式,也可分析为切割方式,如图 12—1(a)所示的台阶,也可以分析为切割横放的四棱柱而成。因此,分析组合体的形成时,应从便于理解和作图的角度来考虑。

二、组合体多面投影图的画法

在画组合体的三面投影图时,一般应按下列步骤进行:(1)形体分析;(2)确定安放位置;(3)确定投影数量;(4)画投影图;(5)标注尺寸;(6)填写标题栏及文字说明;(7)复核,完成全图。

(一)形体分析

画组合体的投影图之前,一般先对所绘组合体的形状进行分析,分析它是由哪些基本几何体组成的,各基本几何体之间的位置关系怎样,这一过程称为形体分析。如图 12—2(a)所示组合体,可以将它分析成图 12—2(b)所示的基本几何体组成:底板是一块两边带有圆柱孔的长方体;底板之上,中间靠后的部分是半个圆柱和一块长方体叠加,中间有圆柱通孔;在带圆柱通孔的长方体左右两侧,各有一个三棱柱,前边为一个四棱柱。

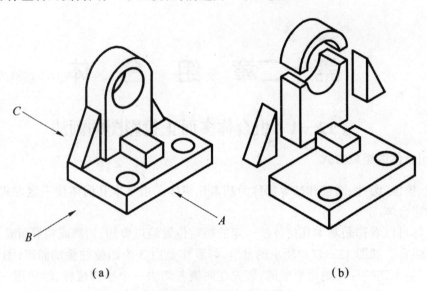

图 12—2　组合体的形体分析

对组合体作形体分析的目的是为了掌握组合体的形状特征,便于画图和标注尺寸。必须注意,将组合体划分为几部分是假想的,实际上物体是完整的,在画组合体的投影图时,必须作为一个完整的物体来考虑。如图 12—3 所示,B 部分的圆柱面与 A 部分的侧面相切,是光滑地由曲面过渡到平面,在过渡处不应画线。如图 12—4 所示,棱柱Ⅰ和棱柱Ⅱ的长度一致,左右端面因靠齐而成为一个平面,Ⅰ、Ⅱ两棱柱端面连接处不应画交线。

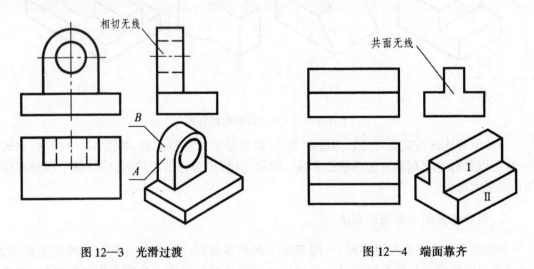

图 12—3　光滑过渡　　　　　　　　　　　图 12—4　端面靠齐

(二)确定安放位置

确定安放位置,就是考虑使组合体对三个投影面处于怎样的位置。位置确定后,它在 3 个投影面上的投影也就确定了。由于画图和读图时一般先从正面投影入手,因此,正面投影在投影图中处于主要地位,在确定安放位置时,应首先考虑使物体的正面投影最能反映组合体的形状特征。

确定安放位置时有以下几项要求:

1. 必须使组合体处于正常位置。

2. 使正面投影能较多地反映组合体的形状特征。

3. 为了画图方便,应使组合体的主要面与投影面平行。

4. 为了使图样清晰,应尽可能地减少各投影中不可见的轮廓线。

5. 考虑合理利用图纸,对于长、宽比较悬殊的物体,应使较长的一面平行于投影面 V。

由于组合体的形状是多种多样的,上述各项要求很难同时照顾到,这时就应考虑主次,权衡利弊,根据具体情况决定取舍。

现以图 12—2 中所示组合体为例,说明如何确定安放位置,如图 12—2(a)所示。

首先将组合体放成正常位置——底板平放,并使组合体的主要表面平行投影面。再考虑

图 12—5 六边形磁砖

把哪个方向投射得到的投影作为最能反映形体特征的正面投影。如图中所示,A 或 C 方向的投影均能较多地反映组合体的形状特征,但 C 向投影显然增加了许多虚线,故不可取。B 向投影虽然也能反映组合体的一些形状特征,但这样安放后,底板较长的面则不平行于 V 面。经全面分析比较,最后确定以 A 向投影作为正面投影,这样便确定了组合体的安放位置。

(三)确定投影数量

确定投影数量,就是确定画几个投影才能将物体的各部分都表达清楚。对于简单的物体,注明厚度后用一个投影即可表达完整,如图 12—5 所示的六边形磁砖。对于较复杂的形体则需要用两个或两个以上的投影表示,如图 12—6 所示的建筑配件,是用两个投影表示的。图 12—2 所示组合体是用三个投影表示的(见图 12—7)。考虑到便于读图和标注尺寸,一般常用三面投影图表示物体的形状。

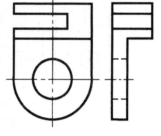

图 12—6 建筑配件

(四)画投影图

确定了画哪几个投影后,即可使用绘图仪器和工具开始画投影图。画组合体投影图的步骤如下:

1. 根据物体大小和标注尺寸所占的位置选择图幅和比例。

2. 布置投影图。先画出图框和标题栏线框,在可以画图的范围内安排 3 个投影的位置,为了布置匀称,一般先根据形体的总长、总宽和总高画出 3 个长方形线框作为 3 个投影的边界,如果是对称图形,则应画出对称线。布图时要考虑留出标注尺寸的位置。

3. 画投影图底稿。用较细较轻的线画出各投影底稿。一般先画组合体中最能反映特征的或主要部分的轮廓线,然后画细部,即先画大的部分,后画小的部分,先画可见轮廓线,后画不可见轮廓线。

4. 加深图线。经检查无误之后,按规定图线加深。

5. 标注尺寸。图样上必须标注尺寸,以便确定物体的大小。

(五)填写尺寸数字、标题栏及文字说明。

(六)复核,完成全图。

图 12—7 是画图 12—2 所示组合体的投影图的步骤。

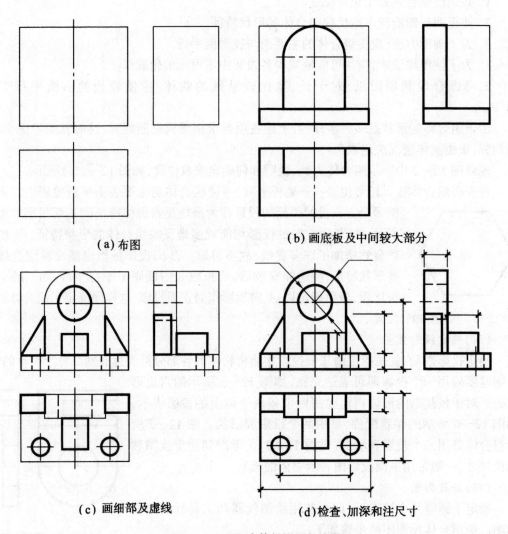

（a）布图　　　　　　　　　　　　（b）画底板及中间较大部分

（c）画细部及虚线　　　　　　　　　（d）检查、加深和注尺寸

图 12—7　画组合体投影图的步骤

§12—2　组合体的尺寸标注

投影图只能表达物体的形状,它的大小和各部分的相对位置须由标注的尺寸来确定,图上标注的尺寸数值是指物体的实际大小,因此,正确地标注尺寸极为重要。

一、组合体应注的尺寸

根据形体分析,组合体可以看作是由一些基本几何体组成的,如果标注出这些基本几何体的定形尺寸以及确定各基本几何体之间相对位置的尺寸——定位尺寸,即可完全确定组合体的大小。

1. 定形尺寸

定形尺寸是确定各基本几何体的大小。任何物体都有长、宽、高 3 个方向的大小,确定基本几何体的定形尺寸应按这 3 个方向来标注,如图 12—8 和图 12—9 所示。

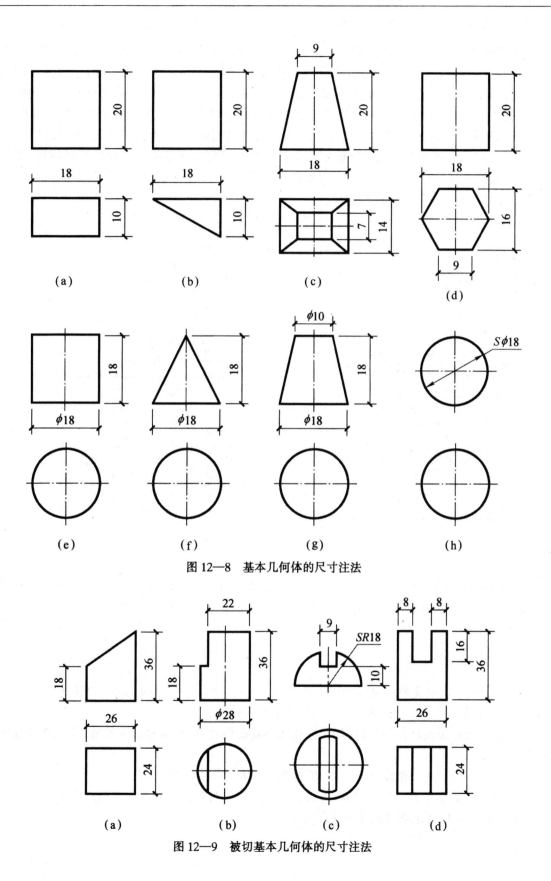

图 12—8 基本几何体的尺寸注法

图 12—9 被切基本几何体的尺寸注法

2．定位尺寸

它是确定各基本几何体在组合体中的相对位置（基本几何体之间，其左右、上下和前后 3 个方向上的相对位置都须确定）。如图 12—10 所示组合体中的圆柱的定位尺寸；以底板右端面为基准，用 15 确定圆柱左右方向的位置；以底板后端面为基准，用 10 确定圆柱前后方向的位置；圆柱直接连在底板上，不需上下定位。图中标出组合体的总高 24，圆柱的高度可以省略。

当两基本几何体处于对称位置时，可以以对称线（或轴线）为基准进行定位。如图 12—11，是以左右对称线为基准，用 70 确定两圆孔的左右位置。当两基本几何体的对称线（或轴线）重合或对齐时，相应的定位尺寸可以省略。如图 12—11 所示，两圆柱孔的前后方向、中间圆孔的左右方向等均勿需再进行定位。

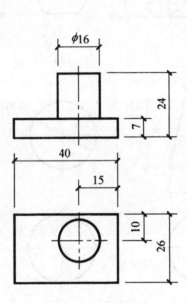

图 12—10　定位尺寸

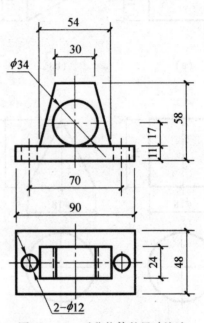

图 12—11　对称物体的尺寸注法

3．总尺寸

组合体一般需要标注总长、总宽和总高，以表达组合体的整体大小（为使尺寸标注简练清晰，常将个别定形尺寸省略而注出组合体的总尺寸），如图 12—10 中的 40、26、24 和图 12—11 中的 90、48、58。

二、尺寸标注的位置

尺寸标注不仅要完整，而且要清晰，使看图人一目了然。一般要求按以下原则标注：

1．尽可能将尺寸标注在最能反映物体特征的投影上。

2．为使投影图清晰，一般应将尺寸注在图形轮廓线之外，对某些细部尺寸，可酌情注在图形内。

3．尺寸标注应尽可能集中，并尽量安排在两投影之间的位置。

4．尺寸排列要整齐，大尺寸排在外边，小尺寸排在内，各尺寸线之间的间隔应大致相等。

组合体尺寸标注示例如图 12—12 所示。

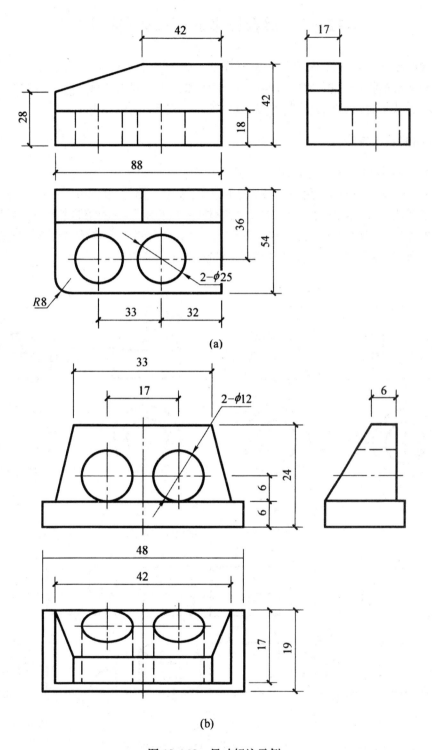

(a)

(b)

图 12—12 尺寸标注示例

图样上的尺寸直接关系到建筑工程的施工,因此标注尺寸是极其严肃的工作,要认真负责,做到正确无误。

§12—3　组合体多面正投影图的阅读

读图和画图是学习本课程的两个重要环节。画图是把空间形体用正投影图表达在图纸上;读图,则是根据投影图想象出空间物体的形状和大小。要做到能迅速、正确地读懂图样,必须掌握读图的基本方法,当然还必须进行读图实践,不断提高读图能力。

一、读图的基本方法

1. 将已给的各投影联系起来阅读

表达一个形体,一般都要用两个或两个以上的投影。因此,读图时,一定要将已给的各投影联系起来阅读。如图 12—13 所示的 4 个物体,它们的水平投影都是相同的,须联系它们各自的正面投影才能想象出它们的形状。如图 12—14 所示的 3 个物体,它们的正面、侧面投影都是相同的,须联系它们各自的水平投影,才能想象出它们的形状。

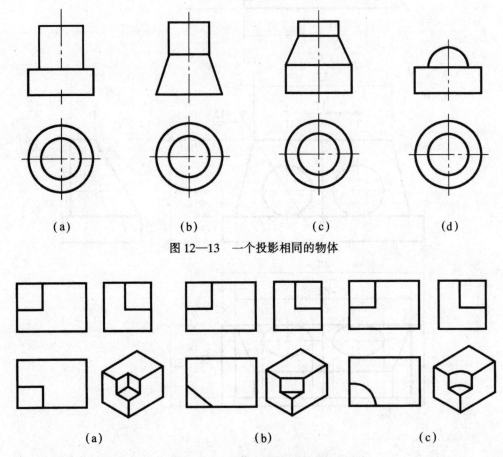

(a)　　　　　　(b)　　　　　　(c)　　　　　　(d)

图 12—13　一个投影相同的物体

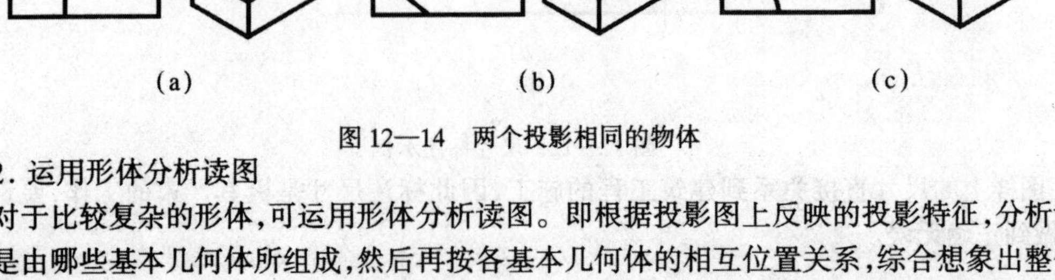

(a)　　　　　　　　　(b)　　　　　　　　　(c)

图 12—14　两个投影相同的物体

2. 运用形体分析读图

对于比较复杂的形体,可运用形体分析读图。即根据投影图上反映的投影特征,分析该组合体是由哪些基本几何体所组成,然后再按各基本几何体的相互位置关系,综合想象出整个形体的形状。

【例12—1】　根据图12—15所示桥台的三面投影图,想象桥台的形状。

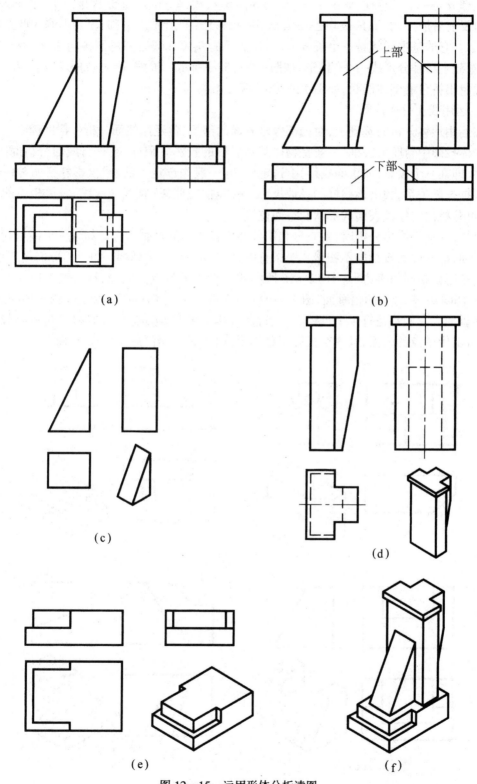

图 12—15　运用形体分析读图

【分析】 由图 12—15(a)所示的正面投影和侧面投影,可将桥台分解为上部(桥台台身)和下部(桥台基础)两个部分,如图 12—15(b)所示。上部(桥台台身)如图 12—15(b)所示。它的左边部分是一个三棱柱,如图 12—15(c)所示。右边部分的基本形状是一个"T"形棱柱,顶端左边及前后加大,右下角被切去一角,如图 12—15(d)所示。下部(桥台基础)如图 12—15(b)所示。它的基本形状是一个长方体,在其上部的左边,前、后和左侧各切去一个小长方体,因此,基础上半部分形成一个"T"形,如图 12—15(e)所示。根据各部分的形状及其相对位置,综合想象出桥台的整体形状,如图 12—15(f)所示。

3.运用线面分析读图

在运用形体分析的基础上,对局部较难看懂的部位,常运用线面分析来帮助读图。

物体投影中封闭的线框,一般是物体某一表面的投影。因此,在进行线面分析时,可从线框入手,即在一个投影(如正面投影)上选定一个(一般先选定大的、或投影特征明显的)线框,然后根据投影关系,找出该线框的其他投影——线框或线段(直线或曲线)。从相应的几个投影,即可分析出物体该表面的形状和空间位置。

另外,在进行线面分析时,要充分利用各种位置线面的投影特性。如果一个线框代表的是一个平面,该平面的投影如不积聚成一条直线,则一定是一个类似形,如三角形仍是三角形,多边形仍是边数相同的多边形,图 12—16 所示 4 个物体上带点的表面,都反映了这一性质。在图 12—16(a)中有 L 形的铅垂面,图 12—16(b)中有一个 T 形的正垂面,图 12—16(c)中有 U 形的侧垂面。它们都是有 1 个投影为一条直线,其余两投影反映为 L、T 和 U 形的类似形。图 12—16(d)中带点的表面,其 3 个投影都是梯形,很明显,该面为一般位置平面。

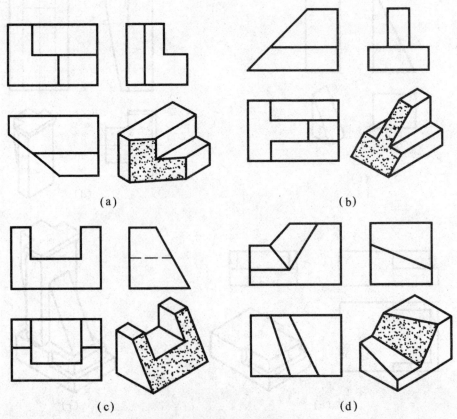

(a) (b)

(c) (d)

图 12—16 投影中的线框分析

分析投影图上某一条直线的性质时,必须注意联系其他投影来确定。投影图上的直线可能代表一个面的积聚投影,也可能是表面交线的投影,还可能是曲面轮廓线的投影。如图12—17 所示,各 V 面投影中的直线性质是不同的。

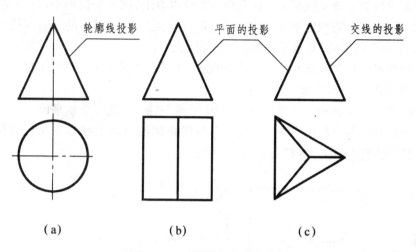

(a) (b) (c)

图 12—17 投影中的直线分析

【例 12—2】 阅读图 12—18 所示物体的投影图,想象出该物体的形状。

【分析】 图示物体的主体部分,可视为由一长方体切割而成,运用线面分析读图较为方便。可先在水平投影中,选定较大的线框 a。从投影关系可以看出,在正面投影中,与 a 对应的部分,没有线框 a 的类似形,只有线段 a′。由 a 和 a′可确定平面 A 为正垂面,它的侧面投影 a″一定是平面 A 的类似形。因此可分析出平面 A 的形状和空间位置(从图中可看出,在 A 面上附有一个小棱柱)。再研究正面投影中的线框 b′,与它对应的侧面投影 b″和水平投影 b,分别为一竖直和水平线段,由此可知平面 B 为一正平面。用同样的方法,分析得知平面 C 为侧垂面。在 B 和 C 之间有一水平面 D。可根据需要,再分析几个表面,然后综合各表面的相对位置想象出物体的形状,直至读懂。该物体的形状如图 12—18(b)所示。

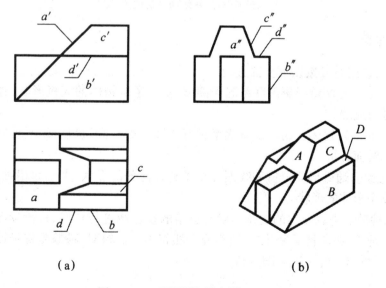

(a) (b)

图 12—18 运用线面分析读图(一)

【例 12—3】 阅读图 12—19 所示物体的投影图,想象出该物体的形状。

【分析】 根据所示的三面投影图不易想象出物体的形状,也不容易分析出是由哪些基本体所组成的,这时应采用线面分析法进行分析。

首先在正面投影中选定线框 a′,从投影关系可以看出,在水平投影中,与 a′对应的既有线段,也有类似形,由此不能判定平面 A 的性质,而与侧面投影 a′对应的只有线段 a″,因此可分析出平面 A 是一个侧垂面,其水平投影只能是类似形。

再从正面投影中选定线框 b′,与之对应的水平投影只能是线段,而侧面投影 b″呈类似形,由此说明平面 B 是一个铅垂面。

用同样的方法可以分析出平面 C 是一个正平面,平面 D 是一个水平面。

根据以上对物体各个面的分析,可以综合想象物体的原始形状是一个长方体,其被平面 A、B、D 切割后形成此形状,如图 12—19(b)所示。

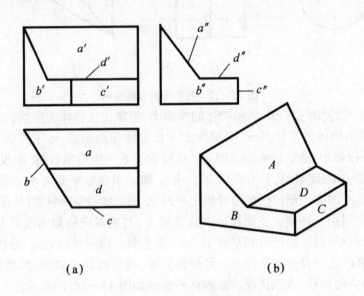

(a)　　　　　　　　　　　　(b)

图 12—19　运用线面分析读图(二)

二、读图步骤

综上所述,读图时可按以下步骤进行:

1. 初步了解。把所给投影图联系起来阅读,初步了解物体的大概形状,并分析它是由哪些基本几何体组成的。

2. 详细分析。对物体各组成部分逐个进行详细分析,对形状复杂、不易分析出基本形体的部分可运用线面分析。

3. 综合想象。通过形体分析和线面分析了解各部分的形状、大小和相对位置之后,即可综合想象出整个形体的形状。

4. 核对、检验。把想象出的物体形状与已给的投影图进行核对,检验读图是否正确。如发现不符合的地方,则应再重新分析,直至完全相符为止。核对、检验是保证读图正确无误的重要环节,是不可忽略的一项读图步骤。

三、由两个投影补画第三投影

在进行读图训练时,常要求根据已给的两个投影,补画第三投影。实际上,这也是检查是否读懂图的一种手段。因此,在补画第三投影时,一定要先根据已知两投影分析、想象出所示物体的形状,再根据物体形状和投影关系,补画第三投影。最后再检查一下三投影之间的投影关系是否正确,与所想象的物体形状是否相符。

【例 12—4】　如图 12—20 所示,已知组合体的水平和正面投影,补画其侧面投影。

【分析】　从组合体的正面投影可以看出,该组合体可分为Ⅰ、Ⅱ、Ⅲ三部分,对照分析它们的两面投影可知:Ⅰ是带通孔的半圆柱;Ⅱ是中间带梯形切口的立板,它跨在半圆柱的中部;Ⅲ可看成是两块平放的板,分放在半圆柱的左右两侧,一端与立板的端面靠齐,另一端与半圆柱面相交。从水平投影可以看出该组合体的前后、左右都对称。通过上述分析,即可想象出该组合体的形状,如图 12—20(b)所示。

【作图】

1．画Ⅱ、Ⅲ外形轮廓的侧面投影,如图 12—20(c)所示。

2．画半圆柱的外轮廓和细部的侧面投影,如图 12—20(d)所示。

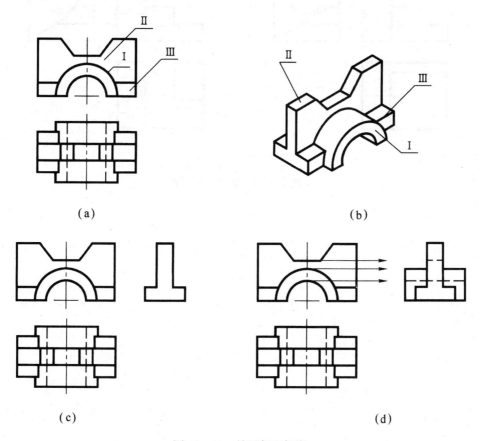

（a）　　　　　　　　　　　　　　　　（b）

（c）　　　　　　　　　　　　　　　　（d）

图 12—20　补画侧面投影

【例 12—5】　如图 12—21 所示,已知组合体的正面和侧面投影,补画其水平投影。

【分析】　根据正面和侧面投影分析,组合体由左右两部分组成:左边部分原始形状是一个横放的梯形棱柱,其左上角被一水平面和侧平面切去一块;右边部分上为半圆柱,下为板,并贯穿一圆孔。综合上述分析,将两部分组合起来便是组合体的形状,如图 12—21(b)所示。

【作图】

1. 先画左右部分原始形状的水平投影,如图 12—21(c)所示。

2. 再作左右部分截切后的投影,如图 12—21(d)所示。

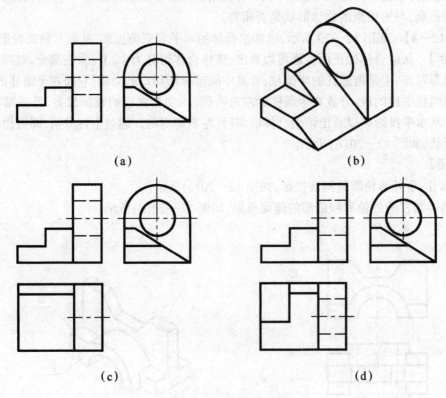

(a)　　　　　　　　　　　　　　(b)

(c)　　　　　　　　　　　　　　(d)

图 12—21　补画水平投影

第十三章 图样画法

§13—1 基本视图及镜像投影

一、物体的基本视图及其配置

表示一个物体可有 6 个基本投射方向,如图 13—1 所示。相应地有 6 个基本投影面,分别垂直于 6 个基本投射方向。物体在基本投影面上的投影称为基本视图。在建筑工程图中各视图的名称为:

A 向投影(从前向后)称正立面图;

B 向投影(从上向下)称平面图;

C 向投影(从左向右)称左侧立面图;

D 向投影(从右向左)称右侧立面图;

E 向投影(从下向上)称底面图;

F 向投影(从后向前)称背立面图。

1. 第一角画法

第一角画法,是将物体置于第一分角内,即物体处于观察者与投影面之间进行投影,然后按规定展开投影面。这时,各视图的配置如图 13—2 所示。在同一张图纸内,按图 13—2 配置视图时,一律不注视图名称。必要时,可画出第一角画法的识别符号见图 13—3。

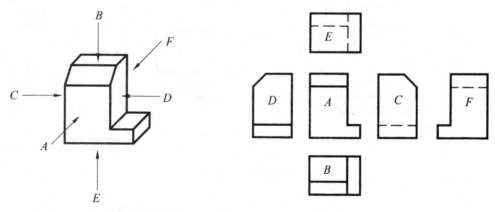

图 13—1　基本投影方向　　　　　图 13—2　第一角画法的视图配置

在建筑工程图中,各视图可按专业需要进行配置。但应在每个视图的下方都标出图名,并在图名下画一粗实线,如图 13—4 所示。

2. 第三角画法

第三角画法,是把物体置于第三分角内,即投影面处于观察者与物体之间进行投影,然后按规定展开投影面。这时,各视图的配置如图 13—5 所示。

第三角画法,只有在必要时(如合同规定等)才允许使用。采用第

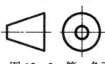

图 13—3　第一角画法的识别符号

三角画法时,必须在图样中画出第三角画法的识别符号(见图13—6)。

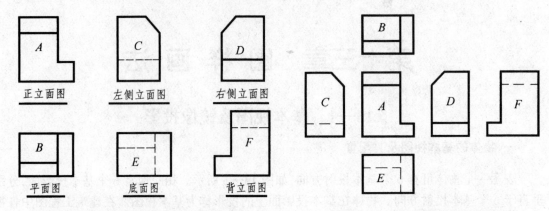

图13—4　建筑工程图视图名称的标注　　　　图13—5　第三角画法的视图配置

二、镜像投影

镜像投影是用镜像投影法所得到的投影,可用以表示某些工程的构造。镜像投影法属于正投影法,镜像投影是物体在镜面中的反射图形的正投影,该镜面应平行于相应的投影面,如图13—7(a)所示。绘制镜像投影图时,应按图13—7(b)所示的方法,在图名后注写"镜像"二字;或在图中画出镜像投影画法的识别符号见图13—8。

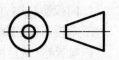

图13—6　第三角画法的识别符号

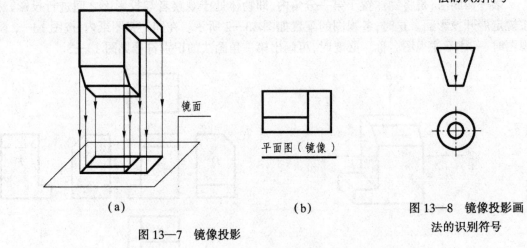

（a）　　　　　　　　　　　（b）　　　　　图13—8　镜像投影画法的识别符号

图13—7　镜像投影

§13—2　剖面图与断面图

一、基本概念

如图13—9(a)所示,假想用一个平行于投影面的剖切平面P,把物体切开,移开遮挡部分,就可见到剖切平面P截切物体所得的截交线。若只画出截交线围成的部分,如图13—9(b)所示的图样,称为**断面图**;若将整个剩余部分进行投影,如图13—9(c)所示的图样,称为**剖面图**。

由于截切后,将原属不可见的内部轮廓线变成可见部分,即可清晰地表达出内部构造。

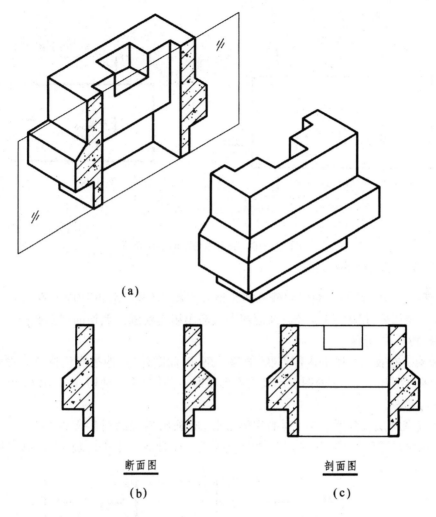

（a）

断面图   剖面图

（b）   （c）

图 13—9 剖面图与断面图的概念

二、剖切位置及剖切符号

剖切平面的位置可按需要选定,若物体有对称面时,一般剖切面选在对称面或孔洞轴线处,并且平行于某一投影面。

画剖面图与断面图时,应该用规定的剖切符号,标明剖切位置、投射方向和编号,如图13—10 所示。

剖面图的剖切符号是由剖切位置线和投射方向线组成。剖切位置线用粗实线绘制,长度为6~10 mm,投射方向线应垂直于剖切位置线,也用粗实线绘制,长度短于剖切位置线,约为4~6 mm。剖切符号不宜与图面上任何图线接触,要保持适当的间隙。剖切符号的编号,采用阿拉伯数字,从左到右、从上到下的顺序连续编号,注在投射方向线的端部。

断面图的剖切符号只用剖切位置线表示。断面编号注在剖切位置线的一侧。编号所在的一侧,即表示该断面的投射方向。其他要求与剖面剖切符号相同。

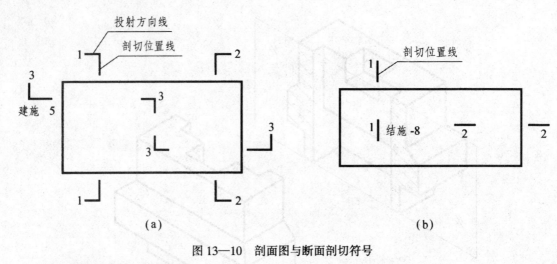

图 13—10 剖面图与断面剖切符号

三、剖面图与断面图的画法

1. 在剖面图中,被剖切面切到部分的轮廓线用粗实线绘制,剖切面没有切到但沿投射方向可以看到的部分,用中实线绘制;断面图则只需用粗实线画出剖切面切到部分的图形。如图 13—11、图 13—12 所示。

2. 为清楚地表达物体的内部形状,故除了剖、断面图外,其他投影仍按整个物体画出。同一物体若需要用几个剖、断面图表示其内部形状时,可进行几次剖切,在每次剖切前,都应按整个物体进行考虑。

3. 为使图样层次分明,在剖到的实体部分,应画出相应的材料图例,如图 13—11 所示。常用的建筑材料图例见表 13—1。图例中的斜线一律画成与水平线成 45°的细实线。当断面

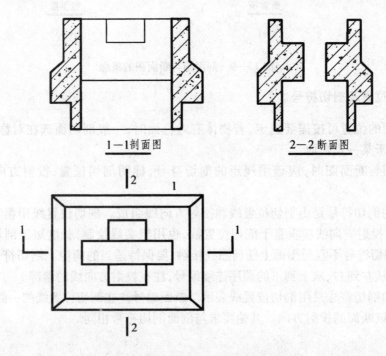

1—1剖面图

2—2断面图

图 13—11 剖面图与断面图的画法

图上画材料图例有困难时,可涂黑表示。

表 13—1 常用建筑材料图例

图 例	名 称	图 例	名 称
	自然土壤		普通砖
	夯实土		金属
	砂、灰土		多孔材料
	混凝土		木材
	砂、砾石、碎砖、三合土		天然石材
	钢筋混凝土		纤维材料

4.剖、断面的名称,用相应的编号代替,注写在相应图样的下方。

5.图样中不可见的轮廓线一般均可不画。

四、剖、断面图的区别(见图 13—12)

1.剖切符号的区别

断面图的投影方向,由编号注写位置决定;剖面图的投影方向是用投射方向线表示。

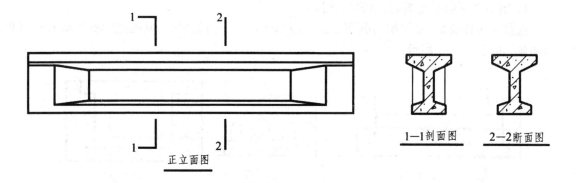

图 13—12 剖面图与断面图的区别

2.所画内容的区别

断面图只画剖切平面剖切的截断面形状;剖面图除画出断面图形外,还要画出沿投射方向看到的部分。

五、断面图的特有画法(见图 13—13)

在同一物体上,可同时作出若干个断面图,此时,宜按顺序依次排列,并且可按比例放大,如图 13—13(a)所示。

　　长而且形状无变化的杆件断面图,可绘制在靠近杆端部或中断处,省去剖切符号标注,如图 13—13(b)所示。

　　断面图画在图内,不需标注剖切符号,如图 13—13(c)所示。这种画法只限用于结构布置图。

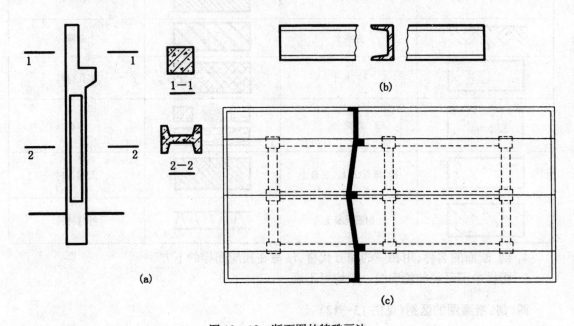

图 13—13　断面图的特殊画法

六、常用的剖切方法

1. 用一个剖切平面剖切(单面剖切法)

　　这是一种最简单、最常用的剖切方法。适用于一个平面剖切后,就能把内部形状表示清楚的物体,如图 13—14 所示。

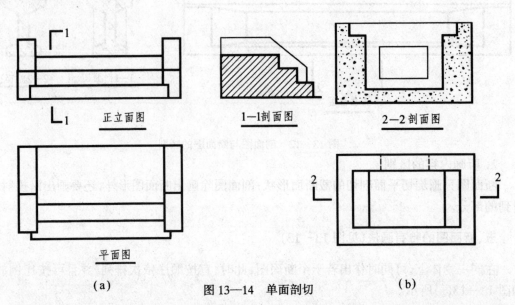

图 13—14　单面剖切

2．用两个及两个以上互相平行的剖切平面剖切

当物体内部结构复杂、层次较多,用一个平面剖切不能全部表示清楚时,常用两个或两个以上互相平行的剖切平面剖切,如图 13—15 所示。

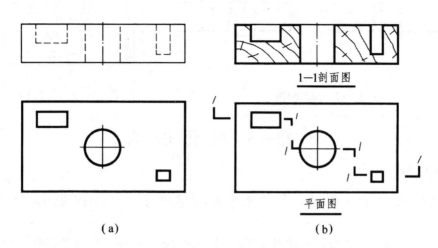

图 13—15　3 个平行的剖切平面剖切

为使转折的剖切位置线不与其他图线发生混淆,应在转折外侧加注与剖切符号相同的编号,如图 13—15(b)所示。注意,互相平行的剖切平面的转折处,在剖面图中规定不画分界线。

3．用两个或两个以上的相交剖切平面剖切

采用两个或两个以上的相交剖切平面时,其剖切面的交线应垂直于某一投影面,其中应有一个剖切面平行于投影面。如图 13—16 所示的物体,右半部分平行于 V 面,左半部分与 V 面倾斜,有两个不同形状的孔,采用 3—3 两相交平面剖切。画剖面图时,将与投影面倾斜的部分按其实际长度展开画出,剖面的总长度为两段长度之和($a + b$)。剖切断面上,不画剖切平面的转折交线,图名标注上加注"展开"字样,这样不在同一平面内的孔深即可表示清楚。

上述剖切方法,既可画剖面图,也可画断面图。

4．局部分层剖切

只有局部的内部构造需要用剖面图表示时,才采用局部(多层构造可采用局部分层)剖切。

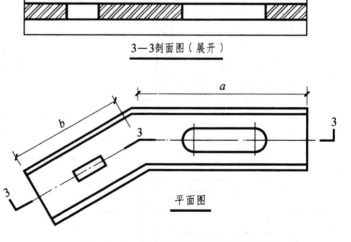

图 13—16　两相交的剖切平面剖切

如图 13—17(a)所示两个相互连接的管,两管的外形已表示清楚,连接处的内部情况及管壁厚度,可用局部剖切形式表示,如图 13—17(b)所示。

图 13—18 所示为分层局部剖切的表示方法,是按结构的层次逐层用波浪线分开的。

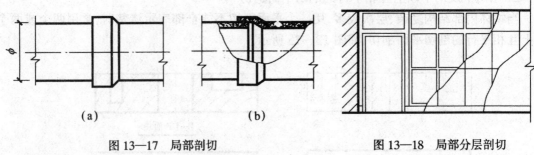

图 13—17　局部剖切　　　　　　　图 13—18　局部分层剖切

§13—3　简 化 画 法

一、对称图形

对称图形可以只画出图形的一半,但需要画出对称符号。也可以使图形稍超出对称线,而不画对称符号。

对称符号是用细实线绘制的两条平行线,其长度为4~6 mm,平行线间距为2~3 mm,平行线在对称线两侧的长度应相等,如图 13—19(a)所示。

对称物体的图形若有一条对称线时,可只画该图形的一半;若有两条对称线时,可只画图形的 1/4。但均应画出对称符号,如图 13—19(b)所示。

对称物体的外形图、剖(断)面图均对称时,可以对称线为界,一侧画剖面图,另一侧画外形图,并画出对称符号,如图 13—19(c)所示。

对称图形,当所画部分稍超出图形对称线时,规定不画对称符号,如图 13—19(d)所示。

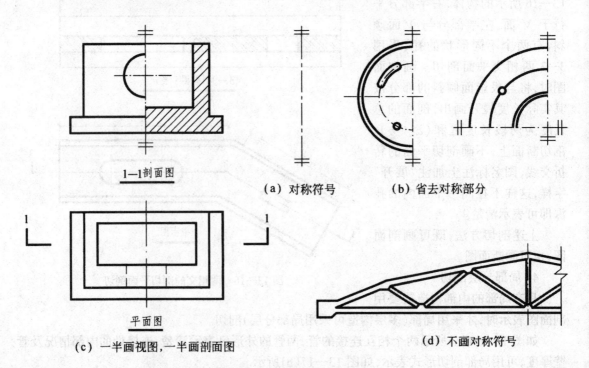

1—1剖面图

（a）对称符号　　　　（b）省去对称部分

平面图

（c）一半画视图,一半画剖面图　　　　（d）不画对称符号

图 13—19　对称图形的画法

二、省略画法

1．省略相同部分

(1)如果物体上具有多个形状相同而连接排列的结构要素,可仅在两端或适当位置画出少数几个要素的形状,其余部分只画中心线,然后注明共有多少个这样的要素,如图 13—20(a)、(b)、(c)所示。

(2)如果物体上有多个形状相同而不连续排列的结构要素,则可只在适当位置画出少数几个要素的形状,其余部分应在要素中心线交点处用小黑点表示,并注明有多少个这样的要素,如图 13—20(d)所示。

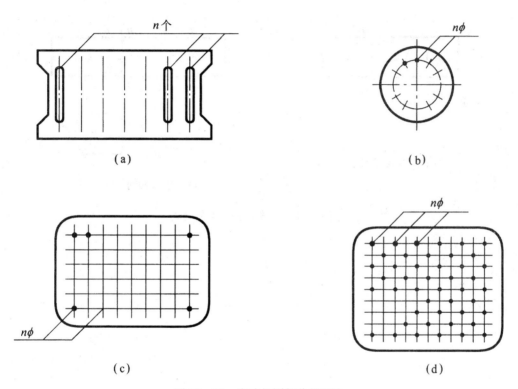

图 13—20　省略相同部分的画法

2．省略折断部分

当物体较长,而沿长度方向的形状相同或按一定规律变化时,可采用折断的办法,将折断部分省略绘制。断开处应以折断线表示,如图 13—21 所示。折断线两端应超出轮廓线2～3 mm,其尺寸应按折断前原长度标注。

3．局部省略

当一个物体与另一个物体仅有部分不同时,该物体可只画不同部分,但应在两个物体的相同与不同部分的分界处,分别绘制连接符号,两个连接符号应对准在同一线上,如图 13—22(a)所示。连接符号用折断线和字母表示,两个相连接的图样字母编号应相同。

如图 13—22(b)所示两物体的大部分相同,仅右端不同,在画Ⅱ物体图样时,可将与Ⅰ物体左端相同部分省去不画,只画右端不同部分,并画出连接符号。

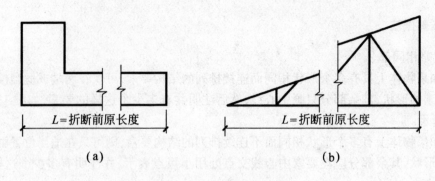

图 13—21　省略折断部分

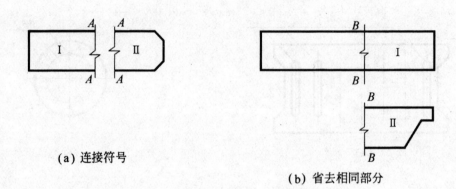

(a) 连接符号

(b) 省去相同部分

图 13—22　局部不同省略的画法

土木工程图

第十四章　钢筋混凝土结构图

§14—1　概　　述

由水泥、砂子、石子和水按一定比例配合拌制而成的建筑材料,称为混凝土。凝固后的混凝土,质坚如石、抗压性能强,但其抗拉性能差,为了避免混凝土因受拉而破损,根据构件的受力情况,在混凝土中配置一定数量的钢筋,使其与混凝土结合成为一个整体,共同承受外力。这种配有钢筋的混凝土称为钢筋混凝土。

用钢筋混凝土制成的梁、板、柱、基础等,称为钢筋混凝土构件。如果构件是预先制好,然后运到工地安装的,称为预制钢筋混凝土构件;如果构件是在现场直接浇制的,称为现浇钢筋混凝土构件。此外,还有些构件,制作时先对混凝土预加一定的压力,以提高构件的强度和抗裂性能,这种构件称为预应力钢筋混凝土构件。

表示钢筋混凝土构件的图样称为钢筋混凝土结构图。表示钢筋混凝土结构的图样有两种:一种是外形图(又叫模板图),主要表明构件的形状和大小;另一种是钢筋布置图,主要表明这类结构物中钢筋的配置情况。

§14—2　钢筋的基本知识

一、钢筋的分类

配置在钢筋混凝土构件中的钢筋,按其作用不同,可分为下列几种,如图14—1所示。

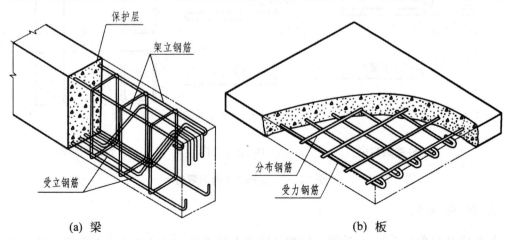

(a) 梁　　　　　　　　　　　　　　(b) 板

图14—1　梁、板配筋示意图

1．受力钢筋——承受构件内力的主要钢筋。

2．钢箍（箍筋）——主要用以固定受力钢筋的位置，并承受部分内力，多用于梁和柱内。

3．架立钢筋——用来固定梁内钢箍的位置，构成钢筋骨架。

4．分布钢筋——一般用于板式结构中，与板中受力钢筋垂直布置，能将板面的集中荷载均匀地传给受力钢筋，并固定受力钢筋的位置。

5．其他钢筋——如吊环、系筋和预埋锚固筋等。

国产建筑用钢筋种类很多，为了便于标注与识别，按其产品种类不同，分别给予相应符号，见表14—1。

表 14—1　钢筋种类和符号

钢筋种类	符　号	钢筋种类	符　号
Ⅰ级钢筋（即3号光圆钢筋）	ϕ	冷拉Ⅰ级钢筋	ϕ^l
Ⅱ级钢筋（如16锰人字纹筋）	Φ	冷拉Ⅱ级钢筋	Φ^l
Ⅲ级钢筋（如25锰硅人字纹筋）	Φ	冷拉Ⅲ级钢筋	Φ^l
Ⅳ级钢筋（圆或螺纹筋）	Φ	冷拉Ⅳ级钢筋	Φ^l
Ⅴ级钢筋（螺纹筋）	Φ^l	冷拔低碳钢丝	ϕ^b

二、钢筋的弯钩

为了增强钢筋与混凝土的粘结力，钢筋两端需做成弯钩。若采用Ⅱ级、Ⅱ级以上钢筋或者表面带突纹的钢筋，一般两端不必做弯钩。

钢筋的弯钩有两种标准形式，即带有平直部分的半圆弯钩和直角弯钩，其形状和尺寸如图14—2(a)、(b)所示。图中用双点划线示出了弯钩的理论计算长度，计算钢筋总长时，必须加上该段长度。钢箍的弯钩形式如图14—2(c)所示。钢箍末端两个弯钩长度见表14—2。

表 14—2　箍筋弯钩增加长度(mm)

箍筋直径	受力钢筋直径	
	≤25	28～40
4～10	150	180
12	180	210

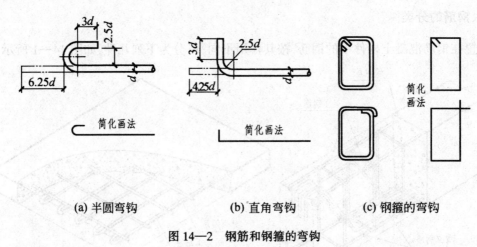

(a) 半圆弯钩　　　　　　(b) 直角弯钩　　　　　　(c) 钢箍的弯钩

图 14—2　钢筋和钢箍的弯钩

三、钢筋的弯起

根据构件的受力要求，有时需将排列在构件下部的部分受力钢筋弯到构件上部去，这叫做钢筋的弯起。如图14—1(a)所示的钢筋混凝土梁中，中间的3根钢筋由梁的下部弯起到梁的上部。

四、钢筋的表示方法

钢筋的表示方法应符合表 14—3 的规定。

表 14—3　钢筋的表示方法

内　容	表　示　法	内　容	表　示　法
1. 端部无弯钩的钢筋		6. 带直钩的钢筋搭接	
2. 无弯钩的长短钢筋投影重叠时，可在短钢筋端部画 45°短划		7. 无弯钩的钢筋搭接	
3. 端部带丝扣的钢筋		8. 一组相同的钢筋可用粗实线画出其中一根来表示，同时用横穿细线表示起止范围	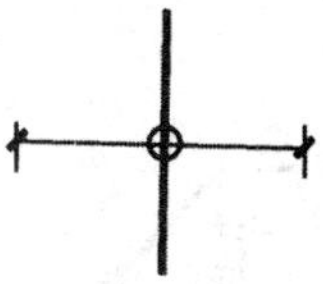
4. 在平面图中配置双层钢筋时，底层钢筋弯钩应向上或向左，顶层钢筋则向下或向右	底层　顶层	9. 图中所表示的箍筋、环筋，如布置复杂，应加画钢筋大样及说明	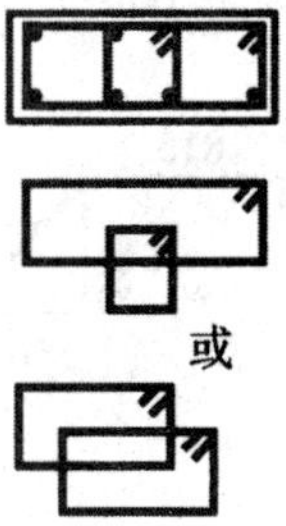 或
5. 带半圆弯钩的钢筋搭接			

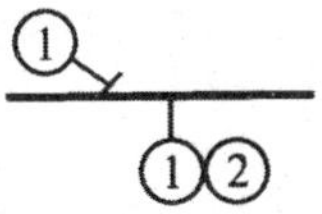

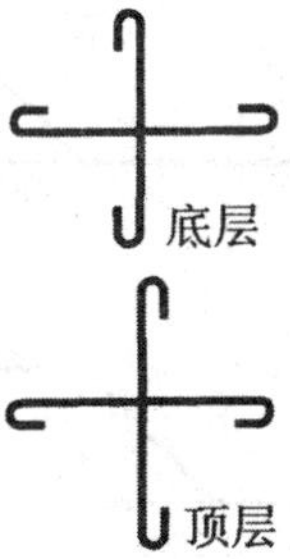

五、钢筋的保护层

为了防止钢筋锈蚀，保证钢筋和混凝土有良好的黏结力以及防火要求，钢筋表面到构件表面必须有一定厚度的混凝土保护层（见图 14—1）。根据钢筋混凝土结构设计规范规定，梁、柱的保护层最小厚度为 25 mm，板和墙的保护层厚度为 10～15 mm。

§14—3　钢筋布置图的内容及特点

钢筋布置图采用正投影原理绘制，根据钢筋混凝土结构的特点，在表示方法和标注尺寸等方面，有其独特之处。

一、立面图和断面图

立、断面图主要用来表示钢筋的配置关系。凡是钢筋排列有变化的部位，一般都应画出它的断面图。如图 14—3 所示钢筋混凝土梁，便是画了 1—1 和 2—2 两个断面图配合立面图表示钢筋的配置关系。对于板形构件，则常用平面图和断面图表示。

为了突出表示构件中的钢筋配置，规定将构件的外形轮廓线用细实线画出，钢筋用粗实线画出，钢筋的断面用小黑圆点表示。在断面图中，不画材料图例。

绘制立面图的比例可用 1∶50 或 1∶40，断面图的比例可比立面图放大一倍，即用 1∶25 或 1∶20 画出。

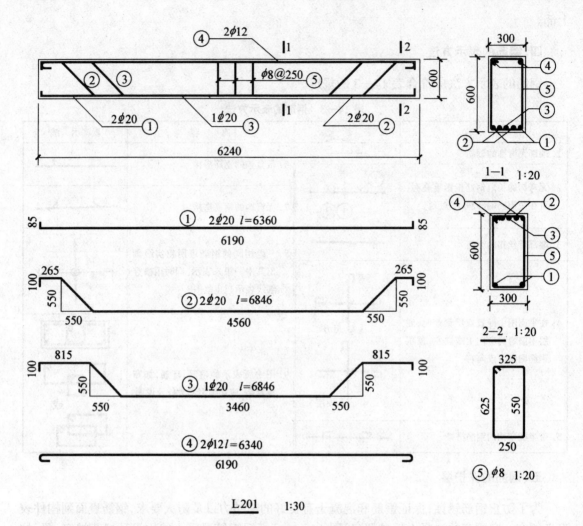

图 14—3　钢筋混凝土梁的配筋

当构件的钢筋层次较多,布置又较复杂时,可以采用分层平面图来表示。

在立面图和断面图上应标注构件的外形尺寸。如图 14—3 中梁的长度 6240,断面宽度 300,高度 600。

二、钢筋详图

为了便于钢筋的下料和加工成型,对配筋较复杂的构件,除画出立画图和断面之外,还应画出钢筋详图。

钢筋详图画在立面图的下方,并与立面图对齐,比例与立面图相同。同一编号的钢筋只需画出一根的详图。

每种钢筋的详图除应依次标注钢筋的编号、数量、规格和直径大小外,还应注出钢筋的每分段长度、弯起角度和钢筋设计长度。如图 14—3 中④号钢筋详图,钢筋线下面的数字 6190 表示钢筋两端弯钩外皮切线之间的直线尺寸(等于梁的总长减去两端保护层厚),钢筋线上面的数字 $L = 6340$ 是钢筋的设计长度,即等于上述直线段长加两倍标准弯钩长:$6190 + 2 \times 6.25 \times 12 = 6340$。钢筋的弯起角度是用两直角边的实际尺寸表示的,如②号钢筋用 550、550 表示其弯起角度。需要指出,钢筋量度的方法是沿直线量外包尺寸,因此,弯起钢筋的设计尺寸大于下料尺寸,同时,钢筋的标准弯钩也因钢筋粗细和加工机具条件不同而影响平直部分的长短。所以,在施工时,要根据施工手册规定的调整数值重新计算下料长度。

三、钢筋编号

为区别构件中的钢筋类别(直径、钢材、长度和形状)应将钢筋编号。编号次序可按钢筋的主次及直径的大小进行编写,在图上是用细实线画引出线,在水平段端部用细实线画出直径为6 mm的圆圈,并填写钢筋编号。在引出线水平段上面,按顺序写出钢筋数量、钢筋代号和直径大小,如是箍筋,还应注明放置的间距。如图14—3立面图中编号为②的钢筋,是两根直径为20的Ⅱ级钢筋;为了确切地表明它的立面位置,在弯起部位注上②;②号钢筋在构件中的前后位置关系在1—1断面图中已表示清楚。⑤号箍筋是直径为8的Ⅰ级钢筋;@200表示每隔200 mm放置一根。立面图中的箍筋不用全部画出,画出3个标明即可。

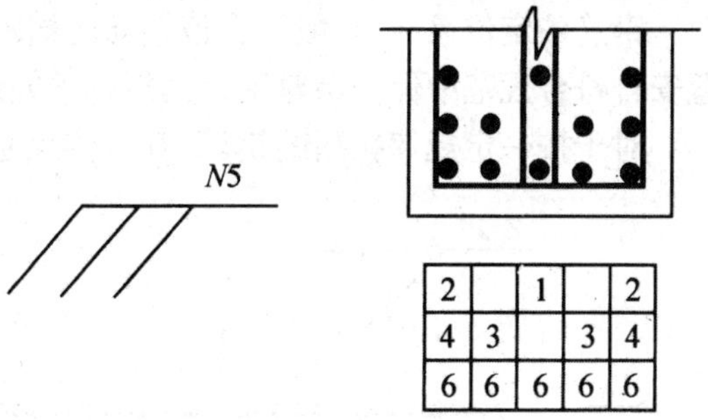

编号注法除按规定填写在圆圈内,也可以在编号前加注符号 N 来表示,如图14—4(a)所示。

对于排列过密的钢筋,可采用列表法,如图14—4(b)所示。

（a）　　　　　　　　（b）

图14—4　钢筋编号的标注

四、钢筋表

为了便于编制施工预算和统计用料,在配筋图上需列出钢筋表,表内有说明构件的名称、数量,钢筋编号与规格、钢筋直径、长度、根数、总长和重量等,有时还列出钢筋简图。钢筋混凝土梁的钢筋表,见表14—4。

表14—4　钢　筋　表

构件名称	构件数	钢筋编号	钢筋规格	简　图	长度(mm)	每件根数	总根数	总长(m)	重量(kg)
L201	4	①	φ20		6360	2	8	50.880	
		②	φ20		6846	2	8	54.768	
		③	φ20		6846	1	4	27.384	
		④	φ12		6340	2	8	50.720	
		⑤	φ8		1766	25	100	176.6	
							总　计		

五、钢筋布置图中尺寸的注法

1. 结构外形的尺寸注法和一般结构物的尺寸注法相同。

2. 钢筋的尺寸注法

(1)钢筋的大小尺寸和成型尺寸

在钢筋详图中标出,如图14—3所示。各段长度直接在钢筋旁边注出。

(2)钢筋的定位尺寸

钢筋的定位尺寸,一般注在该钢筋的横断面中,尺寸界线通过钢筋断面中心。若钢筋的位置安排符合规范中保护层厚度及两根钢筋间最小距离的规定,可以不标注钢筋的定位尺寸。

对于按一定规律排列的钢筋,其定位尺寸常用注解形式写在编号引出线上,如图14—3中

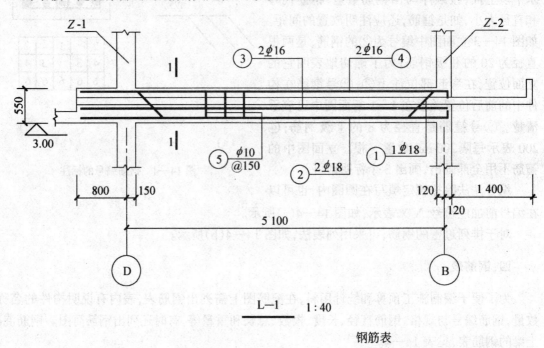

L—1   1:40

钢筋表

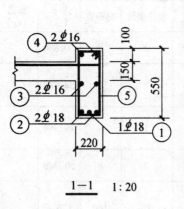

钢筋编号	钢筋规格	简　　图	长度 (mm)	根数	总长 (m)	重量 (kg)
①	$\phi18$		6534	1	6.534	
②	$\phi18$		6120	2	12.240	
③	$\phi16$		5970	2	11.940	
④	$\phi16$		6120	2	12.240	
⑤	$\phi10$		1490	41	61.090	
				总　计		

1—1   1:20

图14—5　现浇梁 L—1 配筋

所示的 $\phi 8@250$。

(3)尺寸单位

钢筋尺寸以 mm 计,图中不需要再说明。

对于现浇构件,除了具有与预制构件图相同的特点外,在图中还应画出与该构件有关的邻近构件的一部分,以明确其所处的位置。图 14—5 是某办公楼大门处编号为 L—1 现浇梁的配筋图。如立面图左边表示与圈梁相连,右边的细线和图内的两条细实线表示了雨篷。此外,还表示了支撑梁的柱子 Z—1 和 Z—2,两柱的轴间距为 5100。由 1—1 断面可知,梁的截面尺寸为 220×550。

从立面图和截面图可知,梁下部共有三根直径为 18 的Ⅱ级钢筋,其中编号为②的钢筋右端弯成直角,长 150;编号为①的钢筋在梁的两端弯起,其右端也是弯成直角,长 150。梁的上部有两根右端弯成直角、直径为 16、编号为④的Ⅱ级钢筋。梁的中部配有两根编号为③、直径为 16 的Ⅱ级直钢筋。立面图中画出 3 个编号为⑤的箍筋,箍筋是直径为 10 的Ⅰ级钢筋,每隔 150 mm 放置一根。

第十五章 钢 结 构 图

§15—1 概　　述

钢结构是由各种形状的型钢组合成杆件,再由杆件连接而成的结构物,主要用于大跨度建筑、高层建筑和高耸结构,如大跨度的钢屋架,大中跨度的铁路桥梁以及电视发射塔等。表示钢结构的图样称为钢结构图。

组成钢结构杆件的型钢,是由轧钢厂按标准规格轧制而成的。常用的型钢有角钢、工字钢、槽钢及钢板、钢管等,它们的代号及标注方法见表 15—1。

表 15—1　型钢的代号及标注

名　称	代　号	标 注 方 法	立 体 图
等边角钢	∟	$\llcorner \overset{b \times t}{L}$	
不等边角钢	∟	$\llcorner \overset{B \times b \times t}{L}$	
工 字 钢	I	$I \overset{N}{L}$ 轻型工字钢加注 Q 字	
槽　钢	[	$[\overset{N}{L}$ 轻型槽钢加注 Q 字	
钢　板	—	$— \overset{b \times t}{L}$	

钢结构中型钢的连接方式有焊接、铆接、普通螺栓连接和高强螺栓连接等 4 种。由于焊接有较多的优点,因此,在钢结构施工中被广泛采用。下面对各种连接方式作简单介绍。

一、焊　接

将被连接的型钢在连接部位加热使其和焊条熔化,凝结后成为不可分离的整体。由于设计时对连接有不同的要求,产生不同的焊缝型式。

1. 焊缝类型及其符号

焊缝类型是按焊缝的形状及其被焊件的相互位置区分的,主要有坡口焊缝(如 V 形、I 形)、贴角焊缝和塞焊缝等,其相应图形符号和辅助符号见表 15—2。

表 15—2　图形符号和辅助符号

焊缝名称	焊缝形式	图形符号	符号名称	焊缝表示符号	辅助符号	标注方式
V 形		V	三面焊缝符号			
I 形		∥	周围焊缝符号		○	
贴角焊			现场焊缝符号			
塞焊			相同焊缝符号			

2. 焊缝的标注

采用焊接连接的钢结构图上,必须用"焊缝代号"标明焊缝的位置、类型、焊缝高度和辅助要求。焊缝代号主要由引出线、图形符号、焊缝尺寸和辅助符号组成(图 15—1)。代号中的图形符号表示焊缝断面的基本类型。辅助符号表示焊缝的辅助要求,引出线的箭头指向焊缝,表示了焊缝的位置。引出线允许转折,必要时在横线的末端画一尾部,作为其他说明之用,如说明焊条型号或焊缝分类编号等,如图 15—1(b)、(c)所示。

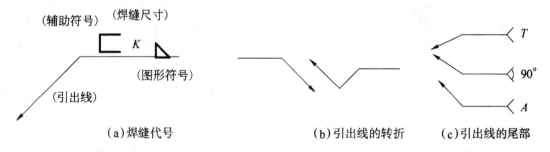

（a）焊缝代号　　　　　　（b）引出线的转折　　（c）引出线的尾部

图 15—1　焊缝代号

焊缝的标注方法见表 15—3。当焊缝分布不规则时,在标注焊缝代号的同时,宜在焊缝处加中实线(表示可见焊缝)或加细栅线(表示不可见焊缝)如图 15—2 所示。

单面焊缝的标注,当箭头指向焊缝所在的一面时,应将图形符号和尺寸标注在横线的上方,当箭头指向焊缝所在的另一面(相对应的那面)时,应将图形符号和尺寸标注在横线的下方,如图 15—2 中的标注。

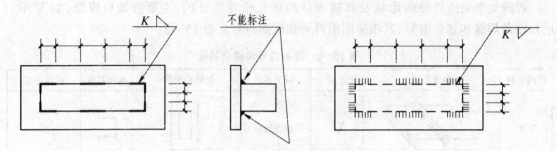

图 15—2 焊缝较复杂时的画法及标注

表 15—3 焊缝的标注方法

焊缝名称	焊缝形式	标注方法	焊缝名称	焊缝形式	标注方法
接接 I 型焊缝			周围贴角焊缝		
塞焊缝			3 个焊件所组成的贴角焊缝		
T 形接头贴角焊缝			T 形接头双面贴角焊缝		

二、铆　接

用铆钉将两块或两块以上型钢连接起来称为铆接。首先在被连接的型钢上预先钻出较铆钉直径大 1 mm 的孔,连接时,将加热的铆钉插入孔内,用铆钉枪冲钉尾,直至冲打成铆钉头为止。

铆接分工厂连接和现场连接两种。铆钉按其头部形状,分半圆头、埋头、半埋头等形式。在钢结构图中,铆钉是按"国标"规定的图例表示的,表 15—4 列出了常用的螺栓、孔和铆钉的图例。

由于铆钉在施工中有许多不便,近几年来,钢结构中的铆钉连接已被高强度螺栓所代替。

三、螺栓连接

铆接和焊接是不可拆的连接,而螺栓连接是可拆换的。螺栓由螺栓杆、螺母和垫圈组成,螺栓连接亦须预先钻孔,连接时将螺栓杆插入孔内,垫上垫圈拧紧螺母即可。螺栓及孔的图例见表15—4。

表 15—4　螺栓、孔、电焊铆钉图例

序号	名　称	图　例	说　明
1	永久螺栓	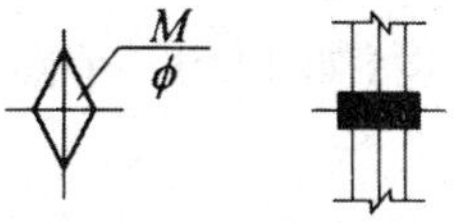	
2	高强螺栓	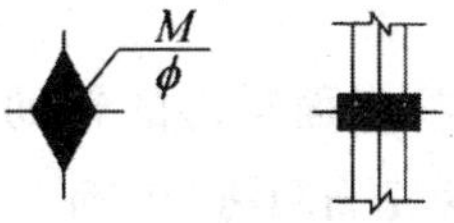	
3	安装螺栓	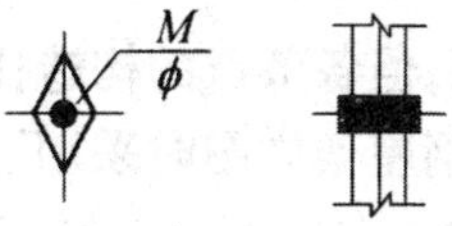	1. 细"+"线表示定位线 2. M 表示螺栓型号 3. φ 表示螺栓孔直径
4	胀锚螺栓	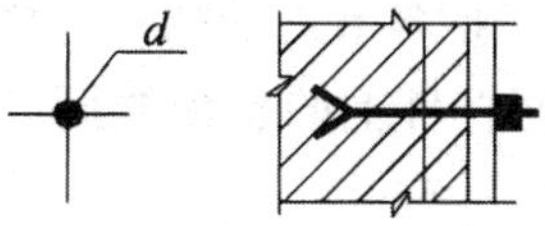	4. d 表示膨胀螺栓、电焊铆钉直径 5. 采用引出线标注螺栓时,横线上标注螺栓规格,横线下标注螺栓孔直径
5	圆形螺栓孔	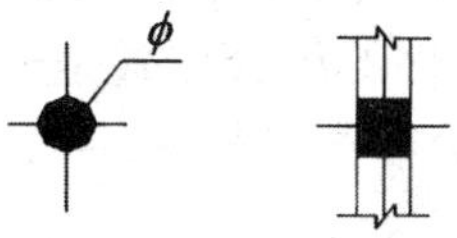	
6	长圆形螺栓孔	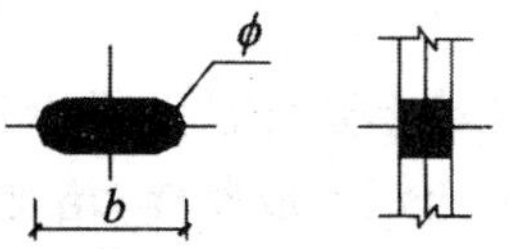	
7	电焊铆钉	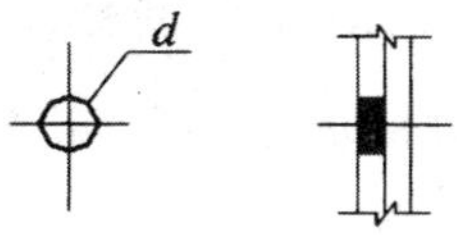	

§15—2 钢屋架结构图

在房屋建筑中,大型工业厂房或大跨度的民用建筑等多采用钢屋架。表示钢屋架的形式、大小、型钢的规格、杆件的组合和连接情况的图样称为钢屋架结构图。其内容主要包括:屋架杆件几何尺寸简图、屋架详图(包括节点图)、杆件详图、连接板详图、预埋件详图以及钢材用量表等。现以某厂房钢屋架结构详图(图15—3)为例,说明钢屋架结构详图的内容及其图示特点。

一、屋架简图

屋架简图又称屋架示意图或屋架杆件几何尺寸图,用以表示屋架的结构形式,各杆件的计算长度,作为放样的一种依据。一般用单线条画出,放在图样的左上角或右上角。常用比例为1∶100或1∶200。

图示三角形钢屋架中,上边倾斜的杆件称上弦杆,水平的杆件称下弦杆,中间杆件称腹杆(包括竖杆和斜杆)。

简图中要注明屋架的跨度(如9000)、高度(如1450)、节点之间杆件的计算长度以及上弦杆的斜度(如图中用直角三角形表示)等。

二、屋架详图

屋架详图是以立面图为主,并配以上弦杆斜面实形的辅助投影和必要的剖、断面图等,它是表示钢屋架的主要图样。图示三角形屋架左右对称,可画一半表示,但须把对称线上的节点构造画全。

由于各杆件较长,横断面形状没有变化,但各节点的构造比较复杂,因而,为了把杆件和节点细部表示清楚,同时也节省图纸,在绘制钢屋架详图时采用了两种比例。即屋架轴线长度采用较小比例(1∶20,1∶15)画出,如本图用1∶15;节点板、杆件以及剖、断面等用较大比例(1∶10,1∶5)画出,如本图采用1∶10。其意义相当于把各节点间的杆件断开,使节点相互靠拢,实质上采用的是断开画法,只是没有画出各节点间杆件上的折断线而已。这是绘制钢结构图时常采用的一种特殊表达方式。

图中详细表示了各杆件的组合、各节点的构造和连接情况,每根杆件的型钢类别、长度、数量以及屋架、节点的尺寸等。如图示屋架杆件的组合形式是 ⌐⌐、⌐ ⌐和⌐ ⌐3种,杆件的连接全用焊接。屋架共有10个节点,其中有两个支座节点,一个屋脊节点,3个下弦杆节点和4个上弦杆节点。

1. 上弦杆

图中将上弦杆编为①号杆件,从立面图或上弦杆辅助投影都可以看出上弦杆是由两块等边角钢(∟63×5)背靠背组成的。为了使两角钢连成整体,增加刚性,每隔一定距离安置一块填板,整根杆上需设的填板数必须标注清楚。如编号 ⑯ 标注为 $\frac{4-50\times6}{70}$,表示有四块填板,长宽为70、50,厚度为6。从上弦塞焊示意图和标注的焊接符号可知:填板与上弦杆角钢的水平肢采用塞焊,与角钢的竖肢采用单面贴角焊。

上弦杆的辅助投影是从垂直于上弦杆顶面方向投影而获得的,与正面图中上弦杆保持投影关系。它反映了上弦杆的顶面和附属零件,由图中可知供安装檩条用的角钢 ⑲ 与上弦杆的连接是采用单面贴角焊,每隔764 mm安置一块;在上弦杆两端用以连接屋架之间系杆的角钢⑳,与上弦杆是采用三面贴角焊连接。

上弦杆两端分别与屋脊节点板 ⑪ 和支座节点板⑦相连,中间连着编号为⑧和⑩的两块节点板。节点板、角钢⑦ 和 ⑲ 的定位尺寸如图所示。

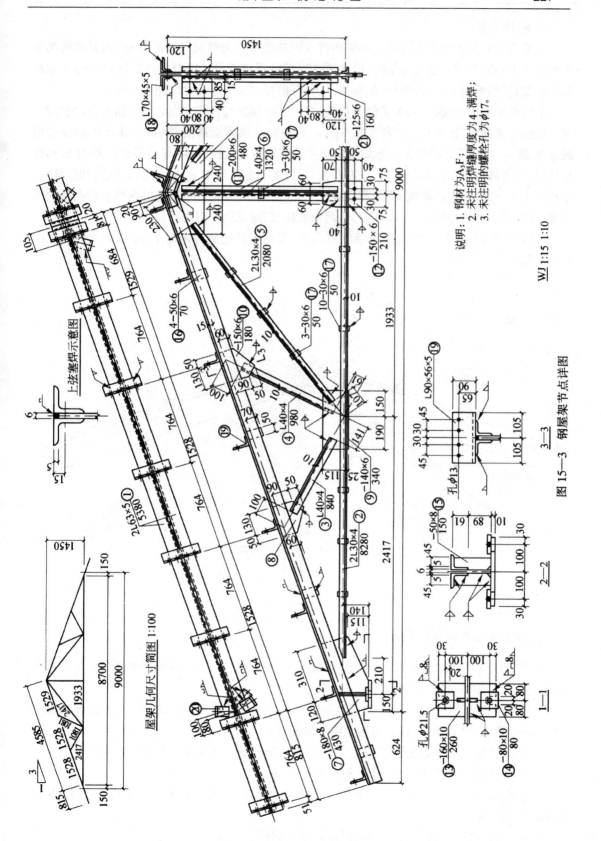

说明: 1. 钢材为A.F;
2. 未注明焊缝厚度为4,满焊;
3. 未注明的螺栓孔为 φ17。

WJ 1:15 1:10

图 15—3 钢屋架节点详图

2. 屋脊节点

主要由立面图和侧面图表示。从焊接符号可知该节点为整榀屋架的节点,如果是将两个半榀运至工地后再拼成整榀屋架时,则必须注以现场焊接符号。屋脊节点是连接两侧上弦杆和三根腹杆(两根斜杆,一根竖杆)的连接点,各杆的相对位置与尺寸如图中所示。

上弦杆的组成前面已述,为了便于拼接,上弦杆的端面与轴线交点之间应留有 20 的空隙。为了增加连接强度,在左右上弦杆的接头处前后各加一块拼接角钢⑱,拼接角钢中间原是切成 V 形缺口,弯折后对焊而成。将其安置在接头处与两上弦杆焊接(与水平肢为单边 V 形带弧焊缝,与竖肢为单面贴角焊缝)。左右两根斜杆(断面形式为 ¬ ┌,中间夹以填板)和竖杆(断面形式为 ┘ ┌,中间夹以填板)都与节点板⑪相连。附带指出,由于竖杆的两根角钢前后交错放置,故竖杆上的三块填板,一块横放,另两块纵向放置(见侧面图所示)。

一般当节点构造复杂时须单独绘制节点图,节站图的比例可采用 1:10 或更大些。如图 15—4 所示。

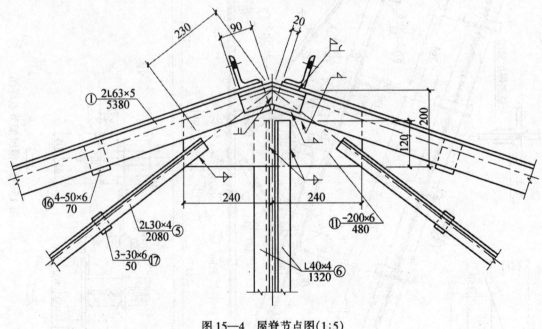

图 15—4　屋脊节点图(1:5)

三、钢屋架结构详图的画法

1. 按规定比例 1:100 或 1:200 画出屋架简图;用 1:20 或 1:15 画出屋架详图中各杆件的轴线。注意,屋架的轴线与杆件的重心线重合。

2. 根据杆件型钢的型号、重心线位置和节点中心至杆件端面的距离,用 1:10 的比例画出各杆件的轮廓线,然后画节点板、拼接角钢和填板等。

3. 画出上弦杆的辅助投影、支座处及屋脊节点处的剖面以及需要画的节点详图。

4. 标注型钢代号、焊缝代号、图形符号及尺寸等。

5. 检查无误后加深图线。可见轮廓线用中实线画出,不可见轮廓线用中虚线画出,其余全部用细实线画出。

6. 注写尺寸数字、编号、文字说明以及填写标题栏。

§15—3 钢梁结构图

钢梁常用于大、中跨度的桥梁中。钢梁的种类很多,本节主要介绍下承式简支栓焊桁架梁的组成及其图示内容。

一、下承式简支栓焊桁架梁的组成及钢梁结构图

图 15—5 所示为下承式简支栓焊桁架梁,它由五部分组成:桥面、桥面系、主桁、联结系和支座。

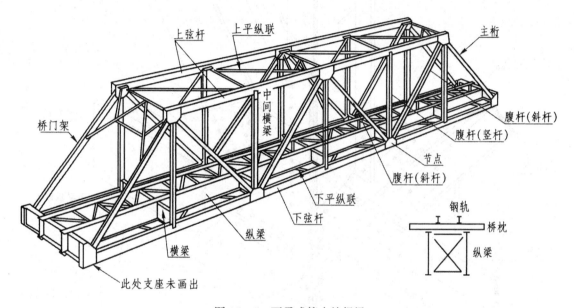

图 15—5 下承式简支栓焊梁

桥面主要由正轨、护轨、桥枕、护木、钩螺栓及人行道组成,桥面部分图中未画出。

桥面系由纵梁、横梁及纵梁间的联结系组成。

主桁由两片主桁架组成,是钢桁梁的主要承重结构。主桁架由上弦杆、下弦杆、腹杆及节点组成。倾斜的腹杆称斜杆,竖直的腹杆称竖杆,杆件交汇的地方称为节点。竖向荷载通过桥面传给纵梁,由纵梁传给横梁,再由横梁传给主桁节点。通过主桁架的受力传给支座,再由支座传给墩台。

栓焊梁中的每根杆件在工厂用型钢焊接而成,然后运到工地,在工地上用高强度螺栓将各杆件连接起来,组成桁架,所以称之为栓焊梁。

钢梁结构图包括设计轮廓图、节点图、杆件图及零件图。本节重点介绍节点图的内容和表达方法。

二、钢桁架节点图

现以48 m下承式简支栓焊桁架梁(标准设计)中的 E_2 节点为例说明。为了帮助阅读节点图,先介绍一下节点的构造。

图 15—6 所示为 E_2 节点的轴测图。在节点处用两块节点板(D_4)和高强度螺栓将主桁架

中的两根下弦杆(E_0—E_2、E_2—E_2')、两根斜杆(E_2—A_1、E_2—A_3)和一根竖杆(E_2—A_2)连接起来。在前面的节点板下边有一块下平纵联节点板(L_{11}),用来连接下平纵联的两根斜杆(L_2、L_3)。在下弦杆的内侧上下均设置了拼接板(P_5 共 4 块),由于下弦杆 E_0—E_2 的两块竖板(N_1)的厚度较 E_2—E_2' 的薄一些,所以加设了填板(B_6 共 4 块)。此外,由于横梁高度大于节点板的高度,所以在前面的一块节点板上部加设了填板(B_9 一块)。

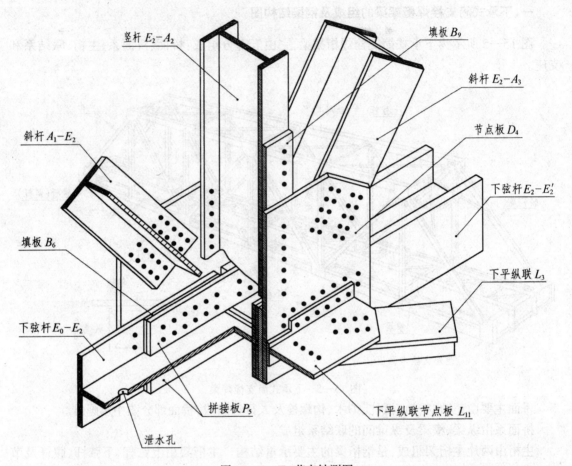

图 15—6 E_2 节点轴测图

图 15—7 所示为 E_2 节点详图,包括主桁简图、节点立面图和平面图、各杆件的断面图等。

1. 主桁简图是用较小的比例、单线条绘在图的上方,如图中的主桁简图采用 1:1000 绘出。为表示所画节点在主桁梁中的位置,在 E_2 节点处用粗线画出(或画小圆圈)。节点投影图采用较大比例画出,如 E_2 节点图采用 1:10 画出。

2. 各杆件的断面图表示了该杆件的断面形状、组成、尺寸和焊接方式。如斜杆 $E_2 - A_3$ 的断面图,表明斜杆是由两块尺寸为 $460 \times 16 \times 12480 N_1$ 的钢板和一块尺寸为 $428 \times 10 \times 12480 N_2$ 的钢板,采用自动焊接而成的,断面工字钢的高度为 460。图中的 N_1、N_2 代表型钢的编号,Z_{10} 为自动焊代号,焊缝高度为 10。

3. E_2 节点立面图与平面图表达了各杆件与节点板的连接关系。为了使图样表达清晰,立面图上未画出下平纵联节点板上的两根水平斜杆,在平面图上未画出竖杆 E_2—A_2 和斜杆 A_1—E_2、E_2—A_3,这种处理方式称为拆卸画法。用拆卸画法绘图,突出其主要表示的内容,而

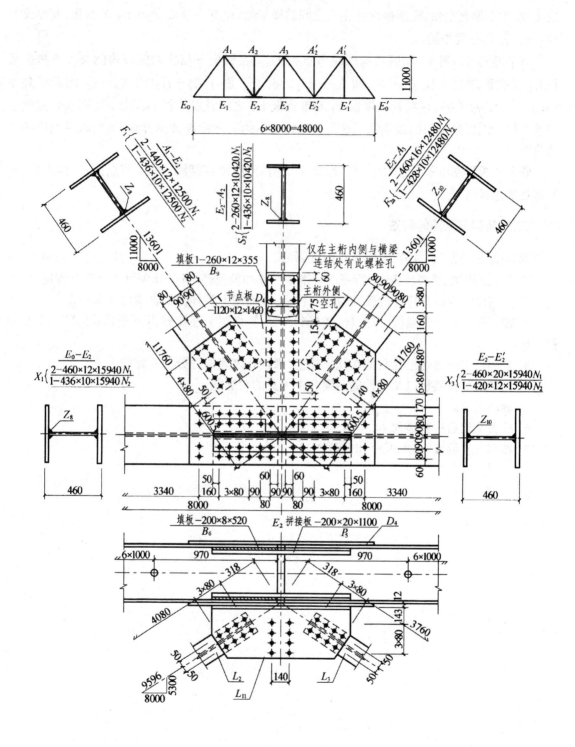

图 15—7 E_2 节点图

把与投影面倾斜且在其他投影中能表示清楚的杆件拆取不画。

由立面图可以看出,下弦杆 E_0—E_2 和 E_2—E_2' 在节点处对接,其端部间隙为 60。斜杆 A_1—E_2、E_2—A_3 和竖杆 E_2—A_2,以及下弦杆 E_0—E_2、E_2—E_2',都与节点板 L_4 用高强度螺

栓连接,为了填充空隙,在连接两片主桁之间的横梁处,设有一块编号为 B_9 的填板,其厚度与节点板 D_4 的厚度相同。

由平面图可以看出,前后共有两块节点板 D_4。在两根下弦杆的竖板内侧有 4 块拼接板 P_5(上下各两块),连接 $E_0—E_2$ 和 $E_2—E_2'$。由于下弦杆 $E_2—E_2'$ 比 $E_0—E_2$ 的钢板要厚 8 mm,为使连接平整,在左侧拼接板 P_5 与节点板 D_4 之间设置填板 B_6(上下各两块),并画上与水平成 45°、间隔均匀的细实线。这是钢结构图中的一种特殊表示方法,用来表示填板所在的位置。

联系各投影图以及所注尺寸、符号、文字说明等,可以详细阅读 E_2 节点图,全面掌握 E_2 节点处的连接情况。

三、钢桁架节点图的画法

现以上述节点 E_2 为例,说明节点图的画法。

首先考虑图幅、选择比例、进行布图。准备工作如前所述,具体作图可按下列步骤进行:

1. 先用细线画出各杆件的轴线位置。注意:立面图上各杆件的轴线汇交与一点。

2. 按照尺寸画出节点板、下弦杆、竖杆和斜杆;平面图上还须画出下平纵联的节点板及两根斜杆。

3. 按照尺寸画出螺栓孔与泄水孔。注意,螺栓孔之间的等分与对称的关系。

4. 画填板和拼接板以及杆件的断面和不可见的轮廓线。

5. 标注尺寸。

6. 检查无误后进行描深。

7. 填写尺寸数字、技术说明和标题栏。

第十六章　房屋施工图

§16—1　概　　述

建造房屋的主要依据是房屋施工图。为了便于学习阅读和绘制房屋施工图,首先介绍一下房屋的组成。

图 16—1 为一幢三层(局部四层)办公楼的示意图。为了把房屋内部表示清楚,图 16—1、图 16—2,分别沿水平和铅垂方向进行了剖切,并注明了各组成部分的名称和位置。

各类房屋尽管它们的外形、内部分隔、使用要求等各不相同,但其主要组成部分不外乎是基础、墙、柱、梁、楼面、屋面、门窗、楼梯等。另外,还有天沟、雨水管、阳台、雨篷、台阶、明沟、散水、勒脚等。

基础起着承受和传递荷载的作用;屋顶、外墙、雨篷等起着隔热、保温、避风遮雨的作用;屋面、天沟、雨水管、散水、明沟起着排水的作用;台阶、门、走廊、楼梯起着沟通房屋内外、上下交通的作用;窗则主要用于采光和通风;墙裙、勒脚、踢脚板等起着保护墙身的作用。

一套房屋施工图,按其内容与作用的不同可分为:

建筑施工图(简称建施)、结构施工图(简称结施)、设备施工图(简称设施)。设备施工图主要包括给排水、暖气、通风、电气等施工图。

本章介绍的是建筑施工图和结构施工图。

为了使房屋施工图做到基本统一、简明清晰,提高绘图效率,满足设计、施工、存档等要求,适应工程建设需要,除了《房屋建筑制图统一标准》GB/T 50001—2001 之外,国家还制定了:

《总图制图标准》GB/T 50103—2001(以下简称《总标》)。

《建筑制图标准》GB/T 50104—2001(以下简称《建标》)。

《建筑结构制图标准》GB/T 50105—2001(以下简称《结标》)。

《给水排水制图标准》GB/T 50106—2001(以下简称《给标》)等专业制图标准。

在绘制房屋施工图的各类图样时,除了遵守各相应专业制图标准的规定外,还必须遵守《房屋建筑制图统一标准》的规定。

§16—2　建筑施工图

一、建筑施工图的内容和用途

建筑施工图是表示房屋的总体布局、外部形状、内部布置以及细部构造、内外装修、施工要求等情况的图样。

建筑施工图是房屋施工放线、砌墙、安装门窗、室内外装修以及作预算和编制施工组织计划等的主要依据。建筑施工图中所表达的设计内容必须与结构、水电设备等有关工种配合和协调统一。

建筑施工图一般包括设计说明、总平面图、平面图、立面图、剖面图和建筑详图、门窗表等。

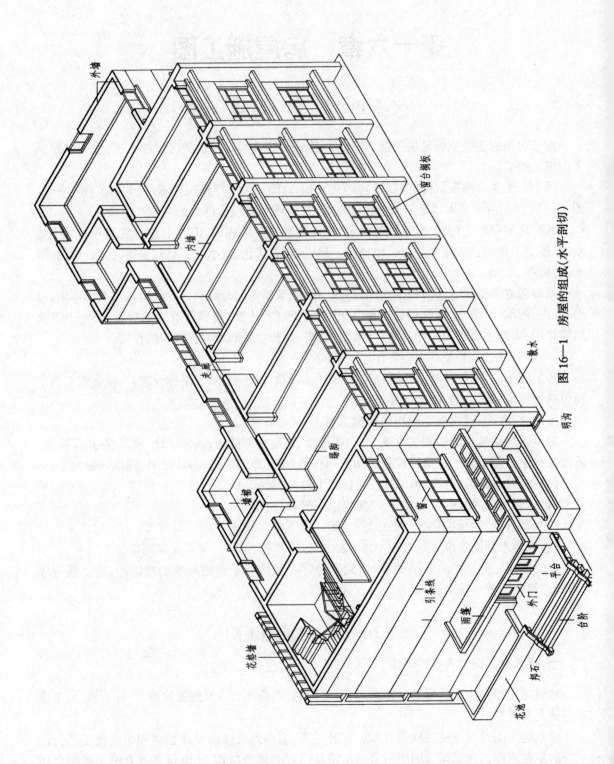

外墙

内墙

夹廊

墙裙

花格墙

窗台挑板

散水

明沟

暗间

窗

引条线

雨篷

外门

平台

踢石

台阶

花池

图 16—1 房屋的组成（水平剖切）

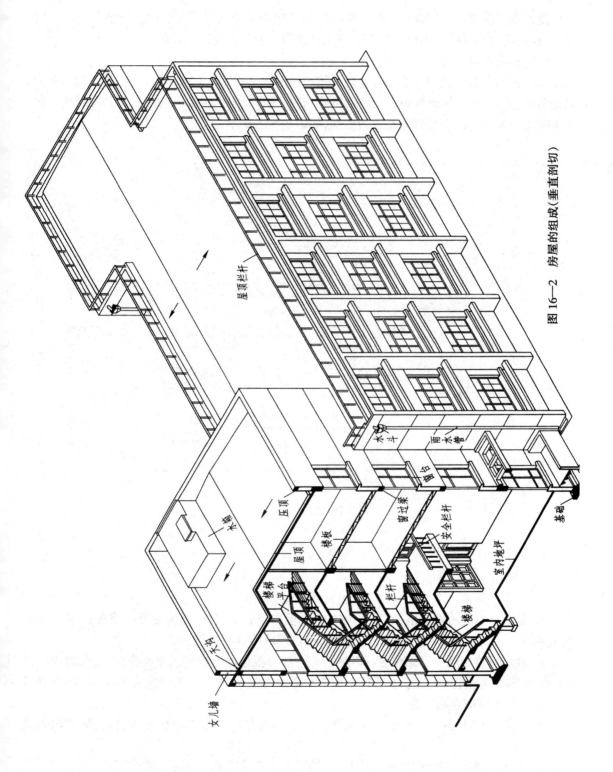

图 16—2　房屋的组成（垂直剖切）

二、设计说明和总平面图

(一)设计说明

设计说明主要是对建筑施工图上未能详细表达的有关内容,用文字加以说明。如设计依据、工程概况、构造做法、用料选择等。施工总说明一般放在施工图首页。

(二)总平面图

总平面图是新建筑和有关原有建筑总体布局的水平投影。它表示新建房屋的位置、朝向、占地范围、室外场地、绿化配置以及与周围建筑物、地形、道路等之间的关系,是新建房屋定位、土方施工以及水、暖、电等管线布置的依据,如图 16—3 所示。

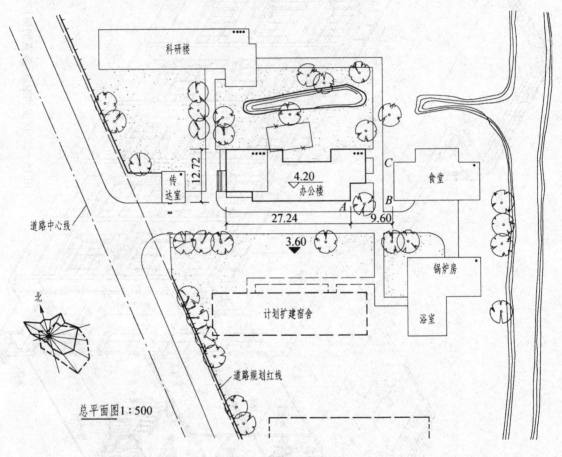

图 16—3 总平面图

1. 新建房屋的占地范围,在总平面图中用粗实线表示,这个范围是新建房屋底屋平面的外轮廓线。右上方小黑点数表示房屋层数,也可用数字直接标注层数。

2. 确定新建房屋的平面位置(即定位)。一般可根据原有房屋或道路来定,定位时应标注尺寸。如新建办公楼 A 处东墙平行于原有建筑食堂的西墙 BC,两者距离 9.60 m,办公楼 A 处南立面与食堂南立面平齐。

对一些较大的工程,往往用坐标来确定它们的位置。当地形起伏较大时,还应画出等高线。

3. 指北针或风向频率玫瑰图(简称风玫瑰图)中的指北箭头表示房屋的朝向。从图 16—3

中可以看出,新办公楼朝南偏西。

　　风向频率玫瑰图是根据当地多年统计的各方向平均刮风次数的百分比,按一定比例绘制的。用实线表示全年风向频率,虚线表示夏季风向频率,按 6、7、8 三个月统计。

　　4. 注明新建房屋底层室内地面和室外平整后地坪的绝对标高。

　　5. 地貌、地物等,均用《总标》所规定的图例表示(表 16—1)。

表 16—1　总平面图常用图例

图　例	表示意义	图　例	表示意义
	新建的建筑物		圬工围墙及大门
	原有的建筑物		剌线围墙及大门
	计划扩建的预留地		露天桥式起重机
	拆除的建筑物		露天单轨起重机
	地下建筑物或构筑物		护坡
	散状材料露天堆放场		洪水淹没线
	其他材料露天堆放场或作业场		原有的道路
	敞棚或敞廊		计划扩建的道路
	建筑物下面的通道		室内标高
	斜边栈桥(皮带廊等)		室外标高
	指北针		风向频率玫瑰图

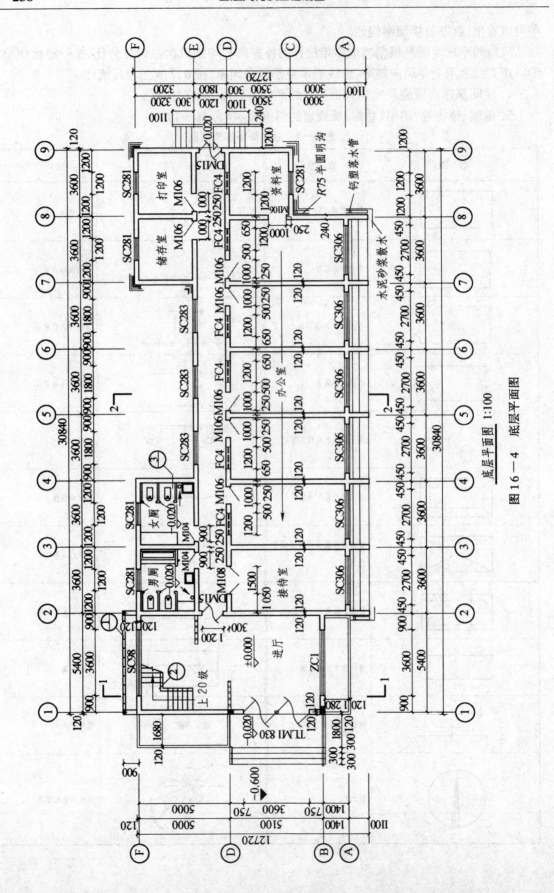

底层平面图 1:100

图 16—4　底层平面图

6.总平面图中的坐标、标高、距离等,均以米为单位,并取至小数点后两位,不足时以"0"补齐。标高符号用高为3 mm的等腰直角三角形表示。

三、建筑平面图

假想用水平剖切平面,沿窗台上方将房屋切开,移去剖切平面以上部分,然后向下投影所得出的剖面图,称为建筑平面图(简称平面图)。

建筑平面图主要表示房屋的平面形状、大小和各部分水平方向的组合关系,如房间布置、墙、柱、楼梯、门、窗的位置等。它是施工图中用得较多的图样。

原则上,一幢房屋有多少层,就应出多少个平面图,并在图的下方注明图名和比例。如果有若干个楼层完全相同时,则这些相同的楼层,可只画出一个平面图,它称为标准层平面图,也应在图的下方加以注明。

现以该办公楼的底层平面图(图16—4)为例,说明平面图的内容及其图示特点。

1.底层平面图表明该办公楼底层的房间布置情况,出入口、进厅、楼梯间、走廊等的位置及其相互关系;门、窗的分布以及室外台阶、花池、明沟、散水、雨水管、花格墙、四根柱子的位置等。

2.图线和比例

在平面图中,被剖切到的墙、柱等的断面轮廓线用粗实线绘制;没有剖切到的可见轮廓线(如台阶、窗台、花池等)用中实线绘制。其余图线(如尺寸线、剖切符号等)均按有关规定绘制。

平面图的比例,宜在1:50、1:100、1:200 三种比例中选择。本图选用的比例为1:100。

3.图例

由于建筑平面图所用的比例较小,建筑细部及门、窗等不能详细画出,故需用图例表示,见表16—2(摘自《建标》)。门、窗除了用图例画出外,还应注写门、窗的代号和编号,如 M106、C306,M、C 分别为门、窗的代号,106、306 分别为所示门、窗的编号。通常还在平面图的同页图纸(或首页图)上附有门窗统计表(见表16—3)。

表 16—2　建 筑 图 例

图　例	名　称	图　例	名　称
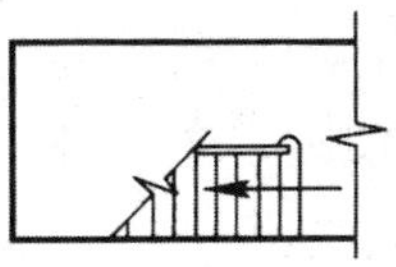	底层楼梯	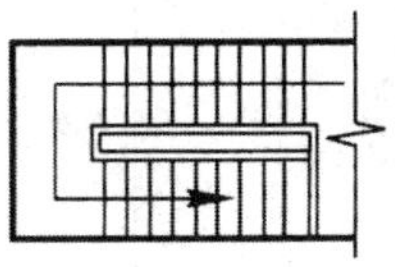	顶层楼梯
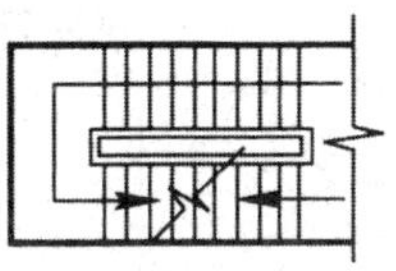	中间层楼梯	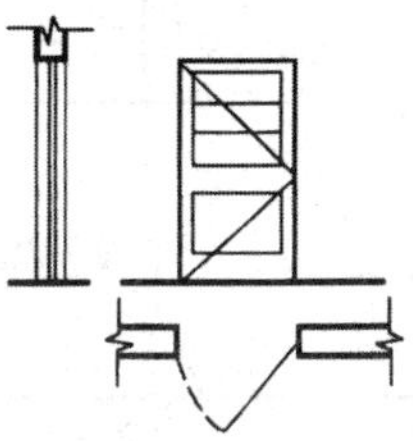	单扇门(平开或单面弹簧)

图　例	名　称	图　例	名　称
	单扇双面弹簧门		烟道
			通风道
	单扇内外开双层门		单层固定窗
	双扇门(平开或单面弹簧)		单层外开上悬窗
	地面检查孔(左) 吊顶检查孔(右)		单层中悬窗
	孔洞		
	墙预留孔		单层外开平开窗
	墙预留槽		

表 16—3　门　窗　表

编　号	洞口尺寸		数　量				合　计	备　注
	宽　度	高　度	底　层	二　层	三　层	四　层		
TLM1830	3600	3000	1				2	铝合金门
DM15	1200	2700	2	2	2		6	沪丁 602
M108	1500	2700	1	1	2	1	5	沪丁 602
M106	1000	2700	8	6	6		20	沪丁 602
M104	900	2700	2	2	2	1	7	沪丁 602
M137	1000	2700				1	1	沪丁 602
ZC1	3600	2700	1				1	组合钢窗
SC306	2700	1800	6	6	6		18	SC1
SC283	1800	1800	3	3	3		9	SC1
SC281	1200	1800	5	3	5		16	SC1
SC310	3600	1800		1	1	1	3	SC1
SC98	3600	1200					3	SC1（楼梯间）
FC8	1800	600				2	2	沪丁 702
FC4	1200	600	6	5	5		16	沪丁 702

平面图中被剖切到的墙、柱等，应画出材料图例（见表 13—1）。比例为 1∶100～1∶200 的平、剖面图，可画简化图例（如砖墙涂红、钢筋混凝土涂黑等）。

4. 定位轴线及其编号

定位轴线用来确定房屋的墙、柱等承重构件的位置，是施工放线的主要依据。

定位轴线用细点画线绘制；在定位轴线的端部用细实线画一个直径为 8～10 mm 的圆圈，在圆圈内填写轴线编号。轴线编号一般标注在平面图的下方和左侧。横向编号应用阿拉伯数字，从左至右顺序编写；竖向编号用大写拉丁字母，从下至上顺序编写，如字母数量不够用，可增用双字母或单字母加数字注脚，如 AA、BB 或 A_1、B_1 等。拉丁字母中的 I、O、Z 不得用为轴线编号，以免与数字 1、0、2 混淆。

在两条轴线之间如需附加轴线时，编号可用分数形式表示，如 1/2 表示 2 号轴线后附加的第一根轴线。在 1 号或 A 号轴线之前的附加轴线分母用 01,0A 表示，如 1/0A 表示 A 号轴线前附加的第一条轴线，2/01 表示 1 号轴线之前附加的第二条轴线。

5. 尺寸

平面图的外部尺寸分三道标注：

第一道尺寸是外墙上的门窗洞、窗间墙的宽度尺寸以及门窗洞边到定位轴线的尺寸。如图 16—4 中进厅窗宽3600，窗（ZC1）到轴线①为 900 等。

第二道尺寸是定位轴线之间的尺寸，用来表示房间进深及开间的大小，如办公室开间为3600，进深为6500 等。

第三道尺寸是房屋外墙的总尺寸，即房屋的外包尺寸。

平面图的内部尺寸，是用来补充门窗洞宽度、墙身厚度以及固定设备等的大小和定位尺寸等。

此外，平面图中还应注明室内外的地坪标高，标高数字以 m 为单位，写到小数点后第三

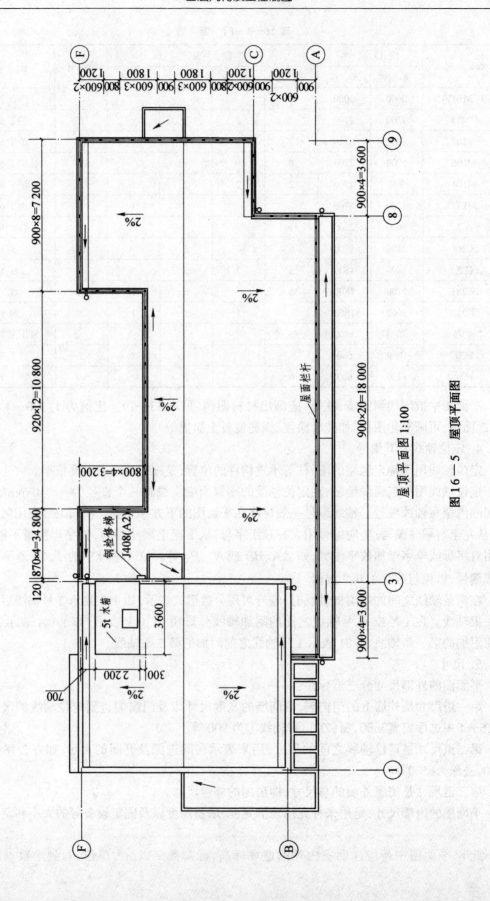

屋顶平面图 1:100

图16—5 屋顶平面图

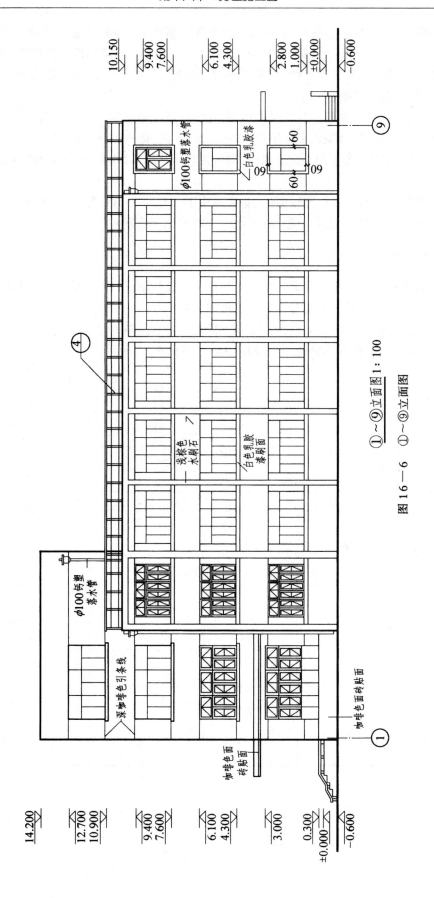

图 16—6　①～⑨立面图

位。该办公楼进厅处地坪的标高定为零,写成±0.000(相当于图 16—2 总平面图中的绝对标高4.20)。进厅地坪以上的标高为正数,以下的标高为负数。正、负标高都是相对于进厅地坪而言。

6.底层平面图应画一指北针,以示房屋的朝向。指北针的圆用细实线绘制,直径为24 mm,指北针尾部的宽度为3 mm。

二、三等层的平面图除表示其本层的内部情况外,还应画出本层室外的雨篷、阳台等。

屋顶的水平投影,称为屋顶平面图(图 16—5 是该办公楼的屋顶平面图),它主要表示屋面的排水情况(排水方向、坡度、天沟、出水口、雨水管的布置等)以及水箱、屋面检修孔、烟道的位置等。

屋顶平面图一般图示内容比较简单,通常采用 1:200 或 1:300 的比例绘制。由于该办公楼屋顶的图示内容较多,为表达清晰,故采用 1:100 的比例绘制。

四、建筑立面图

建筑立面图是向平行于该立面的投影面所作的正投影图(简称立面图)。它宜根据两端定位轴线号来命名。也可按平面图各面的方向确定名称。

建筑立面图主要表示房屋的外貌特征和立面装修。它反映外墙立面上门、窗的排列情况,入口、阳台的位置以及细部装修处理等,如图 16—6、图 16—7 所示。

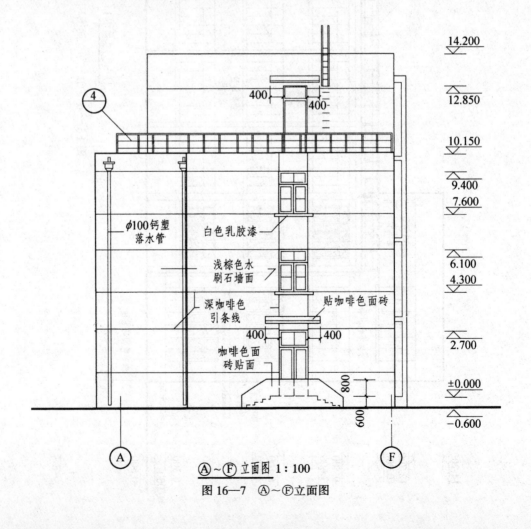

Ⓐ~Ⓕ 立面图 1:100

图 16—7   Ⓐ~Ⓕ立面图

现以该办公楼的①～⑨立面图为例,说明立面图的内容及其图示特点。

1.①～⑨立面图表明该办公楼的主体是三层,局部是四层,两端有出入口,底层落地窗和出入口的上部设有转角雨篷,落地窗前有花池。四层屋顶有女儿墙,三层屋顶设有栏杆。它还表示出该立面上窗的排列,雨水管的位置等,并用文字说明了该立面的装修要求。

2.图线和比例

立面图虽然是外形的投影,但为了加强立面效果,在立面图中也需选用不同粗细的图线。《建标》规定,立面图的外轮廓线用粗实线绘制,勒脚、门窗洞、檐口、雨篷、墙柱、台阶以及建筑构配件的外轮廓线一律用中实线绘制,门、窗扇以及墙面引条线等用细实线绘制,地坪线用 $1.4b$ 的粗实线绘制,其余图线应按有关规定绘制。

立面图的比例应与平面图所选用的比例一致。

3.图例

立面图所用的比例较小,因此很多细部(如门、窗扇等)也只能采用图例表示(见表16—2)。

门、窗一般套用标准图集,型号和开启方向等相同的门、窗扇,在立面图中可只画出一排或一、两个,其他只画出其轮廓线即可。另有详图和文字说明的细部构造(如檐口、层面栏杆等),在立面图上也可简化。

4.定位轴线及其编号

立面图两端必须标注与平面图相一致的定位轴线编号。

5.尺寸

立面图上一般只标注房屋主要部位的相对标高和必要的尺寸。标注标高时,需在被标注部位作一引出线,标高符号的尖端要指在被标注部位的高度上。标高符号的尖端可向下,也可向上。标高符号最好画在同一条铅垂线上。

标高符号应按图16—8(a)所示的形式绘制,如标注位置不够,可按图16—8(b)所示的形式绘制,其具体画法分别如图16—8(c)、(d)所示(H 根据需要而定,L 应做到注字后匀称)。

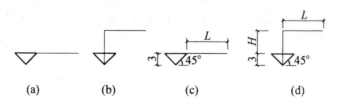

(a)　　　　(b)　　　　(c)　　　　(d)

图16—8　标高符号

五、建筑剖面图

假想用垂直于房屋外墙的竖向剖切平面,把房屋切开后所画出的图样,称为建筑剖面图(简称剖面图),如图16—9所示。它主要表示房屋垂直方向的内部构造和结构形式,反映房屋的层次、层高、楼梯、屋面及内部空间关系等。

剖面图的剖切位置和数量要根据房屋的具体情况和需要表达的部位来确定。剖切位置应选择在能反映内部构造比较复杂和典型的部位,并应通过门窗洞。多层房屋的楼梯间一般均需画出剖面图。剖面图的图名及投影方向应与平面图上的标注一致。

现以1—1剖面图(图16—9)为例,说明剖面图的内容及其图示特点。

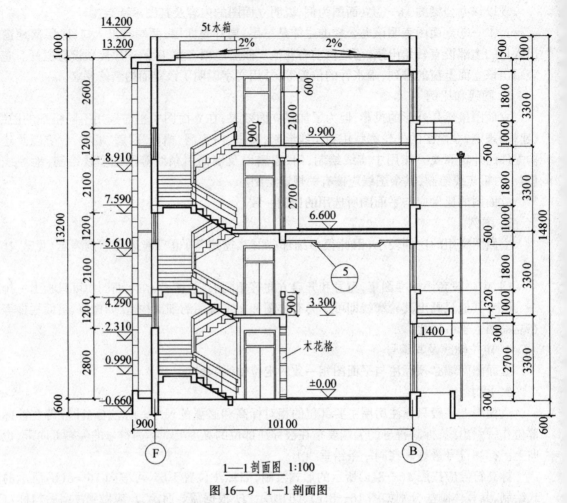

1—1 剖面图 1:100
图 16—9 1—1 剖面图

1. 根据图名(1—1 剖面图)及轴线编号,可以在底层平面图(图 16—4)中找到该剖面图的剖切位置,从而可知该剖面图是通过进厅和楼梯间剖切后,向右投影所得到的剖面图。剖切到的部位有进厅地坪、楼梯、楼面、屋面、花格墙、Ⓕ轴与Ⓑ轴外墙、雨篷等。它反映出该办公楼从地面到屋面的内部构造和结构形式。基础部分一般不画,它在"结施"基础图中表示。

在剖面图中除了画出剖到的部分外,还应画出投影的可见部分,如图中三层楼的部分外形、水箱、楼梯扶手、门等。

2. 图线、比例和图例

剖面图中的图线,除剖切到的室内外地坪线用 1.4b 的粗实线绘制外,对其他图线的要求与平面图相同。

剖面图的比例,一般应采用与平面图相同的比例(如 1:100),有时为表达清晰起见,剖面图可采用比平面图大的比例(如 1:50)。

门、窗等仍用图例表示(见表 16—2)。建筑材料图例的画法与平面图相同。

3. 定位轴线及其编号

在剖面图中应标注与平面图相对应的轴线编号。从底层平面图(图 16—4)可知,被 1—1 剖切平面剖到的外墙轴线为Ⓕ、Ⓑ,在 1—1 剖面图中应标注相应的轴线Ⓕ、Ⓑ。

4. 尺寸

在剖面图中主要标注内外各部位的高度尺寸及标高。其中楼面、地下层地面、楼梯、阳台、平台、台阶等处应注写完成面的高度尺寸及标高,其他部位注写毛面尺寸及标高。该图沿Ⓑ轴外墙注有三道尺寸。第一道是窗洞、窗间墙的高度尺寸;第二道是室内外地坪高差、各层层高、檐口处屋面到女儿墙顶的高度尺寸;第三道是从室外地坪到女儿墙顶的总高尺寸。沿Ⓕ轴外墙注出了室内外地坪、楼梯平台、檐口处层面、女儿墙顶等的标高,以及Ⓕ轴外墙的窗洞、窗间墙的高度尺寸等。在图内注出了各层楼面的标高等其他高度尺寸。

5.索引符号

图样(包括平、立、剖面图等)中的某一部位,如需另见详图,应以索引符号索引。索引符号用细实线绘制,圆的直径应为10 mm,如图16—10(a)所示。

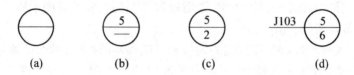

图 16—10　索引符号

索引出的详图编号,应用阿拉伯数字注写在索引符号的上半圆中。索引出的详图,如与被索引的图样同在一张图纸内,则应在索引符号的下半圆中间画一段水平细实线,如图 16—10(b)所示,索引出的详图,如与被索引的图样不在同一张图纸内,则应在索引符号的下半圆中用阿拉伯数字注明该详图所在图纸的编号,如图 16—10(c)所示。索引的详图,如采用标准图,应在索引符号水平直径的延长线上加注图册的编号,如图 16—10(d)所示。

索引符号如用于索引剖面详图,应在被剖切的部位绘制剖切位置线,并用引出线引出索引符号,如图 16—11(a)、(b)、(c)、(d)所示,索引符号的编写与图 16—10 的规定相同。引出线用细实线绘制,一端由剖切位置线一侧引出,另一端指向索引符号的圆心。引出线所在的一侧应为投影方向,如图 16—11(a),表示从左向右投影;图(b)表示从上向下或从后向前投影。

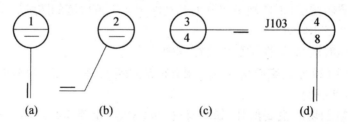

图 16—11　用于索引剖面详图的索引符号

六、建筑详图

因为房屋各部位的细部处理、做法、所用材料等,很难在平、立、剖面图中交待清楚,故需绘制比例较大的图样,这种图样称为建筑详图(简称详图)。

详图的表示方式,要根据细部构造的复杂程度来确定。如图 16—13 外墙剖面详图,只需一个剖面图,就能把檐口节点等处的构造和做法交待清楚。而楼梯则比较复杂,除了平面图、剖面图外,还需画出扶手、踏步等的建筑详图。

为了查找所画建筑详图在整个房屋中的所在位置,详图也应相应标出与详图索引编号一致的详图编号,并绘制详图符号。详图符号以直径为 14 的粗实线绘制,如图 16—12(a)所示。

详图与被索引的图样,如在同一张图纸内时,详图编号用阿拉伯数字直接注在详图符号内,如图 16—12(b)所示。详图与被索引的图样,如不在同一张图纸内时,则应在详图符号内用细实线画一水平直径,在上半圆中注明详图编号,在下半圆中注明被索引的图纸编号,如图16—12(c)所示。

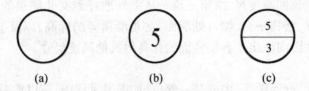

图 16—12　详图符号

现以外墙剖面详图和楼梯详图为例,说明建筑详图的内容及其图示特点。

(一)外墙剖面详图(图 16—13)

1.从图 16—13 所示外墙剖面详图的轴线和详图编号(被索引的图纸编号未注)可知,该图实际上是 2—2 剖面图(本书未画)中Ⓐ轴有关部位的放大图。它表明檐口、屋面、楼地面、窗台、窗顶、勒脚、散水等处的构造情况以及它们与外墙身的相互关系。

(1)檐口节点详图 6

檐口做成外排水挑檐,并设有屋面栏杆,屋面排水坡度为 2%。

天沟与天沟梁是整体浇筑的钢筋混凝土构件,天沟挑出 980,搁在横墙墙墩上,天沟梁与墙厚一致,屋面板与天沟梁同高,屋面板搁在横隔墙上。

(2)窗台、窗顶节点详图 7

在Ⓐ轴墙外设有与窗台同高的搁板,板宽为 500,搁置在横墙墙墩上。

窗的过梁为矩形(240×200)。楼板搁在横隔墙上。

(3)散水、勒脚详图 8

该房屋外墙采用水刷石粉面,可起到勒脚的防水作用,故未另做勒脚。

墙基上部设置防潮层,以防地下水分上升侵蚀墙体。该房屋的防潮层用 60 厚的钢筋混凝土层做在室内地坪下 180 处。

沿建筑外墙做有散水,以防地面水侵蚀基础。

一层地面采用 120 厚的空心楼板架空搁置在横隔墙上,并做有 50 厚的混凝土面层。

2.图线、比例和图例

建筑详图中被剖切的主要部分(如墙身、楼板、梁等)用粗实线绘制;一般轮廓线(如面层线、未剖切到的可见轮廓线等)用中粗线绘制;其余图线应按有关规定绘制。

外墙详图常用的比例有 1:10、1:20 等,本详图采用 1:20。

因详图的比例较大,故剖切到的墙、柱、梁、楼板、屋面等的断面,都应画出材料图例。

3.尺寸

在外墙剖面详图中,各部位的标高、高度尺寸和各细部尺寸都应标注。图中 4.300 和(7.600)注在同一标高符号上,其中括号内的数字表示上一层的标高数。

在详图上标注标高时,应注意建筑标高和结构标高,建筑标高是指完成面的标高,结构标高是指结构构件的毛面标高。其规定与剖面图相同,如底层地面标高 ±0.000 和楼面标高3.300、6.600 都是完成面的标高,屋顶标高 9.900 为毛面标高。

4.多层构造的文字说明

对层面、楼面和底层地面等多层构造,可采用多层构造的文字说明来表示。这时,引出相

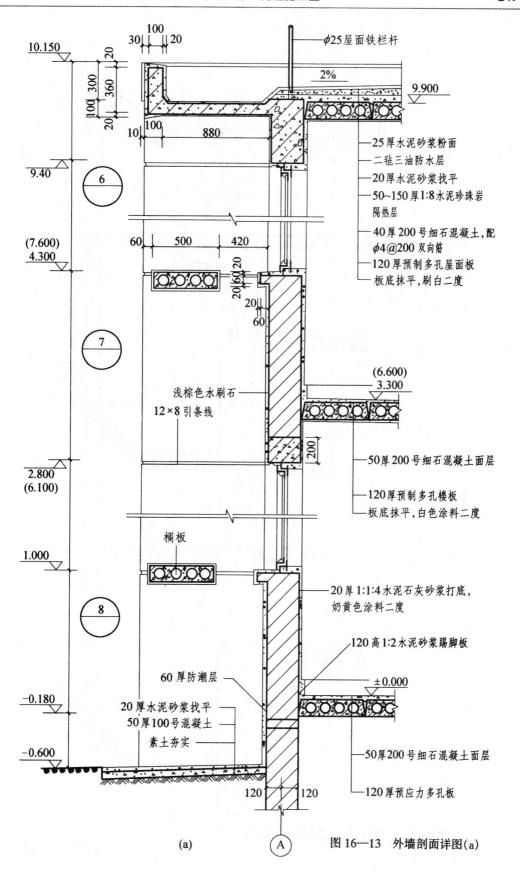

图16—13 外墙剖面详图(a)

$\phi 25$屋面铁栏杆

25厚水泥砂浆粉面
二毡三油防水层
20厚水泥砂浆找平
50~150厚1:8水泥珍珠岩隔热层
40厚200号细石混凝土,配$\phi 4@200$双向筋
120厚预制多孔屋面板
板底抹平,刷白二度

浅棕色水刷石
12×8引条线

50厚200号细石混凝土面层
120厚预制多孔楼板
板底抹平,白色涂料二度

搁板

20厚1:1:4水泥石灰砂浆打底,奶黄色涂料二度

120高1:2水泥砂浆踢脚板

60厚防潮层
20厚水泥砂浆找平
50厚100号混凝土
素土夯实

50厚200号细石混凝土面层
120厚预应力多孔板

(a)

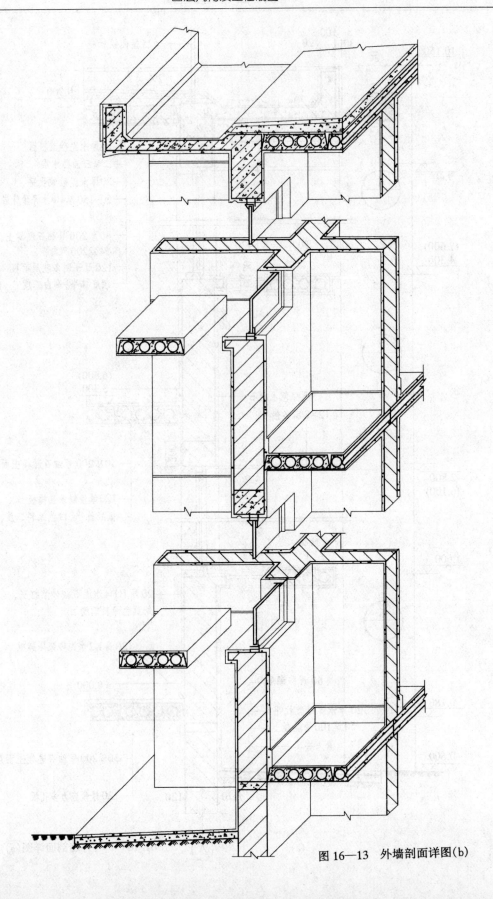

图 16—13　外墙剖面详图(b)

应通过被说明的各层,文字说明应注写在横线的上方或端部,说明的顺序应由上至下,并与被说明的层次相互一致。如层次为横向排列,则由上至下说明的顺序应与由左至右的层次相互一致。

(二)楼梯详图

由于楼梯构造比较复杂,一般需要画出建筑详图和结构详图。楼梯建筑详图(简称楼梯详图),包括平面图、剖面图以及踏步、扶手等详图。为了便于绘图和读图,楼梯详图尽可能画在同一张图纸上,并且平、剖面图比例最好一致。一些构造比较简单的钢筋混凝土楼梯,建筑详图和结构详图可以合并绘制,编入"建施"或"结施"均可。

1.楼梯平面图(图16—14)

楼梯平面图实际是水平剖面图,水平剖切位置定在各层略高于窗台的上方。

该办公楼的楼梯为三跑式楼梯,即每一层有3个梯段,剖切平面通过各层的第二梯段。

楼梯平面图一般每层画一个,但若中间各层的楼梯位置、梯段数、踏步数、断面大小等都相同时,可以合并画一个平面图,注明中间层平面图。这样对多层房屋来说,楼梯平面图一般只需画底层平面图、中间层平面图和顶层平面图。楼梯平面图上要标注轴线编号,表明楼梯在房屋中的所在位置,并注上轴线间的尺寸。为画图和读图方便起见,各层平面图中的横向或竖向轴线最好相互对齐。

(1)底层平面图〔见图16—14(a)〕

底层平面图第二梯段被剖切后,按实际投影剖切交线应是水平线(见底层轴测示意图),但为避免剖切交线与踏步线混淆,故在剖切位置处,画一条45°倾斜折断线表示。

底层平面图上只标上行的方向箭头(无地下室),在箭头尾部写明"上20",指由底层地坪到二层楼面的总踏步数。

底层平面图的尺寸标注,除轴线尺寸外(楼梯间开间和进深),还应标注楼梯段宽度尺寸、平台尺寸、梯段的水平投影长度和地面、平台面的标高。梯段的水平投影长度等于踏面宽×踏面数(踏面数比踏步数少一),如第一梯段水平投影长度为 $280 \times (6 - 1) = 1400$(第一梯段为6级,由于第6级与平台面重合,所以实际踏面数为踏步级数减一)。

(2)二、三层平面图〔图16—14(b)〕

下面以二层平面为例来说明中间层平面图的特点。

二层平面图既要画出二层到三层被剖切到的上行梯段,又要画出二层到底层的下行梯段,这两部分上行、下行梯段在投影上互相重合,以倾斜的45°折断线为界,并用长箭头表示上行、下行的方向,同时在箭头末端注明上20、下20。

(3)顶层平面图〔图16—14(c)〕

顶层平面图,由于剖切平面并没有剖切到楼梯段,所以顶层平面图要画出三段完整的楼梯,并只标注下行的箭头。梯段扶手到达顶层楼面后,与安全栏杆相接。

2.楼梯剖面图

楼梯剖面图反映楼层、梯段、平台、栏杆等的构造和它们之间的相互关系,以及梯段数、踏步数、楼梯的结构形式等,如图16—15所示。

楼梯剖面图通常不画到屋面,可用折断线断开。

楼梯剖面图,应标明地面、平台面和各层楼面的标高,以及梯段、栏杆的高度尺寸。梯段高度等于踏步高度×踏步数,如第一梯段的高度为 $165 \times 6 = 990$。

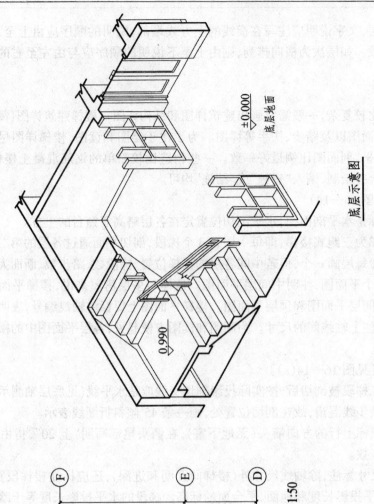

底层示意图

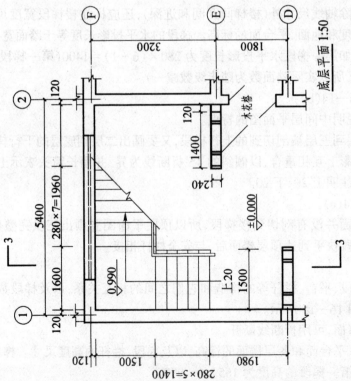

底层平面 1:50

图 16—14(a) 楼梯底层平面图

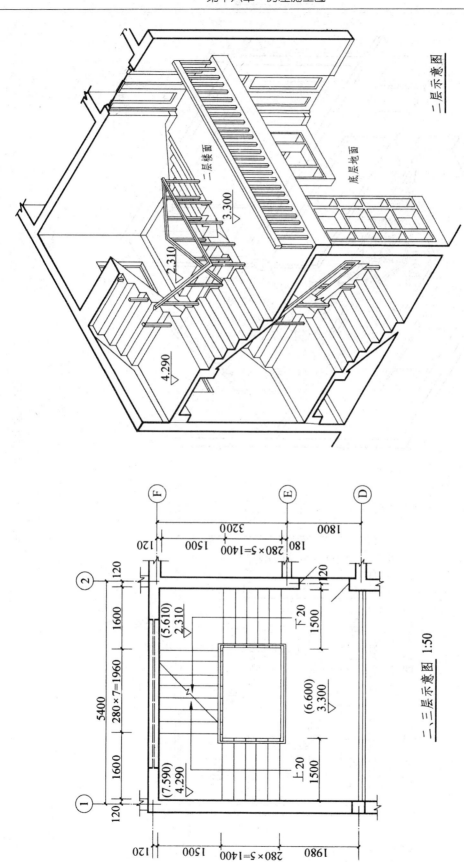

图 16—14(b)　楼梯二、三层平面图

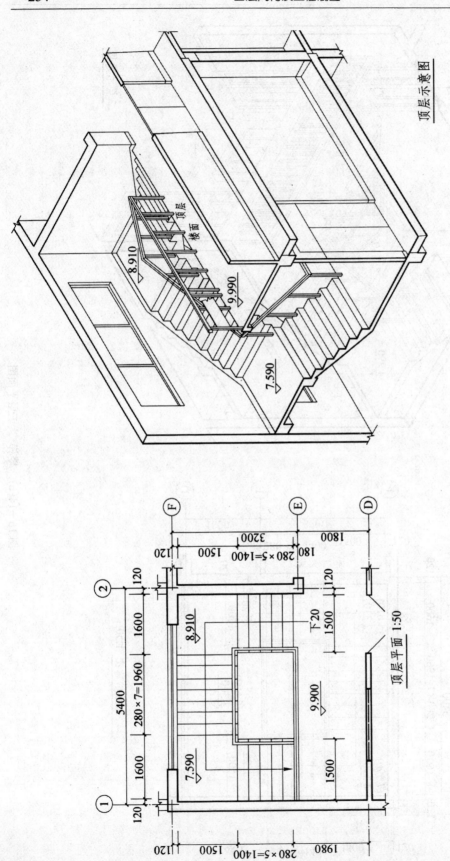

顶层示意图

楼梯顶层平面图

图 16—14(c)

顶层平面 1:50

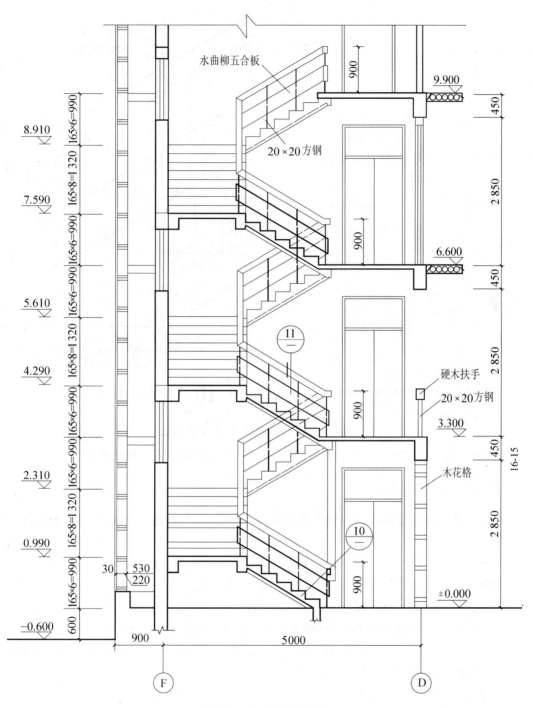

图 16—15　楼梯剖面图

栏杆扶手的高度 900,应是踏面宽的中心到扶手顶的高度。

3.楼梯踏步、栏杆、扶手详图

(1)踏步详图表明踏步的截面形状、大小、材料及做法,见图 16—16 详图⑩。该楼梯踏面为青水泥水磨石,白水泥水磨石镶边,用铝合金条做防滑条。踏面宽 280,踏步高 165。

(2)栏杆、扶手详图表明栏杆、扶手的形式、大小、材料及与梯段连接的处理,见图 16—16

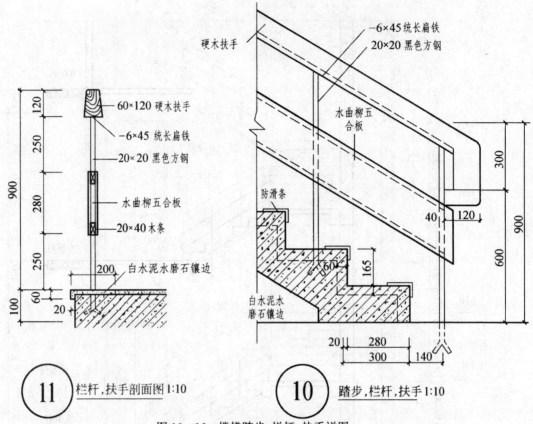

图 16—16　楼梯踏步、栏杆、扶手详图

详图⑩、⑪。该楼梯采用木制扶手、黑色方钢栏杆、水曲柳五合板做栏板。

七、建筑施工图的绘制

施工图的绘制除了必须掌握施工图的内容、图示原理与方法之外,还须遵循绘制施工图的步骤。

绘制建筑施工图的顺序,一般按平、剖、立面图的顺序进行,即先画平面图,后画剖面图,根据平面图的长度和剖面图的高度再画出立面图。当建筑平、剖、立面图画在同一张图纸上时,这三个图之间应保持应有的投影关系。

绘图过程,先用铅笔以轻细的图线画出底稿,然后按"建标"规定选用不同线型上墨或加深。

现以底层平面图、1—1 剖面图、①～⑨立面图、外墙详图和楼梯详图为例,分别说明"建施"中平面图、剖面图、立面图及详图的绘制步骤:

1.平面图的绘制步骤(图 16—17)

第一步　画定位轴线;

第二步　画墙身线和门窗洞位置;

第三步　画门窗、楼梯、台阶、花池、明沟、散水、厕所等细部;

第四步　画尺寸线和标高符号(见图 16—4)。

完成底稿后,应认真校核,确认无误后才能按图线粗细要求上墨,以及注写尺寸、标高数字、轴线编号、文字说明、详图索引等。

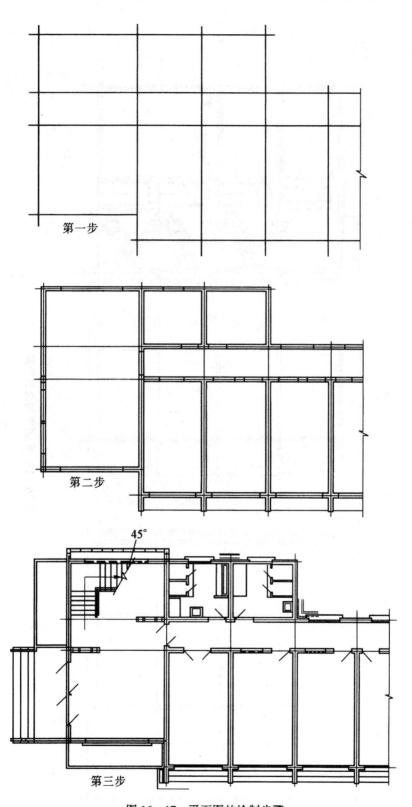

第一步

第二步

45°

第三步

图 16—17　平面图的绘制步骤

2. 剖面图的绘制步骤(图 16—18)

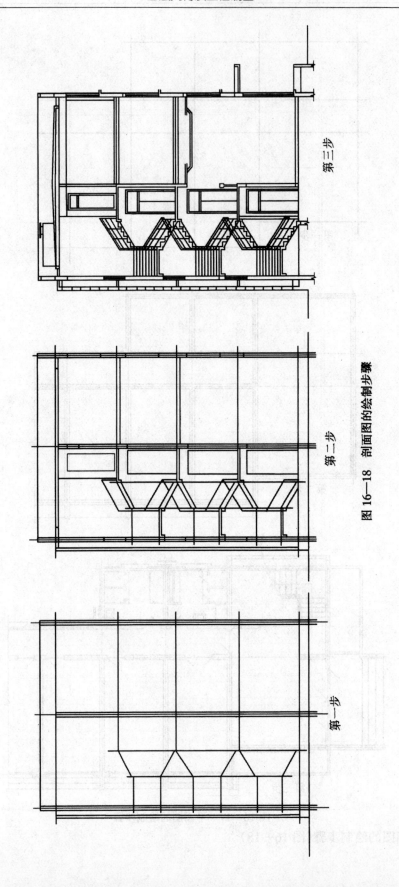

第三步 第二步 第一步

图 16—18 剖面图的绘制步骤

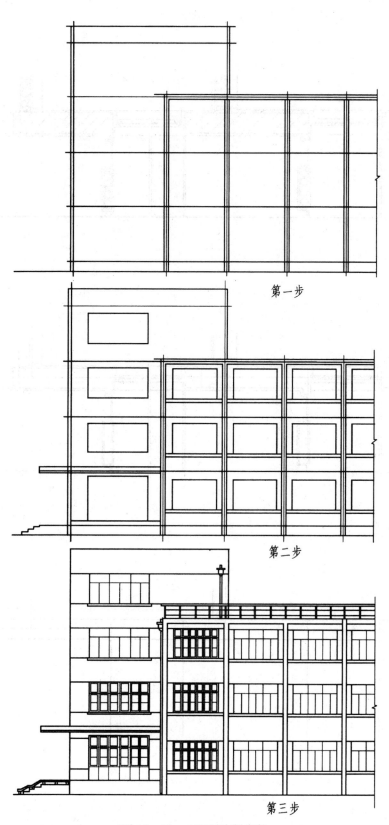

第一步

第二步

第三步

图 16—19　立面图绘制步骤

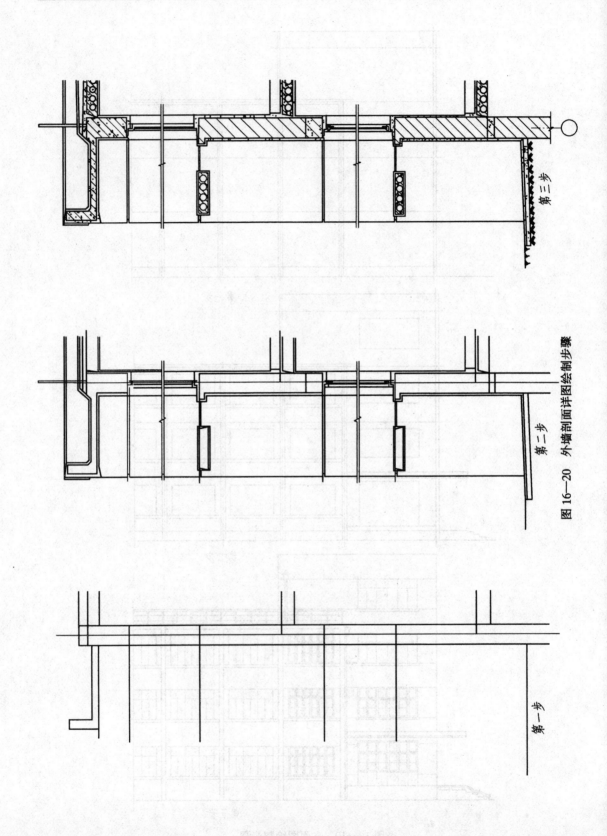

第三步

第二步

第一步

图 16—20　外墙剖面详图绘制步骤

第一步　画室内外地坪线、楼面线、屋面线、墙身定位轴线及墙身轮廓线、楼梯位置线；

第二步　画门窗洞位置、楼板、屋面板厚度及楼梯平台板厚度、楼梯轮廓线；

第三步　画门窗扇、窗台、雨篷、花池、门窗过梁、檐口、楼梯等细部；

第四步　画尺寸线、标高符号(见图16—9)。

3．立面图的绘制步骤(图16—19)

第一步　画轴线、室内外地坪线、楼面线、屋顶线及外墙轮廓线；

第二步　画门窗洞位置及雨篷、台阶等部分的轮廓线；

第三步　画门窗扇、窗台、台阶、雨水管、勒脚等细部；

第四步　画出标高符号及注写装修说明等(见图16—6)。

4．外墙剖面详图的绘制步骤(图16—20)

第一步　画轴线、墙身轮廓线、室内外地坪线、楼面线、屋面线；

第二步　画屋面、天沟、窗台搁板、楼板、地面、散水等各层做法；

第三步　画材料图例；

第四步　画尺寸线、标高符号、详图索引符号、引出线等(见图16—13)。

5．楼梯详图的绘制步骤

(1)楼梯平面图的绘制步骤(图16—21)，以二层平面图为例：

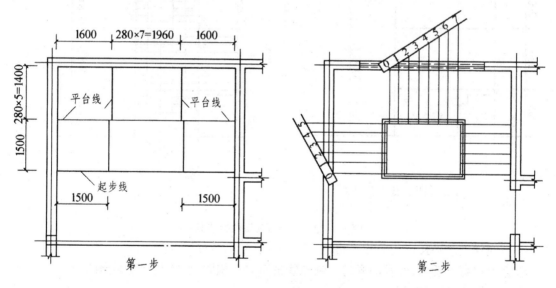

图16—21　楼梯平面图绘制步骤

第一步　画轴线、墙身线、再根据平台宽度1500、长度1600定出平台线，自平台线量梯段水平投影长1400、1960分别得起步线和第二梯段上的平台线，根据梯段宽1500定出梯井的位置。

第二步　用比例尺零点对准起步线，以该点为中心旋转比例尺，按尺上第5个单位对准平台线或平台延长线，最后由各单位点引平行线而得到踏步线。

第三步　画尺寸线、标高、轴线符号、上行及下行箭头方向线等，见图16—14(b)。

(2)楼梯剖面图的绘制步骤，见图16—22

第一节　根据各层楼面和平台面的标高画出楼地面、平台面及一、三两梯段的水平长度。

第二步　根据梯段的踏步数，竖向每层按踏步数6、8、6格分格，水平方向按踏步数减一分

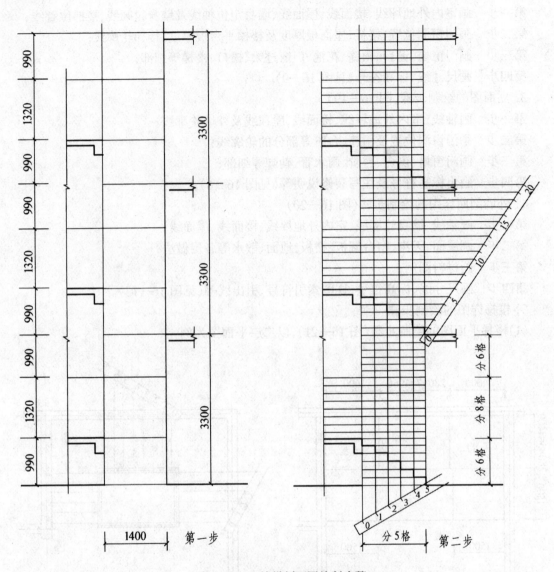

图 16—22　楼梯剖面图绘制步骤

格，一、三两梯段水平长度均分成 5 格，然后打成网格，画各梯段的踏步。

综合上述可以看出，各种图样的绘制步骤虽不完全相同，但有几点是共同的。

①先画轴线，后画细部；

②先画底稿，后加深或上墨；

③先画图，后注写尺寸和文字。

画图时，同一方向或相等尺寸一次量出，不要量一处画一处。

上墨时，一般先粗后细，先横（自上而下）后竖（从左到右），同一种线型一次画完。

§16—3　结构施工图

房屋是由基础、墙、柱、梁、楼板和屋面板等组成。它们构成支撑房屋的骨架，承受各种外力和荷载，这种骨架称为房屋的结构。组成骨架的梁、柱、板等称为构件。

要设计一幢房屋,除了进行建筑设计,画出建筑施工图外,对房屋的骨架部分还要进行结构设计,即选择结构类型及构件布置,并通过力学计算决定各承重构件的材料、形状和大小,然后画成图样,用以指导施工。这种图样称为结构施工图(简称结施)。

结构施工图主要包括:基础图、楼层结构图、构件详图等。

一、基 础 图

基础是房屋的地下承重部分,常见的形式有条形基础和独立基础(图16—23)。基础的作用是承受房屋的全部荷载,并将重量传递给地基(图16—24)。地基是基础底下天然的或经过加固的土层,基坑是为基础施工而开挖的土坑,坑底就是基础的底面。基础埋置深度是从室内地面(±0.000)至基础底面的深度。埋入地下的墙称为基础墙,基础墙与垫层之间做成阶梯形的砌体,称为大放脚。防潮层是基础墙上防止地下水对墙体侵蚀的一层防潮材料,一般做在距室内地面以下60 mm处。根据基础所用的材料不同,基础分为砖基础、混凝土基础和钢筋混凝土基础等。

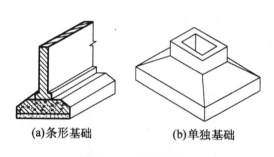

(a)条形基础　　　(b)单独基础

图 16—23　基础的形式　　　　图 16—24　基础的组成

基础图包括基础平面图和基础断面图。基础图是房屋施工放线、开挖基坑和砌筑基础的依据。

(一)基础平面图(图16—25)

基础平面图是假想用一个水平面沿房屋的室内地面与基础之间进行剖切,移去上面部分后画的水平投影图,它是表明基础平面布置的图样。

基础平面图的常用比例为1:100或1:200。规定用粗实线表示剖到的墙和柱的轮廓,用细实线表示基础的轮廓,一般不画出大放脚的水平投影。

由图可知该楼房的基础全为条形基础,在大门和楼梯间等处分别用粗虚线表示了基础梁(JL—1、JL—2、统JL)的位置,柱Z—1和Z—2直接连在基础梁上。

基础平面图上须用剖切线标出断面图的位置,凡是基础断面有变化的地方都应画出基础断面详图。此办公楼的基础埋置深度相同,基础断面的形状、主筋(主要钢筋)的配置都随基础宽度(图中已注明)不同而改变,因此该基础平面图上不必标注断面图的位置。

在②~④轴线之间的Ⓕ轴线的基础墙上有五个360×400预留排水管洞,洞底标高为-1.02,在基础平面图中用细虚线表示其位置。

基础平面图的轴线编号应与房屋建筑平面图一致。

(二)基础断面详图

对每一种不同的基础,都应画出它的断面详图,断面详图的编号应与基础平面图上标注的剖切线编号相一致。基础断面详图的常用比例为1:20。

图16—26为办公楼的钢筋混凝土条形基础断面详图。由于断面形状、主筋配置都随基础

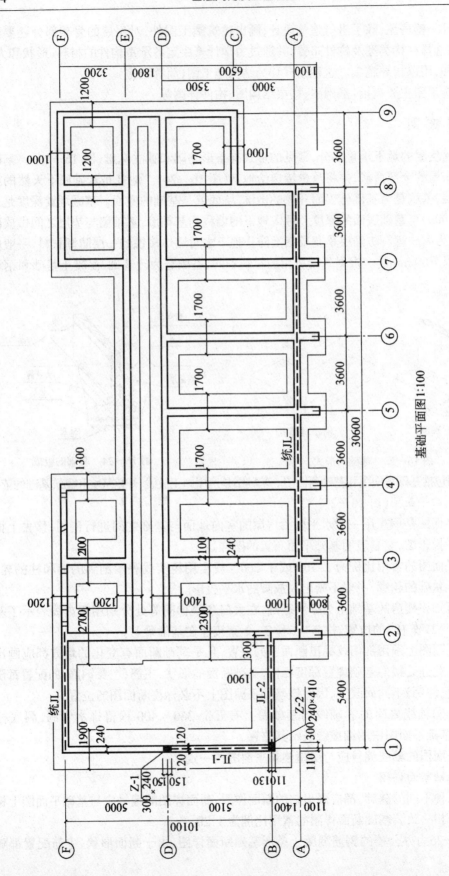

基础平面图1:100

图 16—25　基础平面图

宽度的不同而改变,因此,基础断面详图可画成通用图,再配以主筋选用表即可表示断面情况。

从图 16—26 可知基础梁(JL、JL—1、JL—2)的高度与条形基础一致。图中①号钢筋是基础的受力筋(见基础受力筋选用表);②号钢筋 4 ϕ25 是基础梁 JL—2 的受力筋(L、JL—1 的受力筋图未表示);③号钢筋 ϕ6@300 是分布筋;④号钢筋 ϕ8@200 是基础梁的箍筋;⑤号钢筋 4ϕ12 是基础梁的架立筋;⑥号⑦号钢筋是防潮层的分布筋和受力筋。

基础断面中还应标明各部分(如基础墙、大放脚、基础、垫层等)的详细尺寸及基础底面、室内外标高等。具体详见图 16—26。

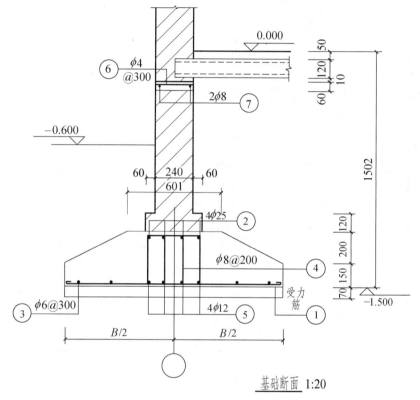

基础受力筋选用表

基础宽度 (B)	①号钢筋	
1 000	ϕ8@200	
1 200	ϕ8@200	
1 300	ϕ8@200	
1 400	ϕ8@200	
1 700	ϕ8@100	
1 900	ϕ10@200	
2 100	ϕ10@200	
2 300	ϕ12@200	
2 600	ϕ14@200	
2 700	ϕ14@200	
说明:1. 采用 C20 混凝土 2. 基础垫层 C10 素混凝土 70 厚		

基础断面 1:20

图 16—26 基础断面详图

二、楼层结构布置平面图

楼层结构布置平面图,是假想沿楼板表面将房屋水平剖开后所画的楼层水平投影。它是用来表示每层的梁、板、柱、墙等承重构件的平面布置,或表示现浇楼板的构造与配筋的图样。一般房层有几层,就应画出几个楼层结构布置平面图。对于结构布置相同的楼层,可画一个通用的结构布置平面图。

现以办公楼二楼楼层结构布置平面图(图 16—27)为例,说明楼层结构布置平面图的内容及其图示特点。

(一)比例和图线

画楼层结构布置平面图的常用比例为 1:50 和 1:100,较简单的楼层结构布置平面图可采用 1:200 画出。

图上的定位轴线应与建筑平面图一致,并标注编号及轴线间距尺寸。

266 画法几何及工程制图

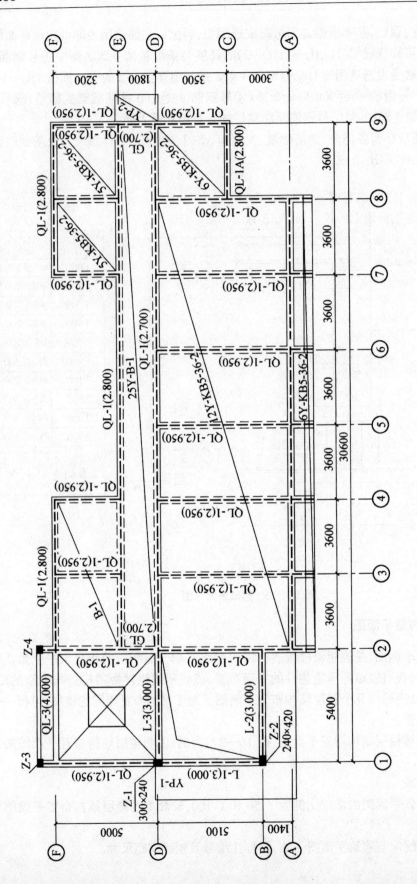

图 16—27 楼层结构布置平面图(1∶100)

楼层结构布置图中被楼板挡住的墙、柱轮廓用中虚线表示,可见的墙、柱轮廓用中实线表示。图中可见的单线结构构件线(如梁)用粗实线表示,不可见的单线结构构件线用粗虚线表示。

(二)代号和编号

楼层上的各种梁、板构件都用代号和编号标记,查看图上的代号、编号和定位轴线,就可以了解各种构件的数量和位置。从图 16—27 可以看出该办公楼是用砖墙承重,属于混合结构。楼面结构分为两部分,走廊北面,轴线②至④的卫生间是现浇板结构(B—1),其余部分是铺设预应力钢筋混凝土空心板。在二层楼面下设有圈梁(QL),圈梁代号旁边括号中填有圈梁底面的标高。大门处及门厅内设有编号为 L—1、L—2 和 L—3 的三根现浇梁,以及支撑梁的柱子 Z—1 和 Z—2。设在花格墙上的柱子为 Z—3 和 Z—4。楼梯间画了两相交对角线,表示其结构布置另有详图。大厅内画了细实线折线,表明此处是空洞。大门及东面侧门上的雨篷,分别编号为 YP—1 和 YP—2。

从轴线②至⑨朝南的六个开间及东头北面的两个开间,全部铺设预应力钢筋混凝土空心板,其标注方法如图所示,即用细实线画一对角线,在线上注明板的类别和数量等。预制空心板的编号方法各地不同,未有统一规定,本图采用的是上海市的编法。如 72Y—KB5—36—2,表示有 72 块预应力钢筋混凝土空心板,其中"5"是指板的宽度为 500 mm,"36"表示板的跨度为 3600 mm,"2"是按荷载配筋而编的号。在南立面的窗洞隔墙上,为了遮阳铺设了六块预应力钢筋混凝土空心板。

轴线②~④和ⒺⒻ之间的卫生间,为现浇钢筋混凝土楼面(B—1),其配筋情况另画详图(亦可画在此图上)表示,如图 16—28 所示。

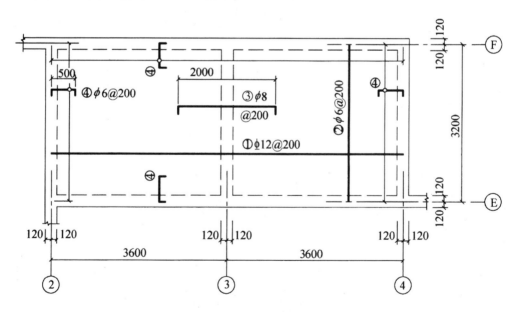

图 16—28 现浇二层楼面配筋图

(三)现浇楼板

图 16—28 中除画出楼层墙的平面布置外,主要画出板的钢筋详图,表明受力钢筋的规格、配置和数量。规定同类钢筋只画一根,按其立面形状画在钢筋安放的位置上,钢筋的画法应符合表 14—3 中的有关规定。如图中③号和④号钢筋的直角钩都是向下或向右,说明钢筋设在

顶层,其中④号钢筋采用了相同钢筋的表示法,即在钢筋线上用细实线画一小圆,并画一横穿的细线,在细线端部画倾斜短划表示该号钢筋的起止范围。①号和③号钢筋在轴线Ⓔ Ⓕ范围内,每隔200放置一根,注意应交错放置。②号钢筋在轴线②~④范围内,每隔250放置一根。

图中应注明钢筋编号、规格、直径和间距,还须标注定位尺寸,对于弯起钢筋应注明轴线至弯起点的距离。

第十七章 桥、涵及隧道工程图

§17—1 概 述

铁路或公路要跨越江河、湖海、山谷等障碍物时,需要修建桥梁(或涵洞);要穿过山岭、江河、湖海等障碍物时,则需要开凿隧道。桥梁、涵洞、隧道等工程图,是修建这些建筑物的技术依据。这些图样,除了采用前面讲述的图示方法(三面图、剖面图和断面图等)外,还应根据其构造形式的不同,采用不同的表示方法。本章将主要介绍上述结构的图示方法和特点。

§17—2 桥梁工程图

桥梁根据其长度,可分为小桥、中桥、大桥和特大桥。桥梁虽然有大小之分,但其构造和组成基本相同,它包括桥梁的上部结构、下部结构和附属结构,如图17—1所示。其中上部结构是指梁和桥面。梁以下部分为下部结构,它包括两岸连接路基的桥台和中间的支承桥墩。附属结构则包括桥头锥体护坡及导流堤等。

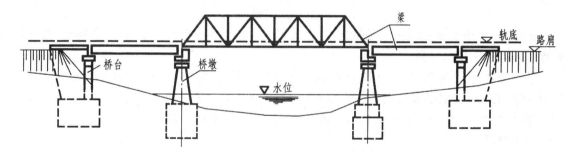

图17—1 桥梁示意图

一座桥梁,根据其大小和工程复杂程度的不同,所需要图样的种类和数量也各不相同。本节只介绍桥墩和桥台构造图。

一、桥 墩 图

桥墩是桥梁的中间支承,它由基础、墩身和墩顶(包括托盘和墩帽)三部分组成。根据墩身水平截面形状的不同,又有矩形、圆形、圆端形和尖端形桥墩之分,图17—2示出了其中的两种。现以圆端形桥墩为例说明桥墩的图示特点。

桥墩图包括桥墩总图、墩顶构造图和墩顶钢筋布置图等。桥墩顺线路方向的投影称为正面图(或简称正面);垂直于线路方向的投影称为侧面图(或简称侧面)。

1. 桥墩总图

桥墩总图主要用来表达桥墩的总体概貌、部分尺寸和各部分的材料。由于桥墩的形体大,绘图比例较小,其细部构造和尺寸常常被省略,故这样的图又称为桥墩概图。它包括正面图、平面图和侧面图。这三面图均采用半剖面图(对称简化)的表达方法,如图17—3所示。

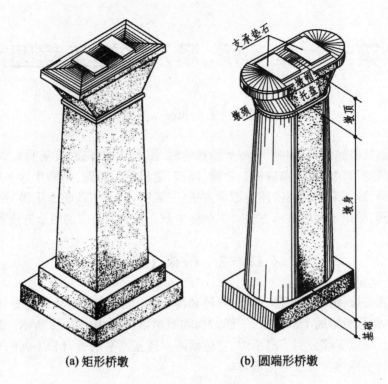

(a) 矩形桥墩　　　　　　(b) 圆端形桥墩

图17—2　桥墩

正面图:由半正面和半3—3剖面组成。半正面表示外形;半3—3剖面表示基础、墩身和墩顶等各部分所用的材料。

平面图:由半平面和半1—1剖面组成。半平面表示由墩帽向下投影的形状和大小。半1—1剖面表示墩身水平截面及其以下部分水平投影的形状和大小。

侧面图:由半侧面和半2—2剖面组成。半侧面表示桥墩的外形,半2—2剖面表示其各部分所用的材料。

图中有关对称的尺寸均以 $n/2$ 的形式标注。如半3—3剖面图中的376/2,即表示墩身底面总长为376 cm。

2. 墩顶构造图

由于桥墩总图比例较小,墩帽构造的尺寸和托盘的形状尚不能完全表达出来,故有必要另取墩顶构造图来补充桥墩总图表达的不足,如图17—4所示。

正面图和侧面图都是墩顶的外形图,其墩身采用了折断画法。为使图形清晰起见,平面图只画了可见部分的投影。1—1和2—2断面表明了托盘顶部和底部的形状和大小。

墩顶的钢筋布置图,与第十四章所介绍的钢筋混凝土结构图的表达内容和特点相同,此处不再赘述。

二、桥台图

桥台是桥梁两端的支柱,除传递梁以上的荷载外,还承受着路基填土的水平推力,保证与桥台相连路基的稳定。

同桥墩一样,桥台多以台身水平截面形状分成多种类型。铁路桥梁的桥台根据桥头填土

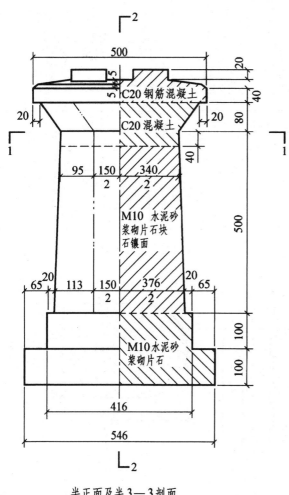

半正面及半3—3剖面

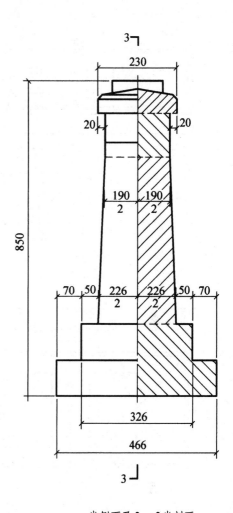

半侧面及2—2半剖面

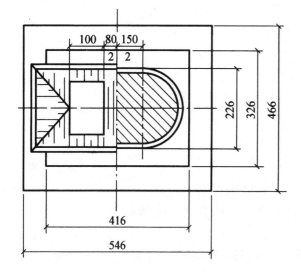

半平面及半1—1剖视

附注：

1. 本图尺寸以cm计

2. 墩顶详细尺寸见墩顶详图

图 17—3　桥墩总图

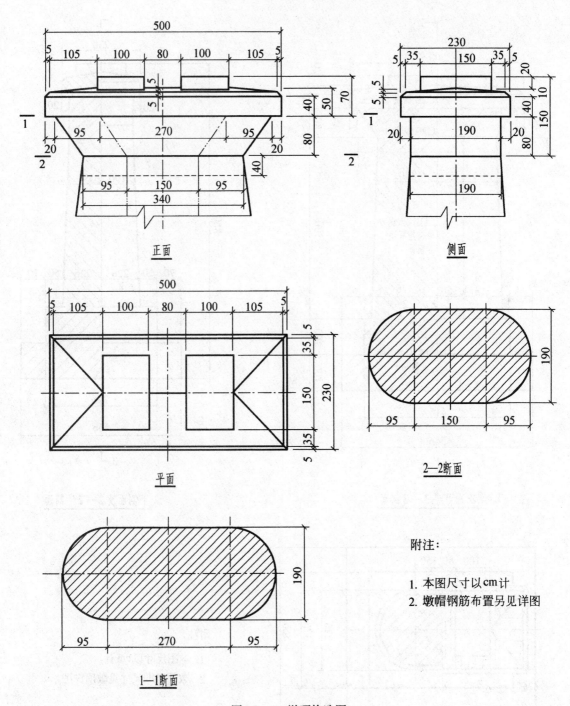

正面　　　　　　　　　　　　　　　　侧面

平面　　　　　　　　　　　　2—2断面

附注:

1. 本图尺寸以cm计
2. 墩帽钢筋布置另见详图

1—1断面

图 17—4　墩顶构造图

高低等的不同,通常采用 U 形、矩形、T 形等,如图 17—5、图 17—6 所示。

1. 桥台的构造

桥台类型尽管不同,但其构造基本一致。现以图 17—6 所示 T 形桥台为例,介绍其组成及构造。

基础:同桥墩一样,基础是桥台的最下部分,常埋于地下。它也随着地质水文等条件不同而有多种形式。图 17—6 中所示是常用的扩大基础。

台身：它是桥台的中间部分。桥台的类型也是以台身的水平截面形状区分的。T 形桥台的台身由纵墙、横墙及其上部的托盘组成。托盘是用来承托台帽的。

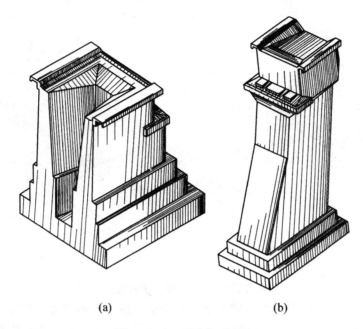

(a)　　　　　　　　　　(b)

图 17—5　U 形和矩形桥台

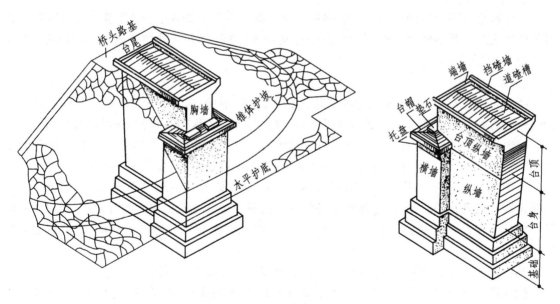

图 17—6　T 形桥台的构造

台顶：位于桥台的上部，主要由台帽、道砟槽和台顶纵墙（即台身纵墙的向上延伸部分）3部分组成。台帽在托盘之上，其中一部分与台顶纵墙相嵌，它的组成和构造基本与墩帽相同。道砟槽是用来容纳道砟以铺设轨道的，其基本形状如图 17—7 所示，是一个四面有墙的槽子。两端的墙叫端墙，两侧的墙叫挡砟墙。它们的内侧上部都稍悬出形成滴水檐，如 A 处放大图所示。为了防止槽内积水，在槽底用低标号的混凝土做成一个向两侧倾斜的垫层，并在两侧最低位置穿过挡碴墙,相间设置横向泄水管。另外在槽底混凝土垫层表面及端墙挡碴墙内侧表面敷设防水层,以免水中有害物质浸害混凝土。前述滴水檐就是防止雨水渗入防水层与混凝土之间的缝隙的。

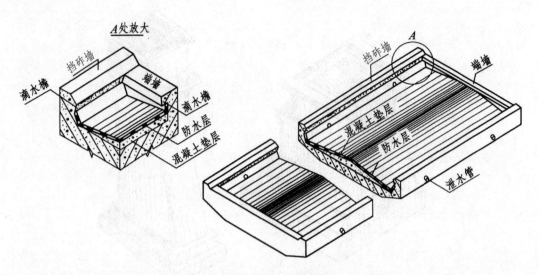

图 17—7　桥台道碴槽的构造

附属结构:这里主要指保护桥头填土不致受河水冲刷的锥体护坡。它与桥台紧密相连,其实际形状相当于两个 1/4 的椭圆锥体,分设于桥台两侧。台身的大部分都为它所覆盖和包容。

2. 桥台的表达

一个桥台,通常要有桥台总图(或称桥台设计图)、台顶构造图、台帽及道碴槽钢筋布置图等图样来表达。若基础为较复杂的沉井或桩基础等,则还应有基础构造图。下面以图 17—6 所示的 T 形桥台为例进行介绍。

(1)桥台总图

桥台总图(图 17—8)主要是用来表达桥台的总体、形状、大小、各组成部分的相对位置及所使用的材料,桥台与路基、桥台与锥体护坡、桥台与线路上部构造等相关构筑物的关系。

习惯上,把与线路垂直方向的称作桥台的侧面,把顺线路面向胸墙的方向称为桥台的正面,顺线路方向面向台尾的称为桥台的背面。它们的内容与布置,如图 17—8 所示。

正面图:画成桥台的侧面,也称桥台的侧面图。它反映桥台各组成部分的形状特征和相关位置及桥台与其相关的路基、锥体护坡等的相互关系。该图是桥台侧面的外形图,在尺寸方面除了要标桥台本身的主要尺寸外,还应标注基底、桥头路肩和轨底等处的标高,锥体护坡顺线路方向的坡度等。

其中路肩线、轨底线及锥体护坡与桥台的交线,一般用细实线绘出。

侧面图:由于桥台以线路中心纵剖面为对称面,故侧面图常画成桥台的半个正面图和半个背面图组成的组合视图。习惯上半正面在左,半背面在右,中间以点画线隔开。它同时表达了桥台两个方向的形状和大小。此图上还常用细双点画线示出道碴和轨枕,而桥头路基及锥体护坡一律省略不画。

平面图:通常由半个平面图和半个基顶剖面图组成。其中半平面图重点表达道碴槽及台帽的形状和大部分尺寸,而半基顶剖面图则重点表达基础及台身水平截面的形状和尺寸。由于图名已表示了该剖面图的剖切位置,故图中无须再作标注。

另外,在桥台总图中还需加必要的附注,说明尺寸单位、桥台各部分的建筑材料、有关设计和施工的注意事项等。附注一般安排在图纸右下方的适当位置。

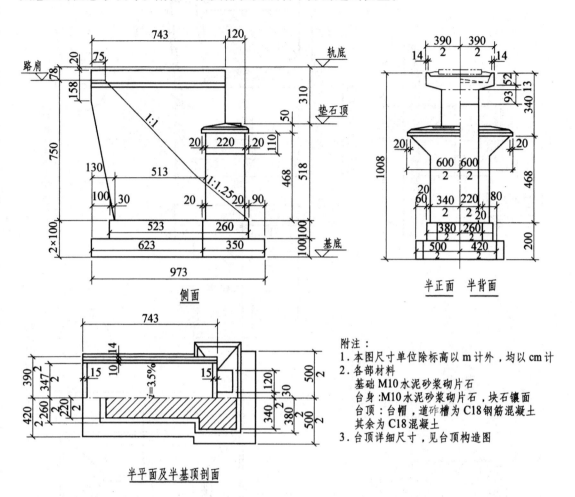

附注：
1. 本图尺寸单位除标高以 m 计外,均以 cm 计
2. 各部材料
　　基础 M10 水泥砂浆砌片石
　　台身：M10 水泥砂浆砌片石,块石镶面
　　台顶：台帽,道砟槽为 C18 钢筋混凝土
　　其余为 C18 混凝土
3. 台顶详细尺寸,见台顶构造图

图 17—8　桥台总图

(2)台顶构造图

由于桥台总图的比例较小,台顶的构造较复杂,其形状和尺寸不易表达详尽,所以必须要有较大比例且适当剖切的台顶构造图来补充其表达的不足,如图 17—9 所示。

台顶构造图的视图选择与配置基本同桥台总图,只是将其中的侧面图和半背面图,分别改为中心纵剖面图和半 1—1 剖面图,取消半基顶剖面而画成完整的平面图,且都省略台身以下部分。另外应绘出"1"、"2"两处的局部放大图。这样,就使台顶特别是道砟槽的内部构造、台帽的细部尺寸以及各部分的建筑材料等都得到充分的表达。要指出的是,这里的"中心纵剖面图"的剖切位置及投影方向也是寓于图名之中而无需另作标注的。在"1"、"2"详图中,黑白相间的符号是表示防水层的,而防水层在本图的其他几个视图中都被省略。这种省略形式,在工程图中是允许的。

至于道砟槽及台帽中的钢筋布置,不是本图表达的范围,故以附注作出交待。

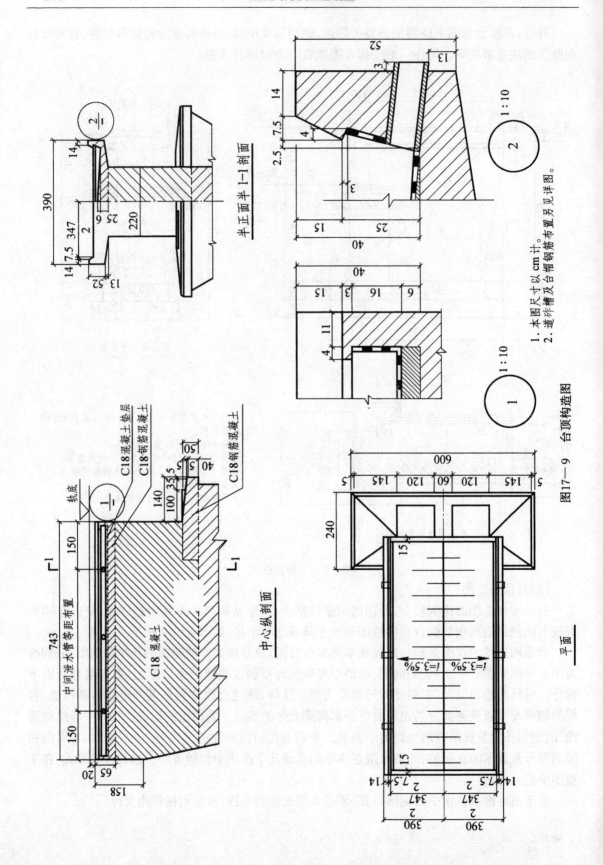

1. 本图尺寸以 cm 计。

2. 道砟槽及台帽钢筋布置另见详图。

图17—9　台顶构造图

§17-3 涵洞工程图

涵洞是埋在路基下的建筑物,用来排泄少量水流或通过行人车辆。涵洞按其断面形状和结构形式分成拱涵、盖板箱涵和圆涵等,如图 17—10 所示。

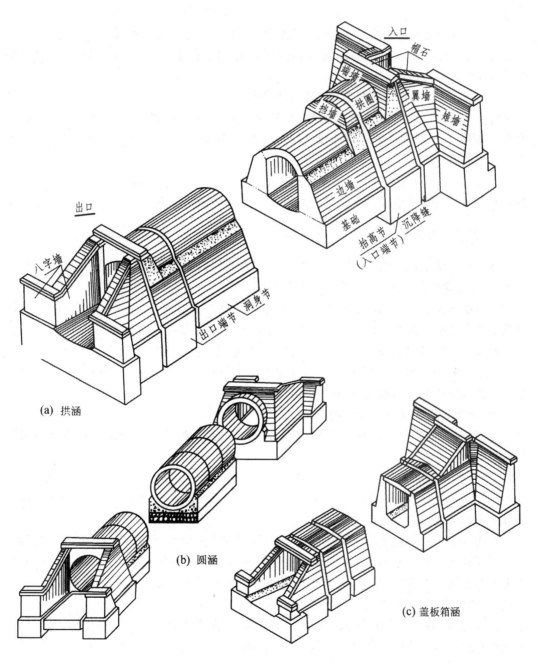

图 17—10 涵洞的种类及构造

一、涵洞的构造

涵洞虽然有多种类型,但其组成部分基本相同。它是一长条形建筑物,其轴线多与线路中心线垂直。埋在路基下的部分叫洞身,它在长度方向常分成若干节,节与节之间留有约3 cm宽的沉降缝,其中填塞防水材料。洞身外周做有防水层,拱顶防水层外再覆盖一定厚度的粘土保护层。

现以图17—10(a)所示的入口抬高式拱形涵洞为例,介绍涵洞各部分的构造。

1. 洞身节:从下至上由基础、边墙和拱圈组成,每节长度为3～5 m。拱圈的拱脚平面与边墙的内外交线称为内外起拱线。

2. 出入口端节:它与洞身节的构造基本相同,只是基础稍厚,且在其一端的拱上做有端墙及帽石。另外入口端节有时把边墙做得比洞身节高,被称为抬高节。由于边墙增高,拱圈也随之升高,使得它与相邻的洞身节两拱之间出现露空,因此在紧贴抬高节的洞身节拱顶设置一段拱形的挡墙。

3. 出入口:出入口由下至上是由基础和八字墙组成。八字墙是由顺洞身方向的翼墙及与洞身方向垂直的雉墙组成。它们共同起着稳定路基坡脚的作用。

二、涵洞的表达

涵洞的主体结构常用一张总图来表达。少数细节和附属建筑物则另附详图,如圆涵的管节配筋,盖板箱涵的盖板配筋,都须另有配筋图。

现以拱涵为例,介绍其视图选择和图面布置。由于涵洞是埋在路基下的长条形建筑物,所以既要考虑把涵洞内外的构造、尺寸表达清楚,又要把它与路基及附属建筑物的关系表达清楚。现以图17—11所示入口无抬高节的拱涵为例,介绍涵洞表达的内容和方法。

1. 正面图:拱涵的正面图常取中心纵剖面图,即沿涵洞轴线竖直剖切所得到的投影。它能较全面地反映涵洞的构造,其具体内容有:

(1)涵洞与路基及附属建筑物的关系。

(2)涵洞的总长及其分节。当涵洞较长时,为节省图幅,常以断开画法省略其中构造相同的洞身节。

(3)涵洞在高度方向各组成部分的情况,如基础、拱圈及拱顶粘土防护层的厚度,边墙上内外起拱线的位置,流水净空的高度,出入口端墙及帽石的断面形状尺寸,八字墙的组成等。涵洞纵向流水坡度也应在此图上注明。

2. 平面图:由于涵洞在宽度方向上对称,故画成半平面和半基顶剖画图。若为圆涵,则取半个平面和半个过管心的水平剖面。它们共同表达涵洞的平面形状及尺寸。其中半平面图中主要表达出入口八字墙、端墙、边墙和有关面面交线的水平投影。半基顶剖面则重点表达涵洞的孔径,边墙、八字墙底面的形状尺寸以及八字墙的开度等。

3. 侧面图:涵洞的侧面图画成出入口的正面图,并布置在中心纵剖面图的出入口端,保持其就近对应位置。它们的作用主要是表达涵洞出入口包括端墙的外形及其与路基、锥体护坡等的关系。至于八字墙后面的构造及洞身各节的情况一律略去,以保持图形清晰。

4. 其他视图:为了表达涵洞各处的断面形状、净空等,还须取若干剖面图。在图17—11中,1—1剖面是表达出口翼墙(含帽石)及基础的断面形状和尺寸。2—2剖面主要是表达洞身的断面形状。由于在上述各图中拱圈的细节尚未表达清楚,故又画了拱圈详图。以上各图的

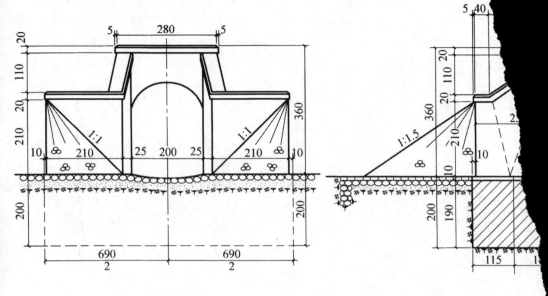

入口正面

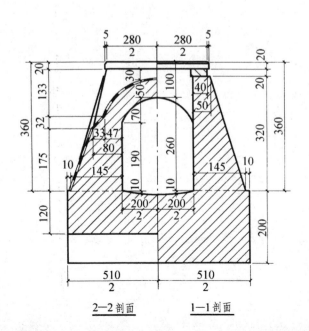

2—2剖面   1—1剖面

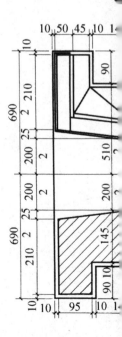

布置都应考虑"就近对应"和"阅读方便"的原则。

§ 17—4　隧道工程图

隧道工程图,主要包括洞身衬砌断面图、洞门图以及大小避车洞的构造图等。现介绍如下(避车洞图从略)。

一、洞身衬砌断面图

当隧道被开挖成洞体以后,一般都要用混凝土进行衬砌。表达衬砌结构的图叫做隧道衬砌断面图。图 17—12 是衬砌结构断面的一种,它包括两边的边墙,顶上的拱圈。边墙是直的叫直墙式衬砌,边墙是曲线型的叫曲墙式衬砌。无论直墙式还是曲墙式,其拱圈一般都是由三段圆弧构成,故称三心拱。拱与边墙的分界线称为起拱线。底下部分叫做铺底,它有一定的横向坡底,以利排水。衬砌下部两侧分别设有洞内水沟和电缆槽。绘制衬砌断面图和作施工放样时,都要以中心线及轨顶线为基准,正确定出拱部 3 个圆心及各段拱的起讫点。

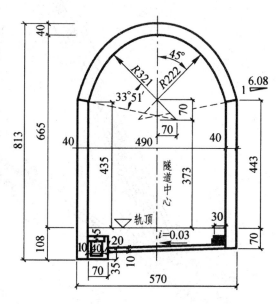

图 17—12　衬砌断面图

二、隧道洞门图

洞门位于隧道的两端,是隧道的外露部分,俗称出入口。它一方面起着稳定洞口仰坡坡脚的作用,另一方面也有装饰美化洞口的效果。根据地形和地质条件的不同,隧道洞门可以采用端墙式、柱式和翼墙式等形式,如图 17—13 所示。

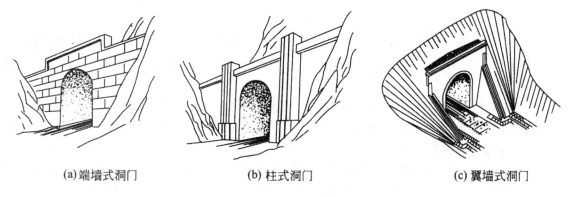

(a) 端墙式洞门　　　　　(b) 柱式洞门　　　　　(c) 翼墙式洞门

图 17—13　隧道洞门

现以图 17—14 所示的翼墙式洞门为例,说明其各部分的构造和表达方法。

1. 洞门的组成及构造

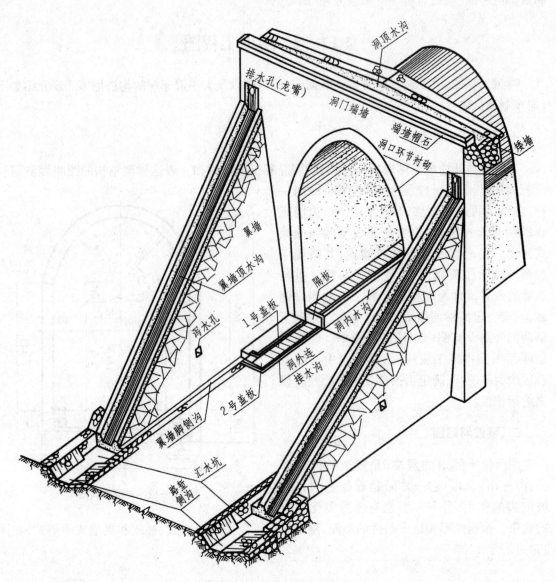

图 17—14　翼墙式洞门的构造

（1）端墙：洞门端墙由墙体、洞口环节衬砌及帽石等组成。它一般以一定坡度倾向山体，以保持仰坡稳定。端墙还可以阻挡仰坡雨水及土、石落入洞门前的轨道上，以保证洞口的行车安全。

（2）翼墙：位于洞口两边，呈三角形，顶面坡度与仰坡一致，后端紧贴端墙，并以一定坡度倾向路堑边坡，同时起着稳定端墙和路堑边坡的作用。顶部还设有排水沟和贯通墙体的泄水孔，用来排除墙后的积水。

（3）洞门排水系统：该系统主要包括洞顶水沟（其坡面的投影关系见图 17—17）、翼墙顶水沟、洞内外连接水沟、翼墙脚水沟、汇水坑及路堑侧沟等。其中洞顶水沟位于洞门端墙顶与仰坡之间，沟底由中间向两侧倾斜，并保持底宽一致。沟底两侧最低处设有排水孔（俗称龙嘴），它穿过端墙，把洞顶水沟的水引向翼墙顶水沟。

2．洞门的表达（图 17—15）

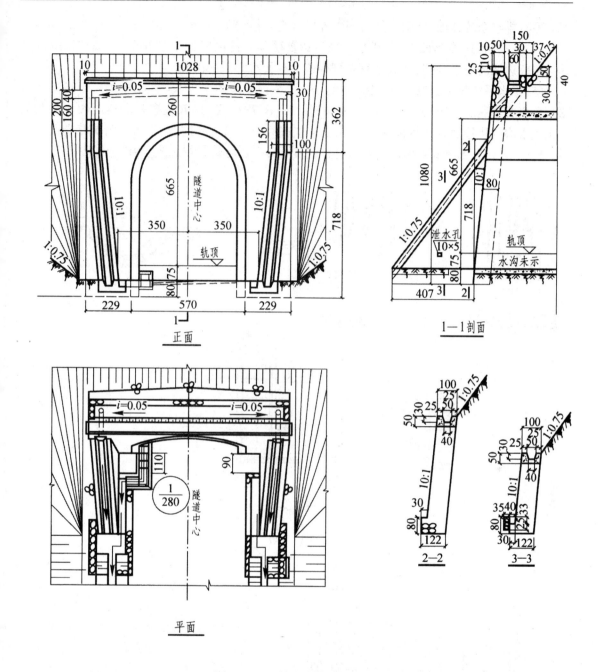

图 17—15　翼墙式隧道洞门图

　　(1)正面图:它是从翼墙端部竖直剖切以后,再沿线路方向面朝洞内对洞门所作的立面投影,实际也是一个剖面图。主要是表达洞门端墙的形式、尺寸,洞口衬砌的类型、主要尺寸(细部尺寸另外由衬砌断面图表达),翼墙的位置、横向倾斜度以及洞顶水沟的位置、排水坡度等,同时也表达洞门仰坡与路堑边坡的过渡关系。

　　(2)平面图:主要是表达洞口排水系统的组成及洞内外水的汇集和排除路径。另外,也反映了仰坡与边坡的过渡关系。为了图面清晰,常略去端墙、翼墙等的不可见轮廓线。

　　(3)1—1剖面:这是沿隧道中心剖切的,以此取代侧面图。它表达端墙的厚度、倾斜度,洞顶水沟的断面形状、尺寸,翼墙顶水沟及仰坡的坡度,连接洞顶及翼墙顶水沟的排水孔设置等。

因为另有排水系统详图,此图一般对洞内外排水沟不作详示。

(4)2—2 和 3—3 断面图:主要是用来表达翼墙顶水沟的断面形状和尺寸、横向倾斜度及其与路堑边坡的关系,同时也表达翼墙脚构造上有无水沟段的区别。

(5)排水系统详图:如图 17—16 所示。其中 A 详图是图 17—15 平面图中 A 节点的放大图。它主要表达洞外连接水沟上的盖板布置。6—6、7—7 和 8—8 主要是表达洞内水沟与洞外连接水沟的构造及其连接情况。4—4 表达左右两个汇水坑的构造、作法及与翼墙端面的关系。5—5 是一个复合断面图,左、右两边分别表示离汇水坑远、近处路堑侧沟的铺砌情况。

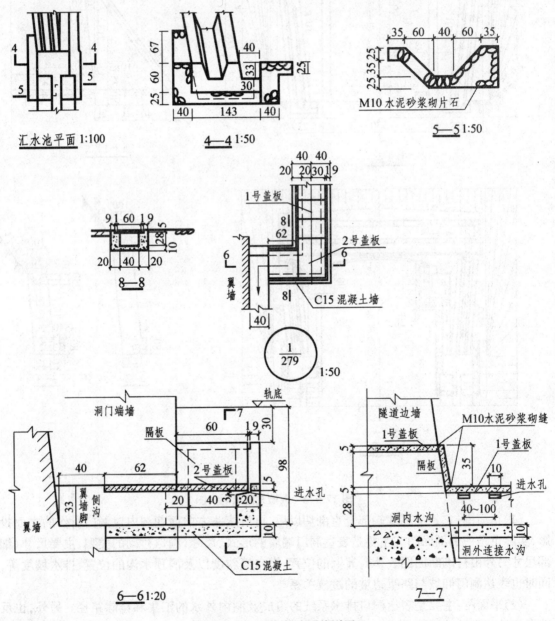

图 17—16　洞门排水系统详图

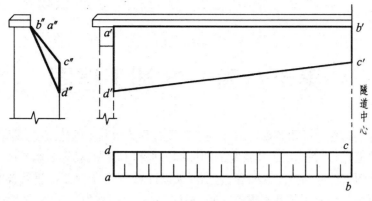

图 17—17　洞顶水沟前边坡面的投影关系

第十八章 水利工程图

为利用或控制自然界的水资源而修建的工程设施称为水利工程建筑物,简称水工建筑物(如水坝、水闸、溢洪道等)。表达水工建筑物的图样称为水利工程图,简称为水工图。水工图的内容包括视图、尺寸、图例符号和技术说明等,它是反映设计意图、指导施工的重要技术资料。

在第十三章中已经介绍了基本视图、剖面图(在水工图中称为剖视图)和断面图等表达物体内外形状常用的一些方法,为了适应表达各种水工建筑物的需要,下面补充介绍水工图的特点和其它表达方法。

§18—1 水工图的表达方法

一、视图配置及名称

前面介绍的 6 个基本视图中,水工图中常用的是三视图,即正视图、俯视图和侧视图。俯视图在水工图中称为平面图,正视图和侧视图称为立面图,当视向与水流方向有关时,顺水流方向观察建筑物所得的视图称为上游立面图;逆水流方向观察建筑物所得的视图称为下游立面图。

由于水工建筑物许多部分被土覆盖,而且内部结构也较复杂,为了表达建筑物各部分的断面形状及建筑材料,便于施工放样,所以在水工图中剖视图和断面图(特别是移出断面)应用较多。

为便于读图,一个建筑物的各个视图应尽可能按投影关系配置。由于建筑物的大小不同,为了合理利用图幅,允许将某些视图配置在图幅的适当地方。对于大型或较复杂的建筑物,因受图纸幅面的限制,也可将每个视图分别画在单独的图纸上。

在水工图中,因为平面图反映建筑物的平面布置和水平投影形状以及与地面相交等情况,同时也是施工放线、布置施工场地等的主要依据,所以平面图是一个比较重要的视图。平面图应按投影关系配置在正视图的下方。对于挡水坝、水电站等建筑物的平面图,常把水流方向选为自上而下,并用箭头表示水流方向。对于水闸、涵洞、溢洪道等过水建筑物的平面图则常把水流方向选为自左向右。

水工图中各视图的图名一般注写在图形上方,并在图名下方画一粗横线。当整张图纸中只采用一种比例时,比例应注写在标题栏中,否则应和视图名称一起按如下方式标写:

$$\underline{平面图\ 1:200}\quad 或\quad \frac{平面图}{1:200}$$

当一个视图中的水平和铅垂方向采用不同比例时,应分别标注纵横比例。

二、水工图中的习惯画法和规定画法

由于水工建筑物庞大而复杂,除了采用基本表达方法外,在设计施工中还常采用一些适用与水工建筑物特点的表达方法。

（一）详图表示法

由于水工图通常采用小比例尺,细部结构不易表达清楚,为弥补以上缺陷,将这些细部结构用大于原图的比例画出,这种图形称为详图。详图可以画成视图、剖视图、断面图,与原图的表达方式无关。详图应标注。其形式为:在原图被放大部分处用细实线画小圆圈,并标注字母。详图用相同的字母标注其图名,并注写比例,如图18—1所示。

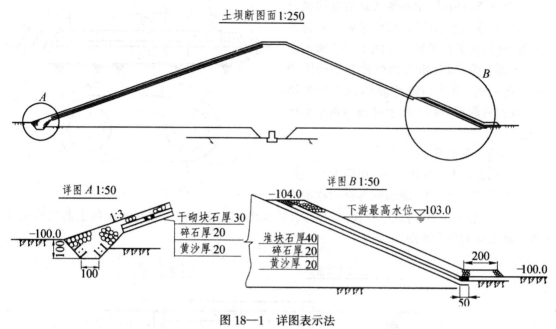

图 18—1　详图表示法

（二）展开画法

当建筑物的轴线或中心线为曲线时,可以沿轴线切开并向剖切面投影,然后将所得的剖视图展开在一个平面上,这种剖视图称为展开剖视图。这时应在图名后注写"展开"二字,如图18—2所示。

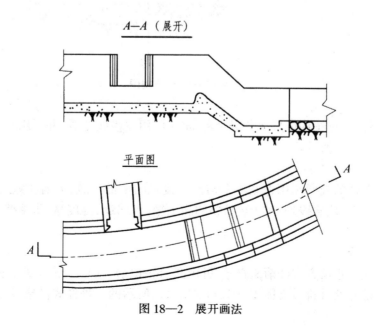

图 18—2　展开画法

在图 18—2 中,因为干渠的中心线为圆弧,所以选用沿中心线的圆柱面 A‑A 作为剖切面。画图时,剖切面上的图形按真实形状展开,剖切面以外的部分按法线方向向剖切面投影后再展开。如平面图中支渠闸孔的宽度,在向剖切面投影后会变大一些。但为了看图和画图的方便,支渠闸孔的宽度仍按实际宽度画出。

(三)拆卸画法或掀土画法

当视图、剖视图中所要表达的结构被另外的结构或填土遮挡时,可假想将其拆掉或掀掉,然后再进行投影。如图 18—3 所示墩台,上面有覆盖层,墩台的结构在平面图中是不可见的,为了清楚地表达这部分的结构,我们可假想将其上的土掀掉后再画出视图。

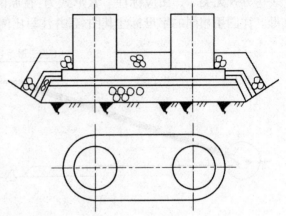

图 18—3　掀土画法

(四)合成视图

对称或基本对称的图形,可将两个相反方向的视图或剖视图、断面图各画对称的一半,并以对称线为界,合成一个视图,称为合成视图。如图 18—4 是将水闸的上游立面图和下游立面图合为一个视图。

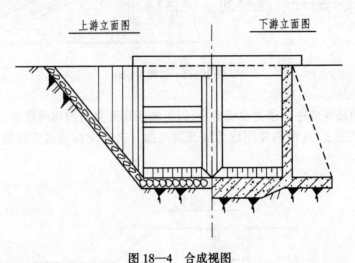

图 18—4　合成视图

(五)分层画法

对于分层结构,可按构造层次分层绘制,相邻层用波浪线分界,并可用文字注写各层结构的名称。如图 18—5 所示。

(六)图　　线

水工图中图线的线型和用途基本上与土木建筑图中的一致,但需注意:水工图中的粗实线,除用于表示可见轮廓线外,对于建筑物的施工缝、沉陷缝、温度缝、防震缝等也应以粗实线绘制。

(七)符　　号

水工图中表示水流方向的箭头符号,可用图 18—6(a)、(b)、(c)所示的 3 种符号之一。平面图中的指北针符号有图 18—7(a)、(b)、(c)所示的 3 种样式供选择,其位置一般画在

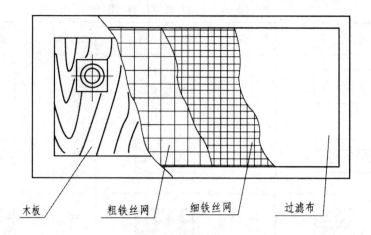

图 18—5　分层画法

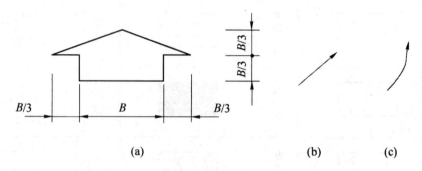

(a)　　　　　　　　　　　(b)　　　　(c)

图 18—6　水流方向符号

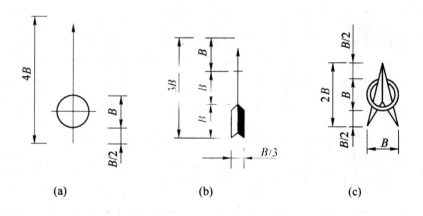

(a)　　　　　　　(b)　　　　　　　(c)

图 18—7　指北针符号

平面图的左上角右上角。

三、水工图中建筑材料图例

表 18—1 为水工图中常用的建筑材料图例。土木建筑制图中的建筑材料图例，水工图中也采用，表中不再列出。

表 18—1　建 筑 材 料 图 例

名　称	图　例	名　称	图　例	名　称	图　例
岩石	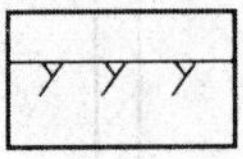	堆石	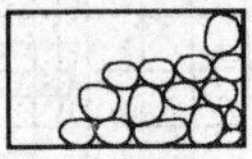	灌浆帷幕	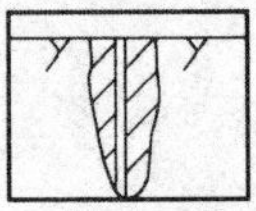
		干砌块石	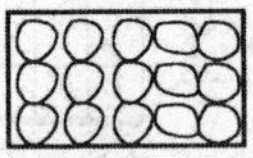	笼筐填石	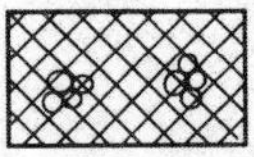
卵石	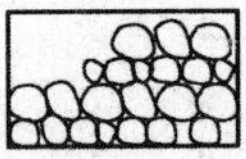	砌块石		砂袋	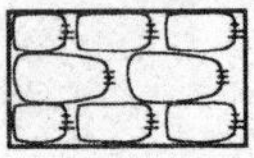
砂卵石	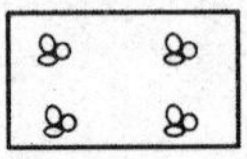	干砌条石	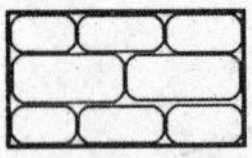	梢捆	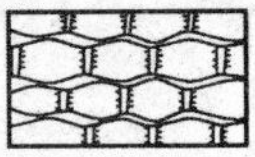
回填土		浆砌条石		沉枕	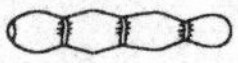
回填石		防水材料	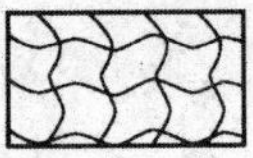	沉排 竹排	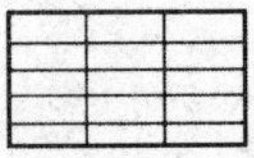
粘土		土工织物	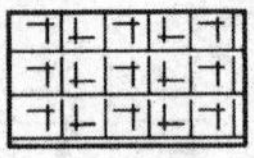	软体排	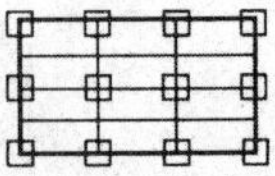
二期混凝土	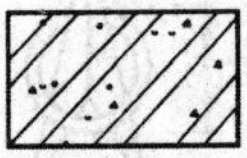	沥青砂垫层		花纹钢板	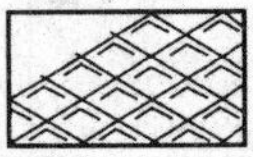
沥青混凝土	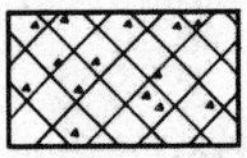	钢水丝泥网板	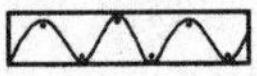	草皮	

四、水工建筑物平面图例

水工建筑物平面图例主要用于规划图、施工总平面布置图,枢纽总布置图中的非主要建筑物也可用图例表示。表 18—2 为水工图中常用的平面图例。土木建筑制图中的平面图例,水工图中也采用,表中不再列出。

表 18—2　　平 面 图 图 例

名　称		图　例	名　称		图　例
水库	大　型		水　闸		
	小　型		溢洪道		
混凝土坝			渡　槽		
堤			隧　洞		
防浪堤	直墙式		涵洞管		(大) (小)
	斜墙式		虹　吸		(大) (小)
水电站	大比例尺		跌　水		
	小比例尺		斗　门		
变电站			沟	明　沟	
				暗　沟	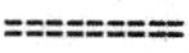
泵　站			灌　区		
船　闸			鱼　道		
土石坝			渠　道		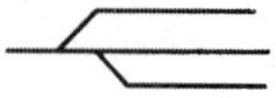
			水文站		 Q
			水位站		 H

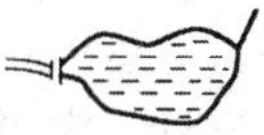

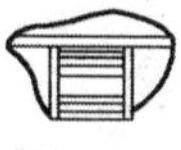

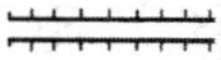

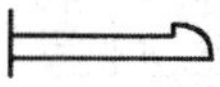

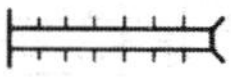

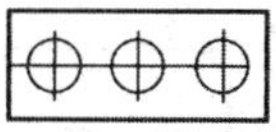

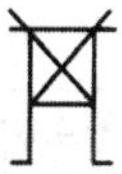

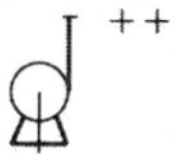

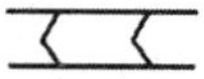

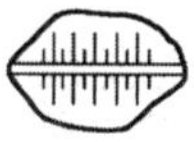

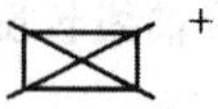

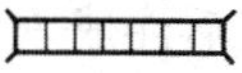

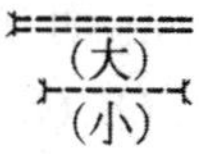

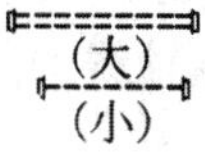

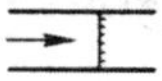

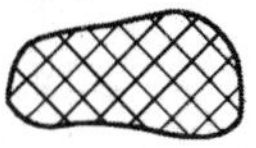

§18—2　水工图的尺寸标注

水工图的尺寸标注,除应遵守尺寸标注的一般规定外,还应结合水工图的表达特点并考虑施工测量的要求。

一、基准点和基准线的尺寸注法

要确定水工建筑物在地面上的位置,必须首先定好基准点和基准线在地面的位置,因为枢纽中各建筑物的位置均以它为基准进行放样定位。基准点的平面位置是根据测量坐标系测定的,两个基准点的连线可以定出基准线的平面位置。如图 18—8 所示某大坝和电站的平面布置图,坝轴线的位置是由基准点 $A(258343.48,66876.95)$ 和基准点 $B(258403.97,66934.08)$ 确定的。

二、沿轴线长度的尺寸标注

对于坝、隧洞、渠道等较长的建筑物,沿轴线的长度尺寸一般采用"桩号"的注法。桩号的标注形式为:$K \pm m$,K 为公里数,m 为米数,起点桩号为 $0+000$;起点桩号之前注 $K-m$,起点桩号之后注成 $K+m$。如图 18—8 所示坝轴线的长度尺寸即采用"桩号"的注法,其中 $0-073.66$,表示该桩号在起点之前 73.66 m,而 $0+068.68$,表示该桩号在起点之后 68.68 m。

桩号数字一般垂直与轴线方向注写,并注在轴线的同一侧。

三、曲线的尺寸标注

水工建筑物中比较常见的曲面是柱面,如溢流坝面、进水口表面等。柱面的横剖面是曲线。标注曲线的一般方法是:在图上标出坐标轴和曲线的数学表达式,将曲线上的控制点的坐标值列表表示。如图 18—9 溢流坝面曲线的尺寸标注。

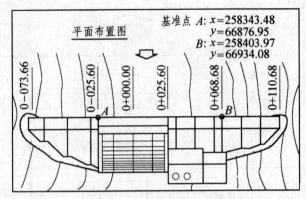

图 18—8　基准点和基准线的标注

坝面曲线坐标值

x	-3.5	-3.0	-2.5	-1.0	0.00	2.00	4.00	6.00	8.0	10.0	12.0	14.0	16.0	18.0	20.0
y	1.26	0.82	0.53	0.08	0.00	0.19	0.71	1.50	2.55	3.68	5.41	7.19	9.21	11.45	13.92

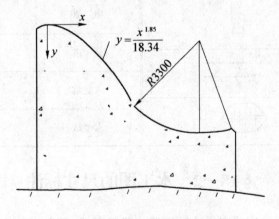

图 18—9　曲线的尺寸标注

四、列 表 法

为使水流平顺或受力状态较好,水工建筑物常做成规则变化的形体。对这类形体的尺寸标注宜采用特殊的注法,以便使图示简练,表达清晰,方便看图。如图 18—10,为重力坝的标准剖面图,图中有 4 个随高程变化的参数 H、b_1、b_2、h,采用列表形式表达了 6 个不同高程处的断面参数。只要将图中的字母代之以剖面尺寸表中的数字即得。

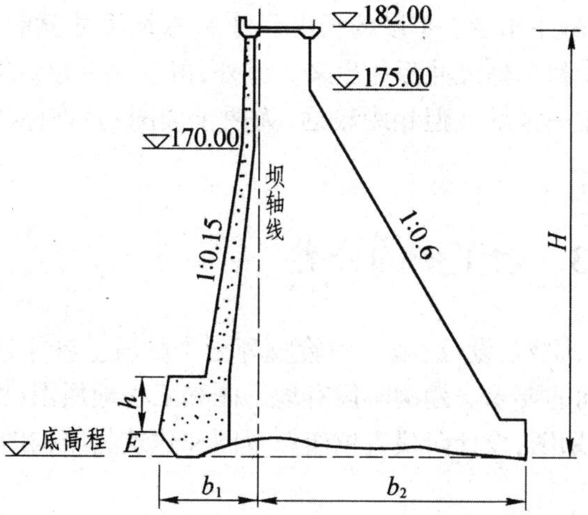

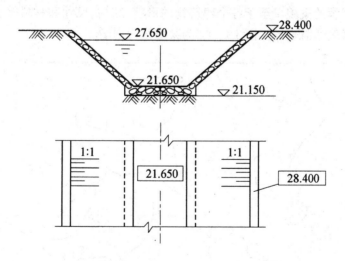

坝剖面尺寸

坝高程 E	坝高 H	坝底宽		平台高 h
		b_1	b_2	
130.00	5200	1050	3250	500
140.00	4200	900	2650	500
150.00	3200	750	2050	500
160.00	2200	600	1450	500
170.00	1200	150	850	0
182.00	坝顶	150	550	0

图 18—10 列表法

五、高度尺寸的注法

由于水工建筑物一般比较庞大,施工时其高度尺寸不易用人工直接丈量,通常是用仪器测量的。为施工方便,建筑物主要表面的高度应标注高程。对建筑物的次要表面仍采用标注高度的方法,即标注它与重要表面的高差,如图 18—11 所示。

图 18—11 高度尺寸的注法

在立面图和铅垂方向的剖视图和剖面图中,高程符号采用直角三角形,用细实线绘制,直角顶点可向下指,也可向上指,但都必须与被标注高度的轮廓线或其引出线接触,高程数字一律注写在标高符号的右边。

在平面图中,高程符号用细实线绘制的矩形线框,高程数字注写在其中。

水面高程即水位的注法与立面图中标注高程相类似,区别在于需在水面下画 3 条渐短的细实线,如图中标高尺寸 27.650。

六、多余尺寸与重复尺寸

若一建筑物长度方向共 X 段,则只需注出 $X-1$ 段的长度尺寸和总长尺寸就够了,但为便于测量施工,在水工图中常将各段尺寸和总体尺寸都注出来。另外,由于一个建筑物的几个视图有时不能画在一张图纸上,或虽画在一张纸上但相距较远,为便于读图,允许标注重复尺寸。

§18—3　水工图的分类

水利工程的兴建一般需要经过勘测、规划、设计、施工和验收等五个阶段。各个阶段都要绘制相应的图样,不同阶段对图样有不同的要求。勘测阶段有地形图和工程地质图(由工程测量和工程地质课程介绍);规划阶段有规划图;设计阶段有枢纽布置图和建筑物结构图;施工阶段有施工图;验收阶段有竣工图等。

一、规 划 图

表达对水利资源综合开发、全面规划意图的图样称为规划图,如流域规划图、水利资源综合利用规划图、灌区规划图等。规划图是平面图,有时绘制在地形图上。由于表达的地域较大,因此,画图时都采用小比例尺,建筑物按制图标准规定的"水工建筑物平面图例"绘制,是一种示意性的图样。以示意的方式表达整个工程布局、各主要建筑物位置、受益面积等项内容,它主要反映整个工程的概貌。至于各个建筑物的形状、结构、尺寸和材料等,在规划图中是不可能也不必要将其表达清楚的。图18—12为某灌区规划图。

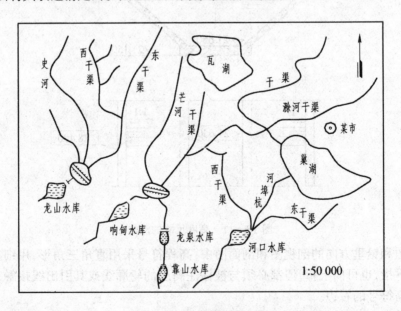

图18—12　某灌区规划图

二、枢纽布置图

在水利工程中,为兴利除弊,综合利用水资源,常常同时修建若干个不同作用的建筑物,这种建筑物群称为水利枢纽。比如葛洲坝水利枢纽,是由拦河坝、发电站、船闸、泄水闸、冲沙闸等一系列建筑物组成的,拦河坝是挡水建筑物,用以拦截河流,抬高上游水位,形成水库和落差;水电站是利用上、下游水位差及流量进行发电的建筑物;船闸是用以克服水位差产生的通航障碍的建筑物;泄水闸是用以排放上游水流、进行水位和流量调节的建筑物;冲沙闸是用以排放水库泥沙的建筑物。

将水利枢纽中的各主要建筑物的平面形状和位置画在地形图上,这种工程图样称为枢纽布置图。如图18—13所示为某水库枢纽布置图。枢纽布置图是枢纽中各建筑物定位、施工放线、土石方施工及绘制施工总平面图的依据。

枢纽布置图包括以下内容:

1.枢纽所在地的地形、河流、水流方向和地理方位。

2.枢纽中主要建筑物的平面形状及各建筑物之间的位置关系。

3.建筑物与地面相交情况及填挖方边坡线。

4.建筑物的主要高程及其他主要尺寸。

三、建筑物结构图

表达某建筑物形状、大下、结构及建筑材料的工程图样称为建筑物结构图。如图18—16为某水闸的结构图。

建筑物结构图通常包括以下内容:

1.建筑物的结构、形状、尺寸及材料。

2.建筑物的细部构造。

3.工程地质情况及建筑物与地基的连接方式。

4.建筑物的工作情况,如特征水位、水面曲线等。

5.附属设备的位置。

四、施 工 图

按照设计要求绘制的指导施工的图样称为施工图。施工图主要表达施工程序、施工组织、施工方法等内容。常见的施工图有:反映施工场地布置的施工总平面布置图,反映施工导流方法的施工导流布置图,反映建筑物基础开挖和料场开挖的开挖图,反映混凝土分期分块的浇筑图等。

五、竣 工 图

工程施工过程中,对建筑物的结构进行局部修改是难免的,竣工后建筑物的实际结构与建筑物结构图存在差异。因此,应按竣工后建筑物的实际结构绘制竣工图,供存档和工程管理用。

上述内容仅仅是水工图的一般分类。随着现代科学技术的飞跃发展,工程上将不断采用新的施工方法和新型结构,图样也会出现新的类型。设计着应根据需要选择能满足要求的图样。

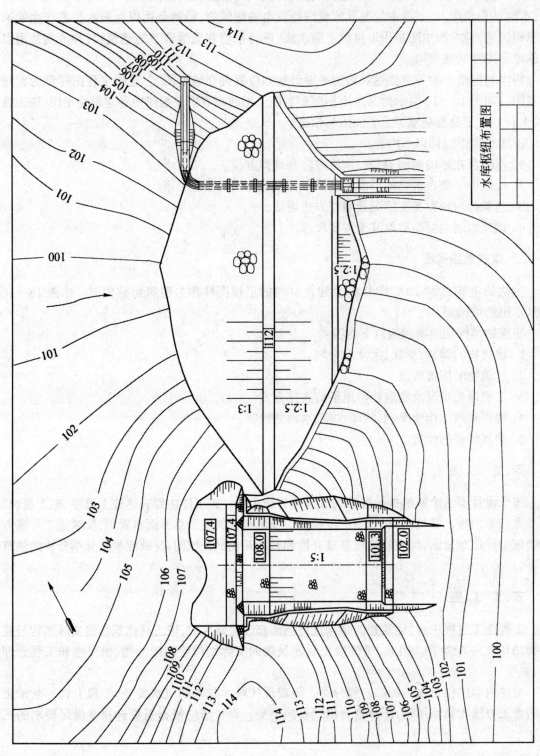

图18—13　某水库枢纽布置图

§18—4　水工图的阅读

识读水工图的目的是了解工程设计意图。对于建筑物结构图,通过读图了解建筑物的结构、形状、尺寸和建筑材料,以便组织施工、验收或管理。

提高识读水工图的能力是非常重要的。对于一个学生,如果看不懂水工图,专业课的学习就无法深入;对于一个施工人员,看不懂水工图,就不能把设计蓝图变为合格的建筑物;对于一个设计人员,看不懂水工图,就无法查阅其它的设计图纸或借鉴别人的优秀成果。因此,为了搞好以后的学习和工作,必须培养识读水工图的基本能力。但由于水工图涉及到一些专业知识,所以,识读水工图的能力还应在专业课的学习和工程实践中继续巩固和提高。

一、读图的步骤和方法

识读水工图的顺序一般是由枢纽布置图开始,由枢纽布置图了解枢纽的地理位置、该处的地形和河流情况,以及组成枢纽各建筑物的名称、作用和相对位置。然后看建筑物的结构图,看结构图时要遵循由总体到局部,由局部到细部结构,再由细部回到总体,这样经过几次反复,直到全部看懂。读图一般可按下述四步进行。

1. 概括了解

识读任何工程图样都要从标题栏开始,从标题栏和图样上的有关说明中了解建筑物的名称、作用、比例、及施工要求等内容。

2. 分析视图

为了表明建筑物的形状、大小、结构和使用的材料,图样上都配置一定数量的视图、剖视图和断面图。由视图的名称和比例可以知道视图的作用,视图的投影方向以及实物的大小。

水工图中的视图配置是比较灵活的,所以在读图时应先了解各个视图的相互关系,以及各个视图的作用。了解采用了哪些视图、剖视图、断面图和详图,剖视图、断面图的剖切位置及投影方向,详图表达的部位,各视图的大概作用。通过对各种视图的分析,可了解整个视图的表达方案,从而在读图时及时找到各视图之间的对应关系。

3. 分析形体

所谓分析形体是将建筑物分为几个主要组成部分,读懂各组成部分的形状、大小、结构和使用的材料。至于将建筑物分成几个部分,应根据其结构特点来确定。如对于水闸类建筑物可沿水流方向将其分为几段,对水电站类建筑物可沿高度方向将其分为几层。分部分识读的主要方法就是学习组合体时采用的形体分析法。读图时应以一两个视图为主,结合其它视图或剖视图,采用分线框、对投影、想形状的步骤识读。但识读水工图,除想象形状外,还有结构、大小、材料等内容一并加以识读。

建筑物的主要部分读懂之后,再识读细部结构。

4. 综合整理

了解各组成部分的相对位置,综合整理整个建筑物的形状、大小、结构和使用的材料。

读图时应注意将几个视图或几张图纸联系起来同时阅读,孤立地读一个视图或一张图纸,往往是不易读懂工程图样的。

二、水工图的阅读举例

[例18—1] 阅读水库枢纽设计图。

该设计图分为水库枢纽布置图(图18—13)和土坝设计图(图18—14)两部分。

1. 水库枢纽布置图

(1)水库枢纽的组成部分及其作用

在山溪谷地或山峡的适当地点,修一道坝,把这个地点以上的流域面积里流下来的雨水、溪水或泉水拦蓄起来,形成水库。水库枢纽指挡水坝、输水涵洞、溢洪道等组成的建筑物群体。其中挡水坝是挡水建筑物,作用是拦截水流,抬高水位形成水库。输水涵洞是引水建筑物,用于将水库中的水按需要引出水库供灌溉、发电用。溢洪道是水库满蓄期间排泄洪水的建筑物,它可以防止洪水从坝顶漫溢而引起的溃坝事故。除上述建筑物外,有的水库枢纽中还包括发电站等建筑物,以便综合利用水资源。

(2)视图及表达方法

枢纽布置图是在地形图上画出土坝、输水道、溢洪道等建筑物的平面图。它主要表达了工程所在区域的地形、水流方向、地理方位、各建筑物在平面上的形状大小及其相对位置,以及这些建筑物与地面相交的情况等。

(3)读图

由图18—13可以看出,工程所在地的北部和南部地势较高,中间为谷地。水流基本上由西向东。土坝横向建在谷地。输水涵洞位于土坝北侧。在土坝南侧的山坡上开山建造溢洪道。

2. 土坝设计图(如图18—14)

(1)坝组成部分及其作用:该土坝由坝身、截水墙、斜向排水和护坡4部分组成,土坝主要用于挡水。该坝身成梯形断面,用壤粘土堆筑,为防止漏水,在坝体内筑有截水墙。上、下游坡面为防止风浪、冰凌冲击以及雨水冲刷而设置保护层,称为护坡。下游设有斜向排水,其主要作用是排除由上游渗透到下游的水量。

(2)视图及表达方法:土坝设计图有坝身横剖面图、斜向排水详图、坝脚详图和截水墙详图。

(3)读图:由坝身横剖面图可知,坝顶高程112 m,宽4 m,上游坡面为1:3,下游坡面为1:2.5,剖面图上还表达了斜向排水和截水墙的位置。

斜向排水详图表明该斜向排水分为黄沙、碎石和堆块石三层,并在图上注明了各层尺寸。坝脚详图注明了坝脚的形状、各部分的材料、尺寸和坡度。截水墙详图表明截水墙的形状、材料、尺寸和坡度。

[例18—2] 水闸设计图(图18—16所示)。

水闸是修建在天然河道或灌溉渠系上的建筑物。按照水闸在水利工程中所担负的任务不同,水闸可分为进水闸、节制闸、分洪闸、泄水闸等几种。由于水闸设有可以启闭的闸门,是既能关闭闸门挡水,又能开启闸门泄水,所以水闸具有控制水位和调节流量的作用。

1. 组成部分及其作用

如图18—15为某水闸的立体示意图。

水闸一般由3部分组成,即上游连接段、闸室和下游连接段。

(1)上游连接段:水流从上游进入闸室,首先要经过上游连接段,它的作用一是引导水流平

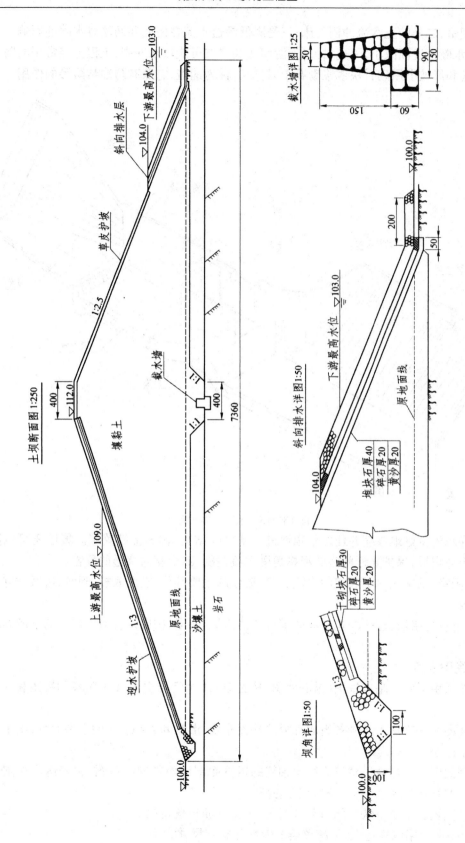

图18—14　土坝设计图

顺进入闸室;二是防止水流冲刷河床;三是降低渗透水流在闸底和两侧对水闸的影响。水流过闸时,过水断面逐渐减小,流速增大,上游河底和岸坡可能被水冲刷,工程上经常用的防冲手段是在河底和岸坡上用砌石块或浆砌石予以护砌,称为铺盖,它兼有防冲与防渗的作用。

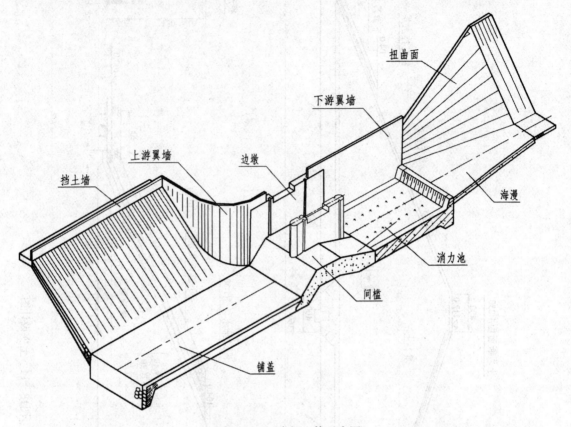

图 18—15　水闸立体示意图

引导水流良好地收缩并使之平顺地进入闸室的结构,称为上游翼墙。翼墙还可以阻挡河道两岸土体坍塌,保护靠近闸室的河岸免受水流冲刷,减少侧向渗透的危害。

（2）闸室:闸室是水闸起控制水流、调节流量的主要部分,它由底板、闸墩、边墩、闸门、交通桥等组成。

（3）下游连接段:这一段包括河底部分的消力池、海漫、护底以及河岸部分的下游翼墙及两岸护坡。

2. 视图表达

本图采用了两个基本视图(纵剖面图、平面图)、1 个组合视图、1 个阶梯剖视图和 5 个断面图。

平面图——表达了水闸各组成部分的平面布置、形状和大小。水闸左右对称,图中一半采用了掀土画法。

纵剖面图——是通过建筑物纵向轴线的铅垂面剖切而得的剖视图,它表达了水闸高度与长度方向的结构形状、大小、材料、相互位置。

组合剖视图主要反映了闸室部分的上、下游立面布置情况。

5 个断面图用以表达上、下游翼墙的断面形状与尺寸大小。

3. 读图

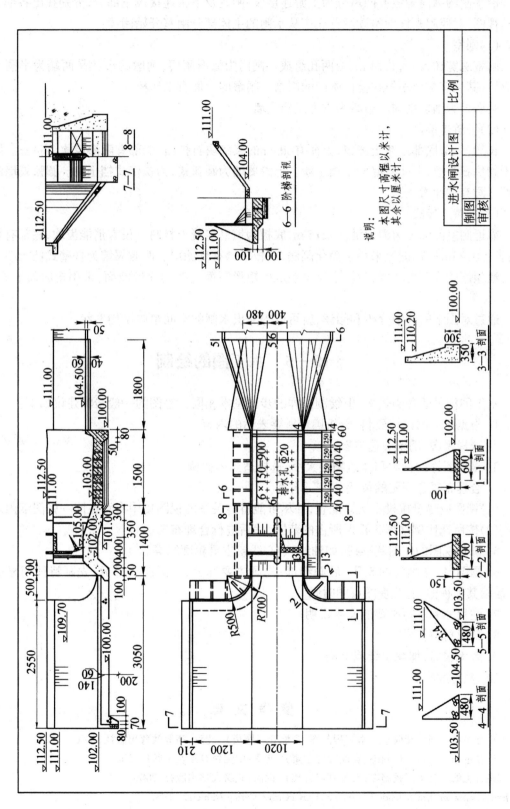

图18—16　某水闸设计图

沿水闸的纵向轴线方向可分为上游连接段、闸室及下游连接段三部分,分别找出各部分的相关视图,对照起来仔细阅读。首先应从水闸的主体部分闸室开始阅读:

(1)闸室

闸室总宽10.2 m,长14 m,由两孔组成。闸门为弧形闸门,闸墩的形状是两端为半圆头的长方体,其上有两个平板式检修闸门的门槽。闸墩的上面有工作桥。

闸底板为闸槛结构。边墩为重力式挡土墙。

(2)上游连接段

长30.5 m,底部是粘土铺盖,上面有60 cm的浆砌块石护面,端部有防渗齿坎,高4 m。两岸为干砌块石护坡,上面有混凝土挡土墙。上游翼墙为圆弧式,为扶壁式挡土墙。圆弧翼墙的柱面部分画有柱面素线。

(3)下游连接段

靠近闸室的部分为消力池。长15 m,底板为钢筋混凝土材料。设有消能齿坎,底部有排水孔,直径0.2 m,平面图上采用了简化画法,底板下铺有反滤层。两侧翼墙为扶壁式挡土墙。与消力池相连的为下游翼墙,为使水流平顺地由矩形断面过渡到梯形断面,采用扭曲面形式,长18 m。

通过对图纸的仔细分析和阅读,就可以想象出水闸的空间整体结构形状。

§18—5　水工图的绘制

水工图样虽然种类较多,但绘制图样的步骤基本相同。绘图的一般步骤建议如下:

1.根据已有的设计资料,分析确定所要表达的内容。

2.选择视图,确定表达方案。

3.根据图样的种类和建筑物的大小,选择适当的比例。

4.合理布置各视图的位置

(1)视图应尽量按投影关系配置,并尽可能将有关系的视图集中布置在同一张图纸内。

(2)按所选比例估算各视图所占的范围,然后进行合理布置。

5.画各视图的作图基准线,如轴线、中心线或主要轮廓线等。

6.画图时,先画大的轮廓,后画细部;先画主要部分,后画次要部分;先画特征明显的视图,后画其他视图;有关视图可同时画。

7.注尺寸和注写必要的文字说明。

8.剖面材料符号。

9.查无误后,加深图线或上墨。

10.写标题栏。

参 考 文 献

1　朱育万主编.画法几何及土木工程制图(含配套习题集).北京:高等教育出版社,2000

2　卢传贤主编.土木工程制图(含配套习题集).北京:中国建筑工业出版社,2002

3　宋兆全主编.土木工程制图(含配套习题集).武汉:武汉大学出版社,2000

4　Ernst Schörner. Dalstellende Geometrie. Carl Hanser Verlag München,1987

看体视图的说明

1. 把体视图平放在桌面上,使眼睛距体视图下边框的水平距离约250 mm,垂直距离约为350 mm;

2. 把红绿眼镜的红片放在左眼上,绿片放在右眼上(带眼镜者不必摘下眼镜);

3. 使两眼对称于体视图的中心,同时看图,稍候片刻即可看出立体图像;如有歪斜现象,可稍调节眼睛与体视图的相对位置,直到图像逼真为止。

注:封三装有红绿眼镜

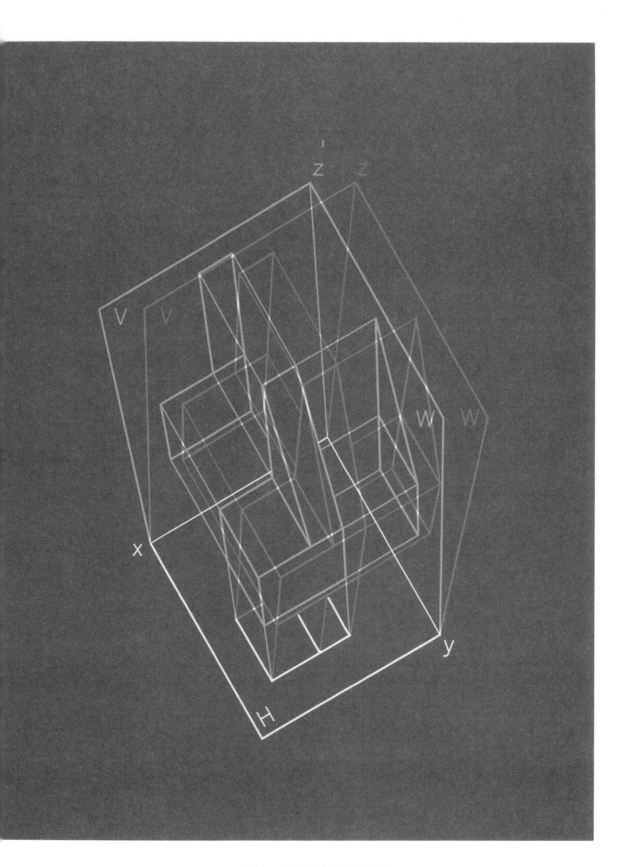

图 1　三面投影图的形成

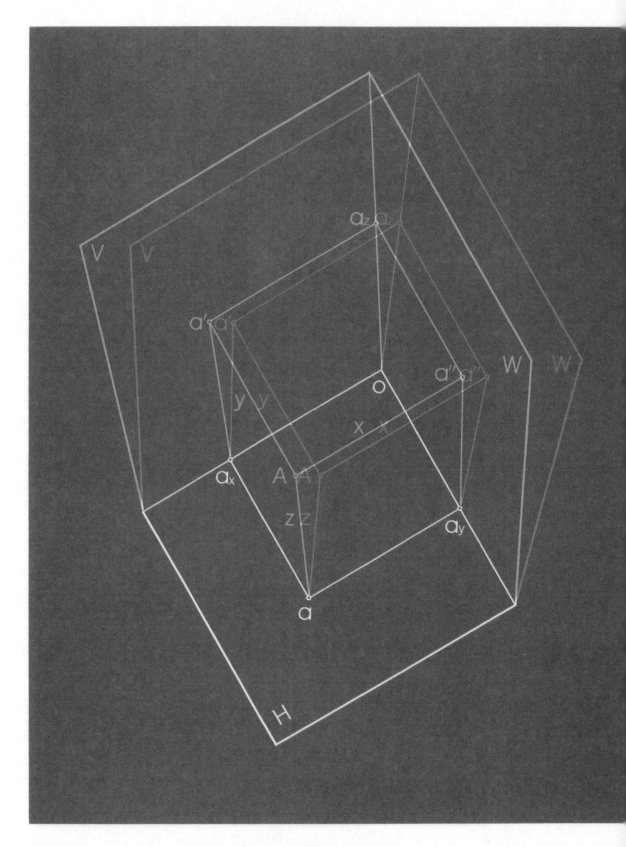

图 2　在三投影面体系内的点

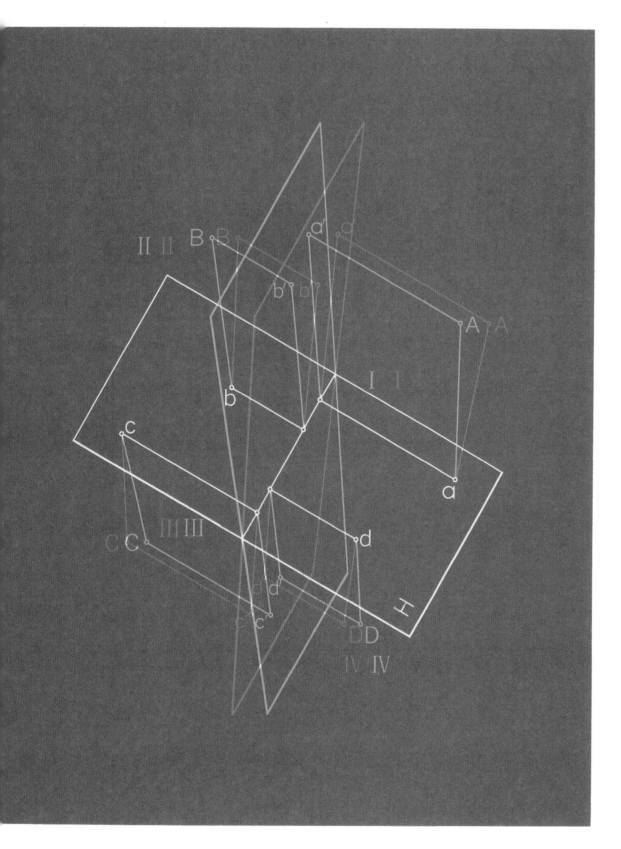

图 3　在四个分角内的点

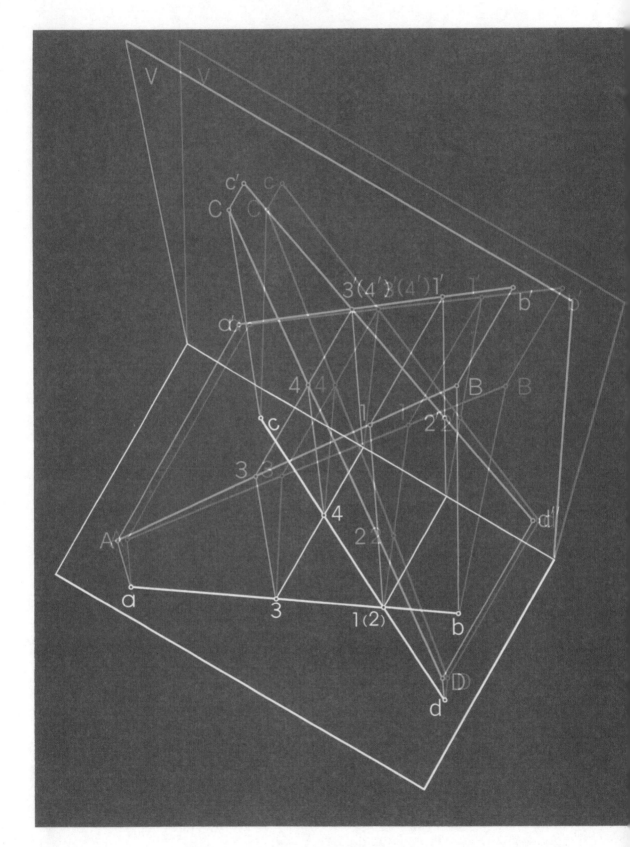

图 4　两直线交叉

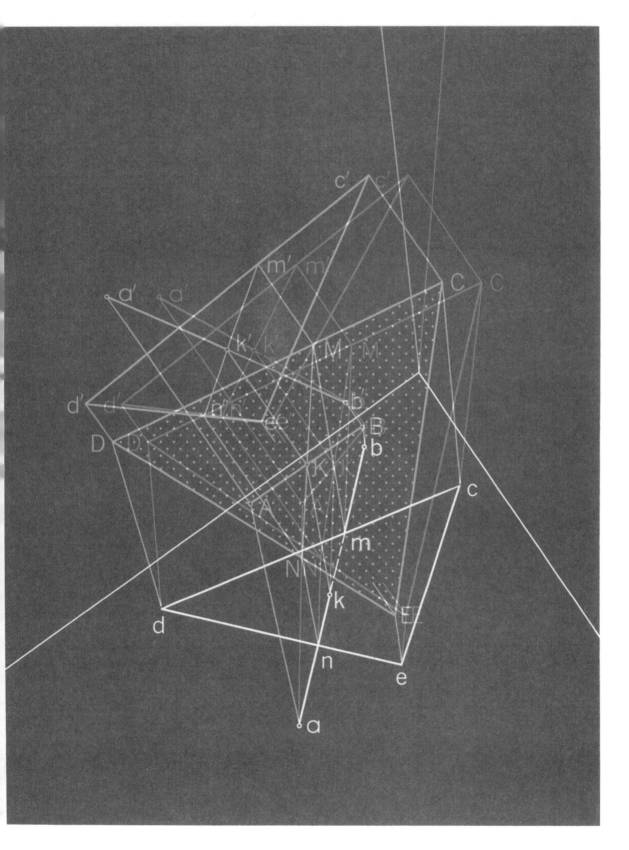

图 5　直线与平面相交

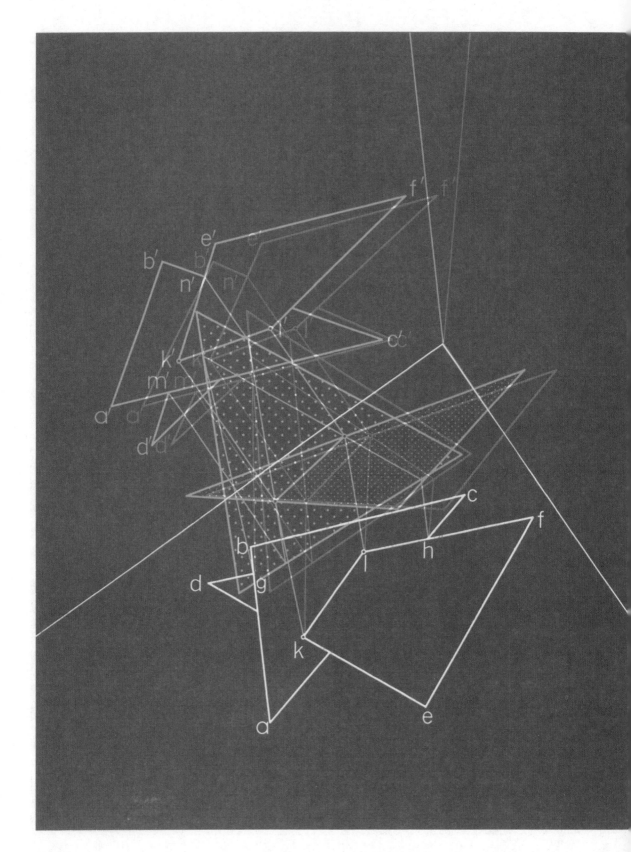

图 6　平面与平面相交

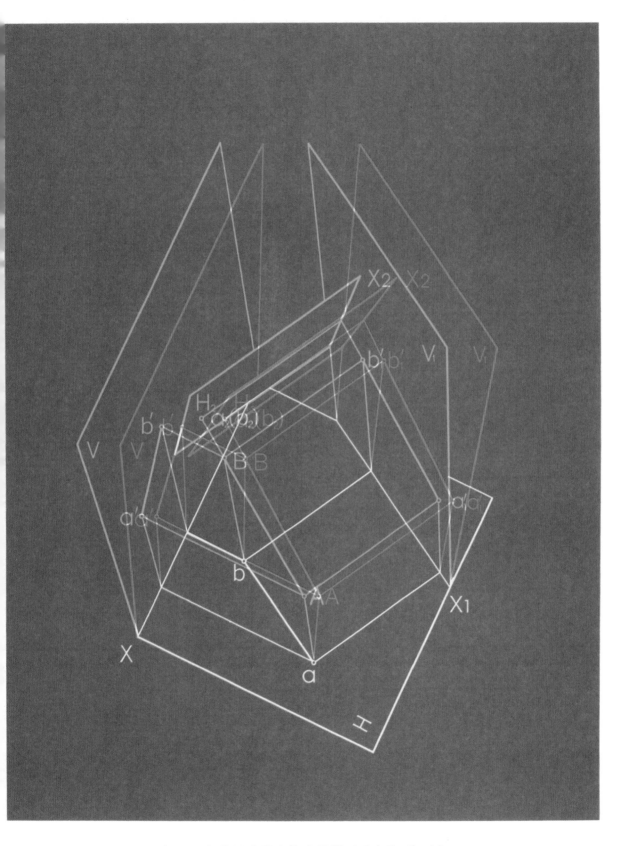

图 7　一般位置直线变换为投影面垂直线（换面法）

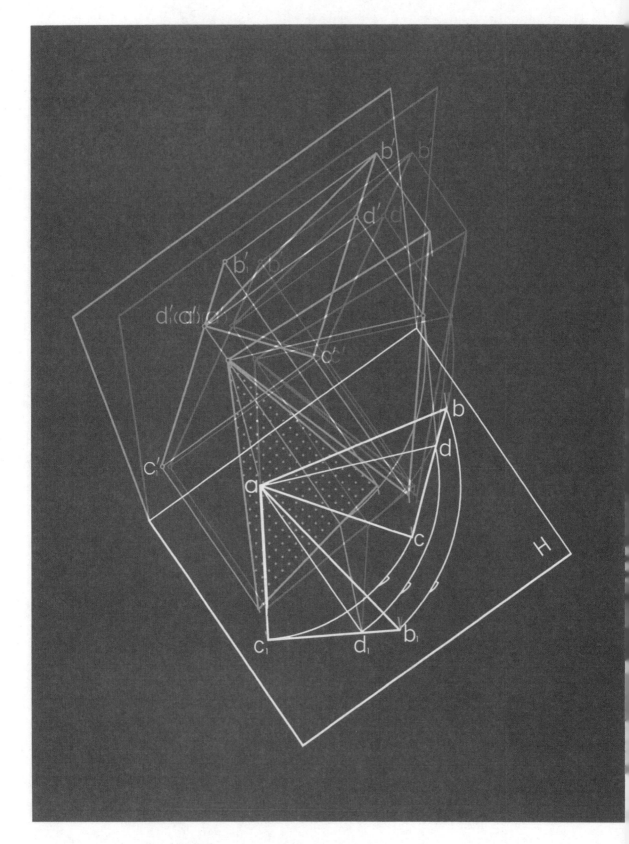

图 8　平面的旋转

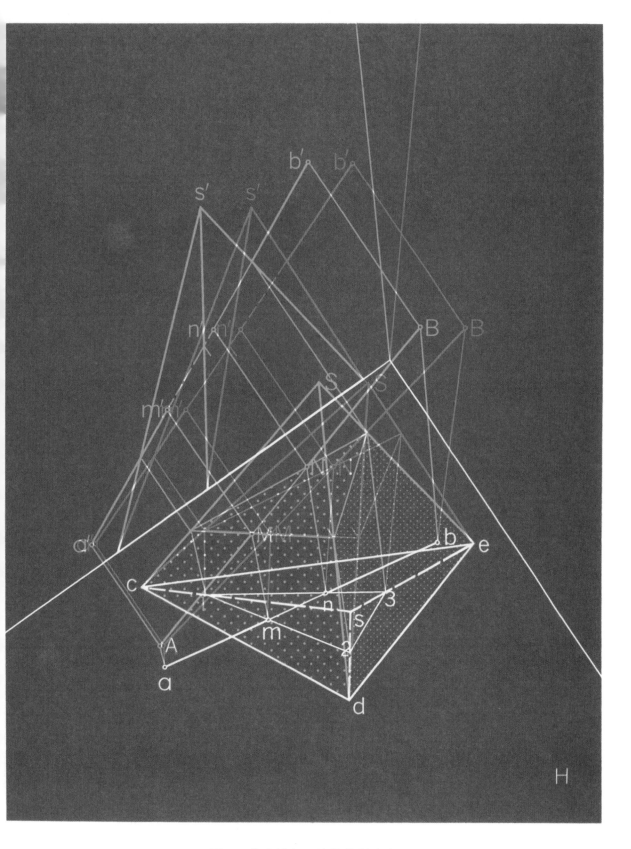

图 9　求直线与三棱锥的贯穿点

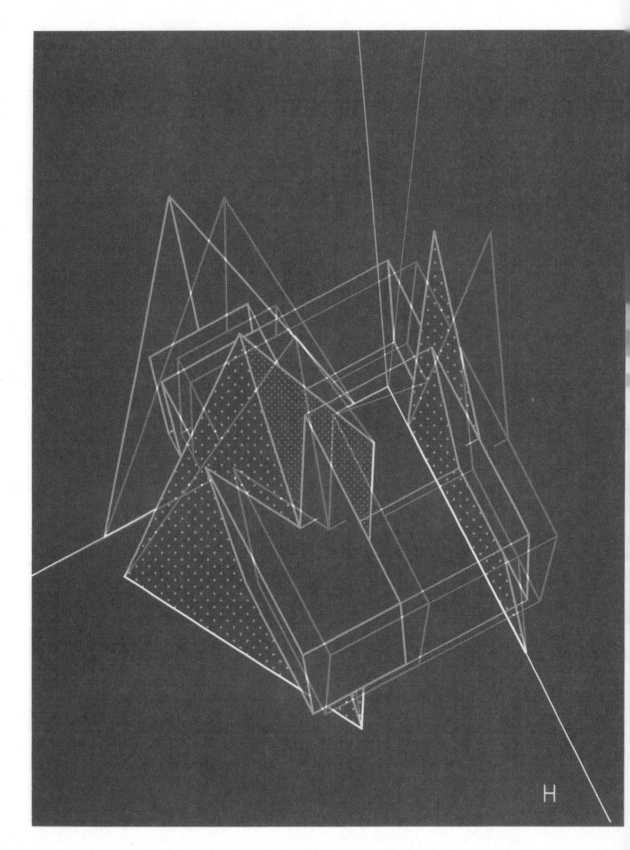

图 10　三棱锥与四棱柱相贯

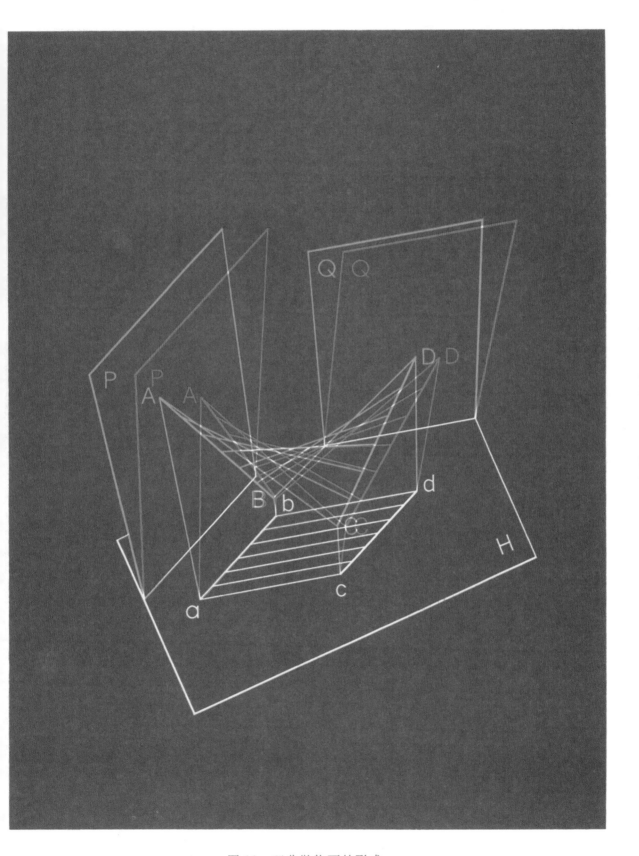

图 11　双曲抛物面的形成

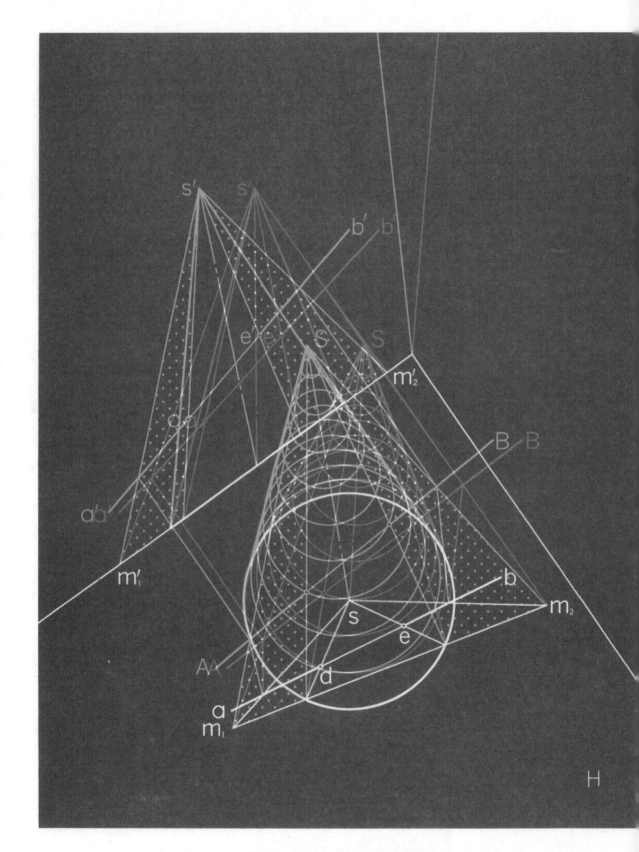

图 12　求直线与圆锥的贯穿点

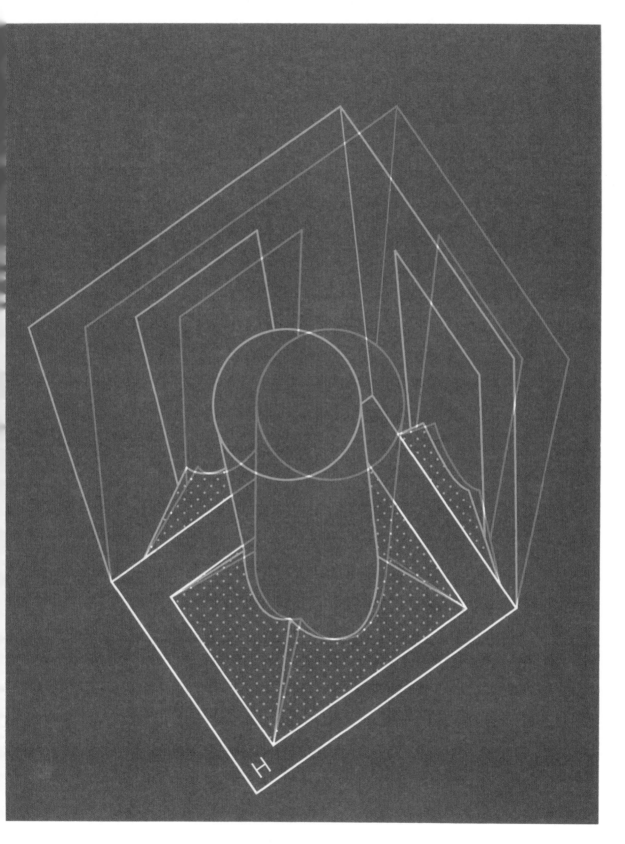

图 13　四棱锥与圆柱相贯

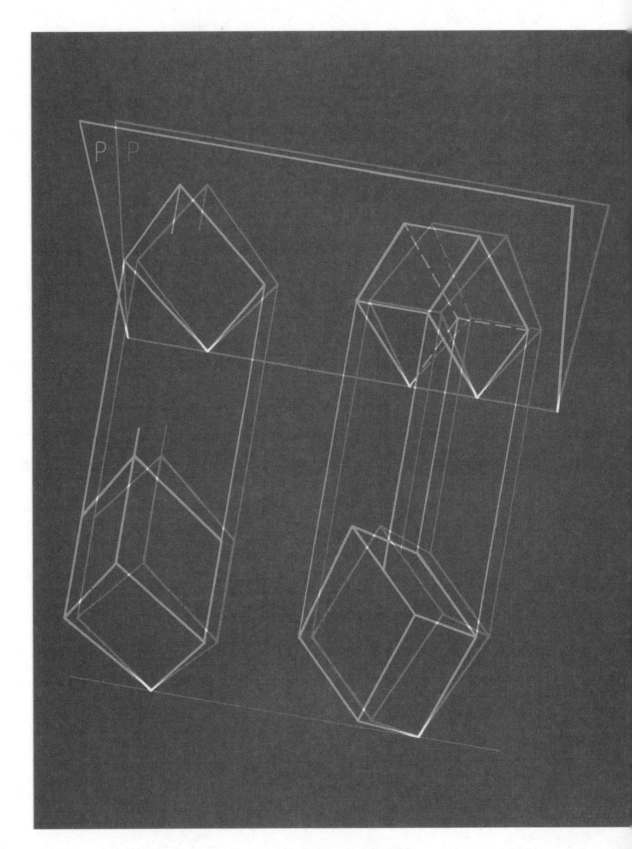

图 14　正轴测投影图的形成

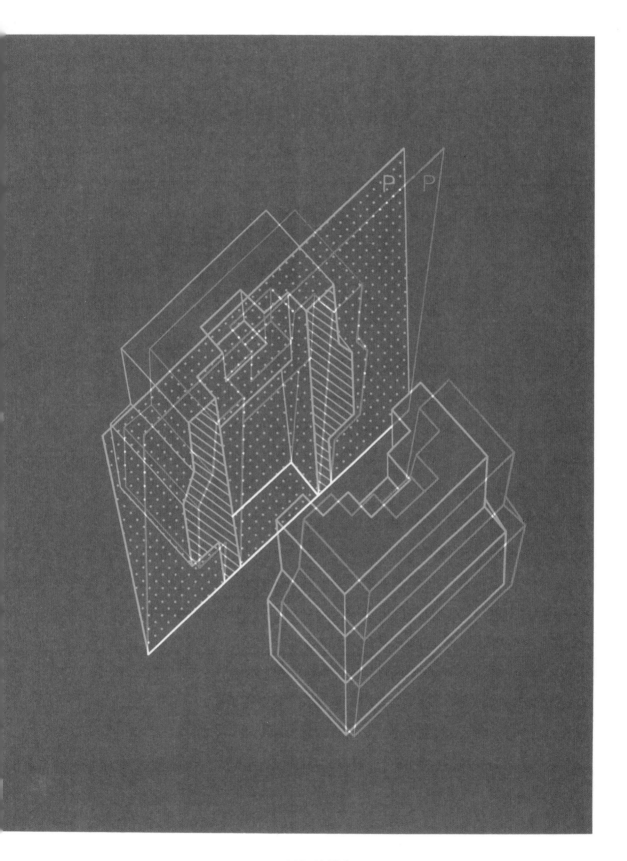

图 15 剖切的概念

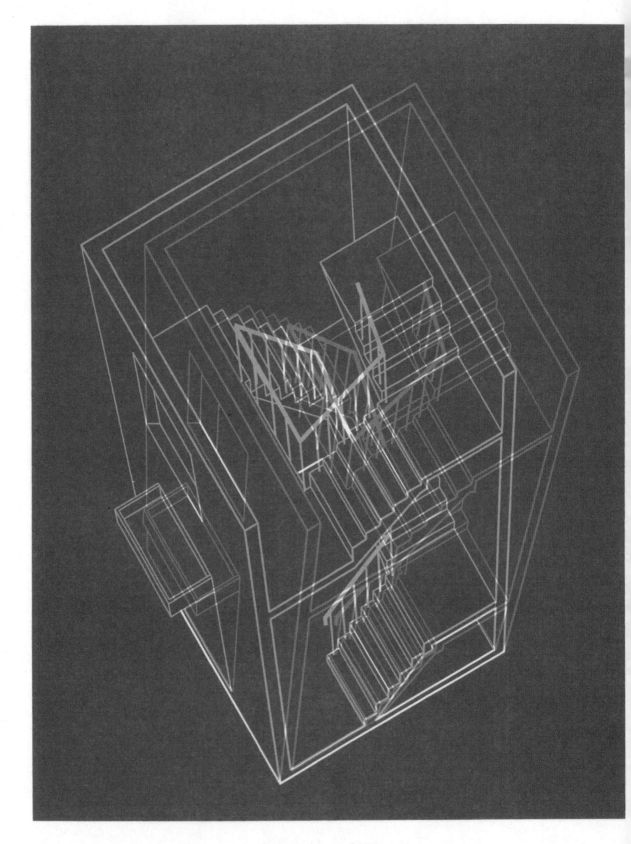

图 16 三跑式楼梯